新时代上海“人民城市”建设的探索与实践丛书

每条河流要有“河长”了！

河湖长制卷

Each of the Rivers Will Have a “River Chief”

A Blueprint for Managing Shanghai’s Waterways

上海市水务局（上海市海洋局） 编著

中国建筑工业出版社

河湖长制

上海实践

本卷编写组

主　编： 史家明　上海市水务局（上海市海洋局）党组书记、局长

副主编： 阮仁良　上海市水务局（上海市海洋局）副局长

马维忠　上海市水务局（上海市海洋局）二级巡视员

刘永钢　澎湃新闻总裁、总编辑

撰　稿： 庄敏捷　石刚平　田　军　许颖华　王　淼　叶晓峰

宋建锋　胡险峰　邓　武　李学峰　张　俊　吴英燕

朱玫洁　邵媛媛　戴媛媛　赵　忞　谢秋伊

丛书前言

上海是中国共产党的诞生地，是中国共产党的初心始发地。秉承这一荣光，在党中央的坚强领导下，依靠全市人民的不懈奋斗，今天的上海是中国最大的经济中心城市，是中国融入世界、世界观察中国的重要窗口，是物阜民丰、流光溢彩的东方明珠。

党的十八大以来，以习近平同志为核心的党中央对上海工作高度重视、寄予厚望，对上海的城市建设、城市发展、城市治理提出了一系列新要求。特别是 2019 年习近平总书记考察上海期间，提出了“人民城市人民建，人民城市为人民”的重要理念，深刻回答了城市建设发展依靠谁、为了谁的根本问题，深刻回答了建设什么样的城市、怎样建设城市的重大命题，为我们深入推进人民城市建设提供了根本遵循。

我们牢记习近平总书记的嘱托，更加自觉地把“人民城市人民建，人民城市为人民”重要理念贯彻落实到上海城市发展全过程和城市工作各方面，紧紧围绕为人民谋幸福、让生活更美好的鲜明主题，切实将人民城市建设的工作要求转化为紧紧依靠人民、不断造福人民、牢牢植根人民的务实行动。我们编制发布了关于深入贯彻落实“人民城市人民建，人民城市为人民”重要理念的实施意见和实施方案，与住房和城乡建设部签署了《共建超大城市精细化建设和治理中国典范合作框架协议》，全力推动人民城市建设。

我们牢牢把握人民城市的战略使命，加快推动高质量发展。国际经济、金融、贸易、航运中心基本建成，具有全球影响力的科技创新中心形成基本框架，以五个新城建设为发力点的城市空间格局正在形成。

我们牢牢把握人民城市的根本属性，加快创造高品质生活。“一江一河”生活秀带贯通开放，“老小旧远”等民生难题有效破解，大气和水等生态环境质量持续改善，在城市有机更新中城市文脉得到延续，城市精神和城市品格不断彰显。

我们牢牢把握人民城市的本质规律，加快实现高效能治理。政务服务“一网通办”和城市运行“一网统管”从无到有、构建运行，基层社会治理体系不断完善，垃圾分类引领低碳生活新时尚，像绣花一样的城市精细化管理水平不断提升。

我们希望，通过组织编写《新时代上海“人民城市”建设的探索与实践丛书》，总结上海人民城市建设的实践成果，提炼上海人民城市发展的经验启示，展示上海人民城市治理的丰富内涵，彰显中国城市的人民性、治理的有效性、制度的优越性。

站在新征程的起点上，上海正向建设具有世界影响力的社会主义现代化国际大都市和充分体现中国特色、时代特征、上海特点的“人民城市”的目标大踏步地迈进。展望未来，我们坚信“人人都有人生出彩机会、人人都能有序参与治理、人人都能享有品质生活、人人都能切实感受温度、人人都能拥有归属认同”的美好愿景，一定会成为上海这座城市的生动图景。

Series Preface

Shanghai is the birthplace of the Communist Party of China, and it nurtured the party's initial aspirations and intentions. Under the strong leadership of the Party Central Committee, and relying on the unremitting efforts of its residents, Shanghai has since blossomed into a city that is befitting of this honour. Today, it is the country's largest economic hub and an important window through which the rest of the world can observe China. It is a brilliant pearl of the Orient, as well as a place of abundance and wonder.

Since the 18th National Congress of the Communist Party of China, the Party Central Committee with General Secretary Xi Jinping at its helm has attached great importance to and placed high hopes on Shanghai's evolution, putting forward a series of new requirements for Shanghai's urban construction, development and governance. In particular, during his visit to Shanghai in 2019, General Secretary Xi Jinping put forward the important concept of "people's cities, which are built by the people, for the people". He gave profound responses to the questions of for whom cities are developed, upon whom their development depends, what kind of cities we seek to build and how we should approach their construction. In doing so, he provided a fundamental reference upon which we can base the construction of people's cities.

Keeping firmly in mind the mission given to us by General Secretary Xi Jinping, we have made more conscious efforts to implement the important concept of "people's cities" into all aspects of Shanghai's urban development. Adhering to a central theme of improving the people's happiness and livelihood, we have conscientiously sought ways to transform the requirements of people's city-building into concrete actions that closely rely on the people, that continue to benefit the people, and which provide the people with a deeply entrenched sense of belonging. We have compiled and released opinions and plans for the in-depth implementation of the important concept of "people's cities", as well as signing the *Model Cooperation Framework Agreement for the Refined Construction and Government of Mega-Cities in China* with the Ministry of Housing and Urban-Rural Development.

We have firmly grasped the strategic mission of the people's city in order to accelerate the promotion of high-quality urban development. We have essentially completed the construction of a global economy, finance, trade and shipping centre, as well as laying down the fundamental framework for a hub of technological innovation with global influence. Meanwhile, an urban spatial layout bolstered by the construction of five new towns is currently taking shape.

We have firmly grasped the fundamental attributes of the people's city in order to accelerate the creation of high standards of living for urban residents. The "One River and One Creek" lifestyle show belt has been connected and opened up, while problems relating to the people's livelihood (such as outdated, small, rundown or distant public spaces) have been effectively resolved. Aspects of the environment such as air and water quality have continued to improve. At the same time, the heritage of the city has been incorporated into its organic renewal, allowing its spirit and character to shine through.

We have firmly grasped the essential laws of the people's city in order to accelerate the realization of highly efficient governance. Two unified networks – one for applying for government services and the other for managing urban functions – have been built from sketch and put into operation. Meanwhile, grassroots social governance has been continuously improved, garbage classification has been updated to reflect the trend of low-carbon living, while micro-scale urban management has become increasingly precise, like embroidery.

Through the compilation of the *Exploration and Practices in the Construction of Shanghai as a "People's City" in the New Era series*, we hope to summarize the accomplishments of urban construction, derive valuable lessons in urban development, and showcase the rich connotations of urban governance in the people's city of Shanghai. In doing so, we also wish to reflect the popular spirit, effective governance and superior institutions of Chinese cities.

At the starting point of a new journey, Shanghai is already making great strides towards becoming a socialist international metropolis with global influence, as well as a "people's city" that fully embodies Chinese characteristics, the nature of the times, and its own unique heritage. As we look toward to the future, we firmly believe in our vision where "everyone has the opportunity to achieve their potential, everyone can participate in governance in an orderly manner, everyone can enjoy a high quality of life, everyone can truly feel the warmth of the city, and everyone can develop a sense of belonging". This is bound to become the reality of the city of Shanghai.

本卷前言

“每条河流要有‘河长’了！”2017年元旦前夕，习近平总书记在新年贺词中发出号召，拉开全面推行河湖长制的序幕。

河湖长制是习近平总书记亲自谋划、亲自部署、亲自推动的一项重大改革举措和重大制度创新。党的十八大以来，习近平总书记站在中华民族永续发展的战略高度，提出“节水优先、空间均衡、系统治理、两手发力”的治水思路，确立国家“江河战略”，擘画国家水网建设等，我国大江大河治理取得历史性成就、发生历史性变革。

2016年12月，中共中央办公厅、国务院办公厅印发《关于全面推行河长制的意见》。上海市积极响应，于2017年1月出台《关于本市全面推行河长制的实施方案》，在全国范围内率先建立以党政领导负责制为核心的上海河湖长制，市、区、街道（乡镇）党政的主要领导担任各级总河长，逐步建成市、区、街道（乡镇）三级河长制办公室（简称“河长办”）和市、区、街道（乡镇）、居（村）四级河长组织体系，设置各级河长6200多名，织就一张以“党政河长”为纵向主体、以民间河长为横向支撑的立体治水网，成功推动治水模式从“政府单一途径驱动”向“政府—企业—社会协调多途径驱动”的提档升级，有效提升和强化法律法规及各项规章制度的执行力，破解河湖治理和保护的困局。

治理好老百姓身边的水环境，是更大力度推进生态文明的责任所在、民心所系。从2017年至今，为深入学习贯彻习近平生态文明思想、党的二十大精神、习近平总书记考察上海重要讲话精神，上海围绕河湖长制开展一系列河湖治理和保护工作，建立健全包括“三查三访一通报”“巡、盯、管、督”、河长制会议、考核问责和“周暗访、月通报、季约谈、年考核”等制度体系和工作机制，并坚持山水林田湖草沙一体化保护和系统治理，统筹水环境、水生态、水资源、水安全、水文化和水域岸线等多方面的有机联系。

每一条河流都有自己的生命，每一位河长就是守护这条河流生命的责任人。河湖长制在水网密布的上海生根、发芽、绽放，成为河湖水系治理的重要抓手，并催生崭新气象。全市河湖共建共治共享的社会治理格局已然形成，不仅是河湖水质明显改善，更重要的是水环境治理责任意识日渐增强。2022 年，上海全市共有河道（湖泊）46822 条（个），河道（湖泊）面积共 652.9 平方公里，河湖水面率 10.3%，上海河湖水质持续稳定向好，40 个国控断面优Ⅲ类占比 97.5%，233 个市控断面优Ⅲ类占比 95.3%，3871 个镇管及以上河湖断面优Ⅲ类占比 84.1%（较 2021 年提升了 13.4 个百分点），无劣Ⅴ类水体。

盛世修文，由上海市水务局（上海市海洋局）（简称“上海市水务局”）主编的《每条河流要有“河长”了！ 河湖长制卷》，是上海市河湖长制工作的又一创新举措，也是上海市第一部多角度、全方位、图文并茂地总结展示各级河长与水同行、多方力量协同护河、全民治河爱河典型案例的生动书卷，也是值得各级河长学习交流的案头书。全书由澎湃新闻对 40 余位参与河湖治理的亲历者进行采访，以对话的形式，全面、系统、生动地描述了上海在全面推行河湖长制以来的积极探索，真实回顾在水环境治理与保护方面的成效与创新，着力体现上海在城市绿色低碳转型发展中贯彻落实习近平总书记提出的“绿水青山就是金山银山”和“人民城市”重要理念的坚定信心和决心。全书提炼出的可复制、可借鉴的经验，相信将为河湖长制这幅美丽画卷添上浓墨重彩的一笔，在美丽幸福河湖建设的道路上揭开新的篇章，对进一步丰富上海市河湖长制的工作内涵、对提升群众对河湖文化认同感和归属感意义重大。

Preface

"Each of the rivers will have a 'river chief'!" That was the call put forth by General Secretary Xi Jinping in his 2017 New Year's day address, and his words have since lifted the curtain on a new era in the river and lake captain system.

The river and lake chief system was a major measures for reform and institutional innovation personally planned, rolled out and promoted by General Secretary Xi Jinping. Since the 18th National Congress of the Communist Party of China in 2012, General Secretary Xi has put forward the water management idea of "giving priority to water conservation, balancing spatial distribution, systematic management and simultaneous efforts from both sides." He established a national "river and lake strategy" and outlined the construction of a national water network. In that time, China's management of major rivers and lakes has achieved historic achievements and undergone historic changes.

In December 2016, the General Office of the Communist Party of China Central Committee and the General Office of the State Council issued *Opinions on Comprehensively Implementing the River Chief System*. Shanghai responded positively introducing its "Plan for Comprehensively Implementing the River and Lake Chief System in Shanghai" in January 2017 and taking the lead in establishing a river and lake chief system with a Party and government leadership responsibility system as its core. The main leaders of city, district, and street (town) Party and government offices serve as river chiefs at various levels, resulting in a three-level river chief office system at the city, district and street (town) levels and a four-level river chief organization system at the city, district, street (town) and village (neighborhood) levels. More than 6200 river chiefs at all levels have been appointed, forming a three-dimensional water management network with "Party and government river chiefs" in the lead and "civilian river chiefs" in support roles, successfully promoting the upgrading of the water management model from "solely government-driven" to "coordinated multi-path driving by government, enterprises and society"; effectively improving and strengthening the executive power of laws, regulations, and various rules; and solving the dilemma of river and lake management and protection.

Governing the water environment requires promoting ecological civilization with greater efforts and is a matter close to the people's hearts. From 2017 to the present, in order to deeply study and implement the spirit of the 20th National Congress of the Communist Party of China, Xi Jinping Thought on Ecological Civilization and General Secretary Xi Jinping's important speech while inspecting Shanghai, the city has carried out a series of river and lake management and protection initiatives centered on the river and lake chief system, including establishing and improving institutional systems and working mechanisms such as the "three inspections, three visits and one notification" system, the "patrol, monitoring, management and supervision" system, the river chief meeting system, an assessment and accountability system, and a mix of "weekly unannounced inspections, monthly notifications, quarterly interviews and annual assessments." We will adhere to integrated protection and systematic management of mountains, rivers, forests, farmlands, lakes, grasslands and sand, coordinating the organic connections between water environment, water ecology, water resources, water safety, water culture, and water banks.

Each river has its own life, and the river chiefs are all responsible for guarding the lives of their rivers. This system has taken root, sprouted and bloomed in Shanghai, which is densely covered with rivers and lakes, and the city has become an important starting point for the management of river and lake water systems. Indeed, a social governance pattern of co-construction, co-governance and sharing the benefits of rivers and lakes has already taken shape in the city. Not only has the water quality of rivers and lakes improved significantly, but more importantly, awareness of water environment governance has gradually increased. In 2022, there were 46822 rivers and lakes in Shanghai with a total area of 652.9square kilometers. That's equal to 10.3% of the city's total area. The water quality of rivers and lakes in Shanghai has continued to improve steadily: Among the city's 40 nationally controlled sections, 97.5% were rated Category Ⅲ Excellent in 2022. Among its 233 municipal control sections, 95.3% were rated Category Ⅲ Excellent. And among the 3871 river and lake sections above the town level, 84.1% were rated Category Ⅲ excellent (an increase of 13.4 percentage points compared with 2021). There were no Category Ⅴ Inferior water bodies.

"Flourishing times call for cultural development." Edited by the Shanghai Water Authority (Shanghai Municipal Oceanic Bureau), *Each of the Rivers Will Have a "River Chief": A Blueprint for Managing Shanghai's Waterways* is an innovative account of Shanghai's river and lake chief system. It is also the first book that summarizes and displays various typical cases of river chiefs working with water, multi-party collaboration in river protection, and resident participation in water governance from multiple angles, in an all-round way, and with pictures and texts. It is a reference book perfect for all types of river chiefs, with more than 40 interviews of people who participated in river and lake governance by

The Paper that comprehensively, systematically and vividly describes Shanghai's active exploration since the comprehensive implementation of the river and lake chief system. It reviews the achievements and innovations in water environment governance and protection, and it emphasizes Shanghai's firmness and determination to implement important concepts put forward by General Secretary Xi, including "clear waters and lush mountains are invaluable assets" and the "people's city" as part of green and low-carbon development. The experiences included in this book add vibrant new brush strokes to the beautiful picture of the river and lake chief system, and it represents a new chapter on the road to building beautiful and happy rivers and lakes. It is therefore of great significance for further enriching the meaning of Shanghai's river and lake chief system and enhancing the people's sense of identity and belonging to river and lake culture.

目录

Contents

第一章

Chapter 1

因『河』而来：上海河湖长制推行背景

Born From the Water

水是文明的摇篮，也是经济发展的载体。数以万计的河流哺育了华夏儿女。当工业时代来临，因运输地利之便，江河港口化工、装备等制造业工厂林立，湖泊岸线水产养殖增加，产业腾飞，经济大步向前。但一些被过度利用的江河湖泊生态日渐脆弱。

保护河湖生态，多地早有共识。一些地区在探索与尝试中逐渐发现，各地分头治理河湖，成效难以维持。“问题在水里，根子在岸上”，河湖生态涉及的不仅是水体治理，还包括岸上乱占乱采、乱堆乱建、过度养殖、过度取水等问题，都威胁着河湖健康，但仅凭水务、生态环境等部门难以解决。

如何统筹这项如此关键又复杂的系统工程？

2016 年 12 月，中共中央办公厅、国务院办公厅印发《关于全面推行河长制的意见》，要求各地区各部门结合实际认真贯彻落实。2017 年元旦前夕，习近平总书记在新年贺词中提出“每条河流要有‘河长’了”。2017 年 12 月，中共中央办公厅、国务院办公厅又印发《关于在湖泊实施湖长制的指导意见》。

上海响应国家号召，于 2017 年 1 月印发《关于本市全面推行河长制的实施方案》；2018 年 4 月，上海印发《关于进一步深化完善河长制落实湖泊湖长制的实施方案》，拉开了上海全面推行河湖长制的序幕。在此基础上，上海市多部门近年陆续出台一系列深化完善河湖长制的配套政策，推动水环境质量实现根本性改善。

上海河湖长制将持续优化，为进一步完善水资源优化配置体系、流域防洪减灾体系、水生态保护治理体系奠定基础，为加速实现经济效益、社会效益、生态效益、安全效益相统一，加快推进人与自然和谐共生的现代化贡献力量。

Waterways are the cradle of human civilization, engines of economic growth and development. China's tens of thousands of rivers have nurtured the Chinese people for millennia.With the advent of the industrial era, the country's geography changed. Ports and factories sprouted up along the country's watersides and aquaculture took root along its lake shores. This shift drove China's economy forward, even as it threatened to exhaust some of the country's most precious resources and ecosystems.

Local governments across China soon realized the importance of protecting their waterways. A few, adopting a strategy of exploration and experimentation, came to see that a fractured approach to river governance was a key obstacle to be overcome. At the same time, the problems they faced went beyond governance: "The problems may have been in the water, but their roots were on shore." Chaotic waterside development and overuse of water resources threatened the health of China's rivers and lakes, and were beyond the abilities of water and environment officials to tackle on their own.

How could China come together to solve this complex but crucial issue?

In December 2016, the General Office of the Communist Party of China Central Committee and the General Office of the State Council published a joint list of guidance for river chief system and called on local governments nationwide to put the plan into action before New Year's Day 2017, General Secretary Xi Jinping called for "each of the rivers will have a 'river chief'!"

Finally, that December, the General Office of the Communist Party of China Central Committee and the General office of the State Council returned with another joint document calling for the chief system to be extended to lakes.

In response to the national government's call, Shanghai published a plan for implementing the river chief system in January 2017; in April 2018, the city released a second document doing the same for the lake chief system and setting the stage for the program to be carried out citywide. On the basis of these two documents, government departments across the city released a series of supplementary policies aimed at deepening and improving the chief system and restoring the city's waterways to full health.

Moving forward, Shanghai will continue to evolve its river and lake chief system. In the process, it will lay the foundation for better water resource optimization systems, flood management systems and water ecology governance systems, all while unifying its economic, societal, ecological and safety priorities — part of a broader mission to create a harmonious, modern relationship between man and nature.

第一节
Part 1

河湖长制的起源与发展

The Origins and Development of Shanghai's River and Lake Chief System

河湖长制的由来与地方探索

陈　雯 | 中国科学院南京地理与湖泊研究所研究员

水是地球的血脉、生命的源泉，江河湖泊所在流域是文明的摇篮，也是经济社会发展的重要载体。我国江河湖泊众多，水系发达：流域面积 50 平方公里以上的河流共 4.5 万条，总长度达 150.85 万公里；常年水面面积 1 平方公里以上的天然湖泊 2865 个，湖泊水面总面积 7.8 万平方公里。这些江河湖泊孕育了中华文明，哺育了中华民族，既是祖先留下的宝贵财富，也是子孙后代赖以生存发展的珍贵资源。

河湖长制背景起源与地方探索

随着工业化和城镇化的快速发展，江河湖泊承载了大量被占用、污染、消耗等由于发展带来的压力与问题，河湖水污染防治形势严峻、生态环境快速退化，对经济社会健康、可持续发展造成严重威胁。

首先，河湖水域面积萎缩。1950 年以来由于退湖还田、退湖造城，全国水面面积大于 10 平方公里的 635 个湖泊中，有 231 个发生不同程度的萎缩，萎缩总面积 1.4 万平方公里，约占现有水面面积 1 平方公里以上湖泊面积的 18%，储水量减少了 517 亿立方米。

其次，河湖岸线无序占用。河湖岸线用于港口建设、观光旅游、过江通道建设等，岸线过度开发和不合理布局的现象较为普遍，饮用水水源保护及自然生态岸线被占用较多，各类开发岸线之间时有矛盾冲突，导致岸线没有得到很好的保护与高效科学的利用，“占而不用、多占少用、深水浅用”等问题突出。

再次，河湖水体质量恶化。受工业废水、生活污水、农业面源、水面养殖、内河航运、底泥污染等影响，全国河湖水体质量持续恶化。

最后，河湖生态环境退化。多个流域的生物栖息地遭到破坏，水陆生物多样性减少，生态系统结构不稳定，呈现不可逆演替。

这些问题的产生既有我国地理气候条件特殊、水系交错复杂的客观原因，也有江河湖泊管理上的问题。

河湖管理和保护是一项复杂的系统工程，涉及上下游、左右岸、不同行政区域和行业。传统的河湖管理和保护缺乏整体性和系统性，各区域、各部门各管一摊，导致“1+1 < 2”的现象，易出现“环保不下河，水利不上岸”的问题，难以取得实效。

如何破解这一困境，在于如何统筹各部门职责。

2003 年，浙江省湖州市长兴县在全国先行探索河长制。“河长制”即由地方各级党政主要负责人担任“河长”，负责组织领导相应河湖的管理和保护工作。2016 年 12 月，中共中央办公厅、国务院办公厅印发《关于全面推行河长制的意见》。2017 年元旦前夕，习近平总书记在新年贺词中提出“每条河流要有‘河长’了”。截至 2018 年 6 月底，全国有 31 个省（自治区、直辖市）已全面建立河长制，共明确省、市、县（区）、乡（镇）四级河长 30 多万名，另有 29 个省份设立村级河长 76 万多名，打通了河长制“最后一公里”。随着长三角一体化发展国家战略的实施，苏州吴江区和嘉兴秀洲区推出“联合河长制”，共同管理边界河流。

河湖长制的地方探索

浙江省湖州市长兴县率先开展河长制的实践探索。

长兴县紧邻太湖，境内河网密布，水系发达，有 547 条河流、35 座水库、386 座山塘。得天独厚的水资源禀赋造就了长兴因水而生、因水而美、因水而兴的文化特质。但在 20 世纪末，这个山水城市经济快速发展，全县民营企业遍地开花，几万台喷水织机产生的污水污染了河道湖泊，村民在河道两岸养猪养鸭，水生态环境迅速恶化，污水横流、黑河遍布，鱼米之乡深受黑水臭气困扰。

2003 年，长兴县为创建国家卫生城市，在卫生责任片区、道路、街道推出片长、路长、里弄长，责任包干制的管理让城区面貌焕然一新。

同年 10 月，县委下发文件，在城区河流试行河长制，由时任水利局环卫处负责人担任河长，对水系开展清淤、保洁等整治行动，水污染治理效果十分显著。

2004 年，河长制经验向农村延伸，由行政村干部担任河长。水口乡乡长被任命为包漾河河长，负责喷水织机监管、河岸绿化、水面保洁和清淤疏浚等任务。2008 年，长兴县委下发文件，由 4 位副县长分别担任 4 条流入太湖河道的河长，所有乡镇班子成员担任辖区内河道的河长，县、乡（镇）、村三级河长制管理体系初步形成。

同年，浙江省决定在湖州、衢州、嘉兴、温州等地陆续试点推行河长制，解决经济社会发展中遇到的河湖污染问题。江苏省无锡市随后也开展地方探索。2007 年 5 月 29 日，太湖蓝藻大面积集中暴发。为有效解决大规模的饮用水危机，尽快重现往日的“太湖美”，无锡市于同年 8 月出台了《无锡市河（湖、库、荡、氿）断面水质控制目标及考核办法（试行）》。文件规定由各级党政主要负责人担任河长，负责其辖区内水污染的整治工作，并将水质检测结果纳入政绩考核。此后，无锡市党政主要负责人分别担任该地区 64 条河流的河长，全面负责断面水质的达标和水环境的持续改善，并统筹负责所辖河道综合整治方案的拟定与落实，强化部门协调、贯彻长效管理。

此外，无锡市还大力推行治污不达标的“一票否决制”，采取“一河一策”的河流河道综合治理方案，积极实行“领导包推进、地区包总量与部门包责任”的“三包”政策，设立河长制管理保证金专户，真正保障河长治污的有效落实。

次年 9 月，无锡市颁布《中共无锡市委、无锡市人民政府关于全面建立“河（湖、库、荡、氿）长制”全面加强河（湖、库、荡、氿）综合整治和管理的决定》。该《决定》从组织框架、权责界定、治理目标、责任追究等具体层面对“河长制”作出明确规定，标志着无锡的“河长制”由探索迈向成熟。

经过一年的探索与实践，河长制基本实现了对无锡城乡区域的无缝覆盖，纳入河长监管范围的河道也由实施之初的 64 条增至 814 条。

同年，其他城市纷纷向无锡市取经，江苏省也决定在太湖流域推广无锡的河长制。

2014 年起，“河长制”开始在全国层面落地推广。2014～2016 年，北京、天津等 8 个省（直辖市）相继建立河长制；16 个省（自治区、直辖市）在部分市县或流域水系实行了河长制，其中就包括上海闵行、青浦等区。2015 年起，上海闵行区开始在全区范围内推行河长制。同年，上海青浦区成功申报了水利部首批河湖管护体制机制创新试点县。2016 年，青浦区以重污染河道治理为突破口，坚决打赢中小河道整治攻坚战，树立水环境治理领导责任制，开展河长制试点。青浦区围绕“谁来管、怎么管，谁来干、怎么干，谁来考、怎么考”3 个问题，科学设计河长制，通过整合政府部门、社会自治、市场资源，进行流程再造，在政府部门不大量增加人手、财政支出不大幅增长的前提下，提升河道日常管护效率。截至 2017 年 1 月，上海印发《关于本市全面推行河长制的实施方案》，拉开上海全面推行河湖长制的序幕。

青西郊野公园
图片来源：许枫 摄

2016～2019年，习近平总书记多次视察长江、黄河治理，提出长江经济带发展战略，把修复长江生态环境摆在压倒性位置，“共抓大保护，不搞大开发”；提出黄河流域生态保护和高质量发展，“让黄河成为造福人民的幸福河”。从某种程度上说，习近平总书记用实际行动践行着“河长”职责，亲自抓中华民族母亲河的治理和保护，为全国其他河长树立了标杆。

推行河湖长制的意义

一是全面推行河长制是贯彻绿色发展理念、践行习近平生态文明思想的必然要求。

党的十八大以来，以习近平同志为核心的党中央深刻回答了为什么建设生态文明、建设什么样的生态文明、怎样建设生态文明的重大理论和实践问题，提出了一系列新理念新思想新战略，形成了习近平生态文明思想，是新时代打好污染防治攻坚战、建设美丽中国的理论遵循和行动指南。

水作为生态环境的基础性要素和控制性要素，其治理和保护更是被放在了突出地位。习近平总书记强调，地方各级党委和政府主要领导是本行政区域生态环境保护的第一责任人，各相关部门要履行好生态环境保护职责，使各部门守土有责、守土尽责，分工协作、共同发力。

河长制由党政领导担任河长，依法依规落实地方主体责任，协调整合各方力量，是习近平生态文明思想的重要制度体现，是新时代打好“碧水保卫战”、加强水生态文明建设和河湖管理保护的重要制度抓手。

二是全面推行河长制是落实新时期治水方针、解决我国新老水问题的有效举措。

2014年3月14日，习近平总书记就保障国家水安全发表重要讲话，精辟论述治水的战略意义，系统分析我国水安全面临的严峻形势，明确提出了“节水优先、空间均衡、系统治理、两手发力”的治水方针，为做好水利工作提供思想武器和根本遵循。

当前我国水安全呈现出新老问题相互交织的严峻形势，老的水问题主要表现为洪涝干旱灾害；新的水问题主要表现为水资源短缺、水生态损害、水环境污染三个方面，治水的主要矛盾已从人民群众对除水害、兴水利的需求与水利工程能力不足的矛盾，转化为人民群众对水资源水生态水环境的需求与水务行业监管能力不足之间的矛盾。

这些新情况、新特点要求我们以新时期治水方针为指导，要补短板与强监管并举，突出系统治理，统筹推进水资源利用、水灾害防治、水环境治理和水生态保护。党政领导担任河长，能从长远角度谋划和处理好水与经济社会发展、水与生态系统其他要素的关系，解决水问题上政府与市场的关系，对破解新老水问题具有十分重要的作用。

三是全面推行河长制是完善水治理体系、保障国家水安全的制度创新。

习近平总书记指出，河川之危、水源之危是生存环境之危、民族存续之危，要求从全面建成小康社会、实现中华民族永续发展的战略高度，重视解决好水安全问题。

河湖管理是水治理体系的重要组成部分。浙江、江苏等地试点河长制，普遍实行党政主导、高位推动、部门联动、责任追究，有力地落实了地方主体责任，实现了河湖从“没人管”“管不好”到“有人管”“管得好”的转变。要维护河湖生命健康、保障国家水安全，需要大力推行河长制，积极发挥地方党委政府主导作用，明确责任分工、强化统筹协调，形成人与自然和谐发展的河湖生态新格局。

河湖长制顶层设计的制度逻辑

曹莉萍 | 上海社会科学院生态与可持续发展研究所副研究员

文明是水资源的赠礼，水环境是文明的载体，有水的地方就有生机，有河流的地方就具备了文明产生的客观条件。几千年前，中国的黄河孕育了灿烂辉煌的华夏文明。

自党的十八大以来，党中央把生态文明建设放在突出地位，融入经济建设、政治建设、文化建设和社会建设各方面和全过程，形成“五位一体”的总体布局，其中以水为纽带的河流湖泊是生态文明建设的重要自然资源。

保护水资源、改善水环境不仅是“两型”（资源节约型、环境友好型）社会建设不可回避的议题，也是最符合民生的需求，更是习近平生态文明思想的重要内容，是落实绿色发展理念、推进生态文明建设、建设美

青浦区莲湖村的水域
图片来源：上海市水务局水利管理处

丽中国的内在要求。碧水是美丽中国的重要体现，水生态环境保护是中国特色社会主义经济和社会发展的应有之义[1]。

进入新时代，中国共产党的使命任务是全面建成社会主义现代化强国，以中国式现代化全面推进中华民族伟大复兴[2]。国家治理现代化是国家现代化的重要组成部分，国家治理现代化的水平直接决定了国家现代化的路径和方向[3]。

在水资源环境治理领域，以河湖长制为代表的国家治理现代化制度将我国制度优势转化为国家效能，是在河流和湖泊等自然资源领域推进国家治理体系和治理能力现代化。

建立河湖长制——国家治理体系现代化的制度创新

河湖管理保护是一项复杂的系统工程，河流水环境的好坏，表象在水里，根源在岸上，涉及上下游、左右岸、不同行政区域和行业[4]。时间回溯至 2007 年，太湖蓝藻水华事件震惊各界此后，我国出台一系列水污染防治政策标准，加大防控河湖水污染问题力度。然而，由于受全球气候变化的影响，我国部分地区工业对河湖水资源不可持续利用和水环境破坏，直至今日，类似于太湖蓝藻水华事件的河湖水污染威胁依然存在。

中共十八届三中全会之后，我国进入全面深化改革阶段，明确提出“国家治理体系和治理能力现代化”的重大命题和任务。在生态文明体制方面，会议提出要紧紧围绕建设美丽中国，深化生态文明体制改革，加快建立生态文明制度，健全国土空间开发、资源节约利用、生态环境保护的体制机制，推动形成人与自然和谐发展现代化建设新格局[5]，先后出台了《中共中央 国务院关于加快推进生态文明建设的意见》《生态文明体制改革总体方案》。

在这大背景下，以改善水环境质量为最终目的的

1 郭路，郭兆晖 . 河湖长制在黄河流域治理中存在的问题及对策研究 [J]. 行政管理改革，2022（9）.

2 习近平 . 高举中国特色社会主义伟大旗帜 为全面建设社会主义现代化国家而团结奋斗——在中国共产党第二十次全国代表大会上的报告 [R/OL].（2022-10-16）.http://www.gov.cn/xinwen/2022-10/25/content_5721685.htm.

3 胡鞍钢 . 中国国家治理现代化的特征与方向 [J]. 国家行政学院学报，2014（4）.

4 中共中央办公厅，国务院办公厅 . 关于全面推行河长制的意见 [R/OL].（2016-12-11）.http://www.gov.cn/zhengce/2016-12/11/content_5146628.htm.

5 2013 年 11 月 12 日中国共产党第十八届中央委员会第三次全体会议 . 中共中央关于全面深化改革若干重大问题的决定 [R/OL].[2023-03-08].http://www.gov.cn/jrzg/2013-11/15/content_2528179.htm.

河流湖泊等水域生态环境管理重要制度——河长制应运而生。2016年12月，中共中央办公厅、国务院办公厅印发的《关于全面推行河长制的意见》将河长制引入公众视野。该制度全面贯彻中共十八届五中全会提出创新、协调、绿色、开放、共享的新发展理念，以保护水资源、管理河湖水域岸线、防治水污染、改善水环境、修复水生态、加强执法监管为主要任务，是一项“保障国家水安全的制度创新”。

河长制建立之后，我国构建了一个以党政首长负责制为核心的河湖治理组织体系、制度体系、责任体系构成的系统[1]。大小河流都有了负责人，即“一河之长”，由政府主要领导负责属地的河流、湖泊等水域生态环境管理。各地以河长制为制度化平台，形成了党政主导、水利牵头、部门协同、社会共治的河湖保护治理机制。

推行河湖长制——国家治理能力现代化的实践创新

2018年，我国河长制、湖长制（简称“河湖长制”）如期全面建立。截至2021年底，全国有31个省（自治区、直辖市）的党委和政府主要领导担任省级总河长，省、市、县、乡（镇）四级河湖长约30万名，村级河湖长（含巡河员、护河员）超90万名，实现了河湖管护责任全覆盖[2]。从试点到快速推广、再到全国实施，作为从市级、省级再到国家层面的纲领性文件，河湖长制从根本上扭转了我国河湖水环境恶化的趋势，提供了水域生态环境治理的中国智慧、中国方案。

良好的水生态环境是公共产品，河湖资源具有公共物品的属性就会产生外部性，单靠市场的力量不能解决其永续利用问题。为此，我国从“十一五”规划开始，就对水资源利用和水环境保护提出了约束性指标。

河湖长制的绩效考核与国家五年规划的考核指标体系相比，更为全面和综合。如在水资源保护方面，河湖长制的绩效考核要求严守水资源开发利用总量和强度双控、用水效率控制、水功能区纳污总量控制3条红线。这是我国政府改革实践中的重大创新，明确和强化了政府在水域生态环境领域的职责，尤

1 吕志奎，钟小霞．制度执行的统筹治理逻辑：基于河长制案例的研究[J]．学术研究，2022（6）．
2 李国英．强化河湖长制 建设幸福河湖[N/OL]．人民日报，2021-12-8（14）．

其是体现了政府在水资源利用和水环境保护实践中的职能和作用。

在河湖长制出台之前，由于存在“市场失灵”和“政府失灵”的问题，从地方层面看，有些城市竞争中“唯 GDP 观”盛行，对于水环境的保护难免会出现淡化和弱化的现象；从中央层面看，我国政府层级管理结构的特殊性和复杂性（省、市、县、乡 / 镇、村五级政府模式），在传达政令时容易产生信息不对称和信息失真等问题，增加了水资源环境保护政策执行和水环境治理的难度。

河湖长制的出台，通过增加综合性考核指标，明确了政府水域生态环境目标—责任关系；通过权力监管上收、信息公开透明、交易层级优化、交易关系简化，降低了河湖水环境治理成本；通过实行目标责任制，改进了利益相关方的责权利关系，建立了中央和地方政府激励相容机制[1]。

实践证明，河湖长制能够对地方领导形成压力，有效调动地方政府履行环境监管职责的执政能力。河湖长制可以弥补生态环境部门在进行水环境管理时所面临的行政权限、技术手段、人员配备等方面的不足，使得水污染的治理能够有效地贯彻下去。并且，河湖长制要求各级党政主要负责人亲自抓环保，有利于统筹协调各部门力量，运用法律、经济、技术等手段保护环境，方便各级地方领导直接进行环保决策和管理[2]。因此，河湖长制也从地方实践上升为国家意志。

深化河湖长制——中国式现代化治理的升级创新

河湖长制是中国式现代化内涵中人与自然和谐共生、现代化治理的重大创新和伟大实践之一，是中国特色生态文明制度优势的重要体现，体现了绿色发展理念，适合中国国情和发展阶段需要。

随着河湖长制的全面推行，我国河湖水资源逐渐实现了其生态产品价值，河湖水环境污染治理在实践中取得较好的成效。但是，进入新时代，面对构建中国式人与自然和谐共生现代化的要求，我国河湖长制的深化和效用发挥仍存在一些问题，亟待升级创新。

1　刘珉，胡鞍钢．中国式治理现代化的创新实践：以河长制、林长制、田长制为例 [J]. 海南大学学报（人文社会科学版），2023（5）．
2　肖显静．“河长制”：一个有效而非长效的制度设置 [J]. 环境教育，2009（5）．

第一，河湖长制的实施多从河流、湖泊所属的自然资源部门视角出发，其绩效考核目标和责任还不是十分具体，体现在参与主体与利益相关方的关系不协调、地位不对等，需要处理好中央与地方、部门与部门、政府与市场、保护与发展、经济与安全、财权与事权、短期与长期的不协调与不对等关系[1]，从而使得参与主体的付出与利益相一致，增加利益相关方参与度和目标一致性；此外，还体现在负向激励措施多而正向激励体系还没有完全建立，如在强化考核问责方面，将领导干部自然资源资产离任审计结果及整改情况作为考核的重要参考，实行生态环境损害责任终身追究制[2]，地方政府作为河湖水环境责任主体，为履行保护责任、规避惩罚责任，会在一定程度关停地方水污染企业，并导致地方经济下滑，因此需要设计激发制度实施主体内生性、主动性的治理机制和制度安排，使实施主体在水环境保护中受益。

第二，不同水域责任主体之间需要合作治理，不同水域制度之间也需要统筹。河流的流动性、湖泊海湾的跨地域性不仅需要河长、湖长、海湾长等责任主体之间进行目标、责任的协调，建立政府、企业、社会多中心合作治理的协同工作机制，更需要在不同水域制度层面进行统筹设计，明确河湖等水域岸线空间的管控边界，促进河流、湖泊、海湾等水域之间协调发展，充分发挥不同水域的生态服务功能。

第三，应对气候变化产生的水资源、水环境问题，需要河湖长制在技术层面进行深化创新。河湖长制作为我国治理现代化制度之一，一旦确定下来，在面对气候变化带来的海平面上升、暴雨等极端灾害事件频发的挑战时，能发挥技术优势，特别是数字技术优势，加强数字化治理能力，解决气候变化不确定性可能带来的水环境问题，如防洪减灾，从而提升我国不同水域的气候韧性。

总的来看，河湖长制作为我国国家制度现代化的典型制度之一，通过不断的制度创新、实践创新以及再创新，创立了中国式国家治理体系和治理能力现代化在以水资源、水环境为治理对象，以江河湖海为管理范畴的生态环境治理典范。

1 刘珉，胡鞍钢．中国式治理现代化的创新实践：以河长制、林长制、田长制为例 [J]. 海南大学学报（人文社会科学版），2023（5）．

2 中共中央办公厅，国务院办公厅．关于全面推行河长制的意见 [R/OL].（2016-12-11）．http://www.gov.cn/zhengce/2016-12/11/content_5146628.htm.

展望未来，中国河湖长制的深化要以新时代习近平生态文明思想的系统治理观为指引，在宏观层面和微观层面双向发力，深化制度改革，提升我国在河湖生态领域的治理能力和治理水平，维护我们赖以生存的河湖健康生命，实现我国河湖功能永续利用。

第二节
Part 2

上海河湖长制推行背景与实施方案
Putting Plans Into Action

上海市水环境特点及治理难点

上海地处长江三角洲东缘、长江和太湖流域最下游，属于典型的平原感潮河网地区，水环境具有以下三方面特点。

一是河湖数量多，河网密度大。2016 年，上海全市共有 4.3 万余条河道、40 个湖泊、5100 余条（个）其他河湖。上海全市河网密度为 4.54 公里 / 平方公里（每平方公里的河流长度），具有典型江南水乡特色。

二是河道规模小，水环境容量小。在上海全市河道中，中小河道数量很多，占比较大。2020 年，上海拥有镇（乡）管及村级河道共 4.1 万余条，占全市河湖数的 88%，大量河道为村沟宅河。

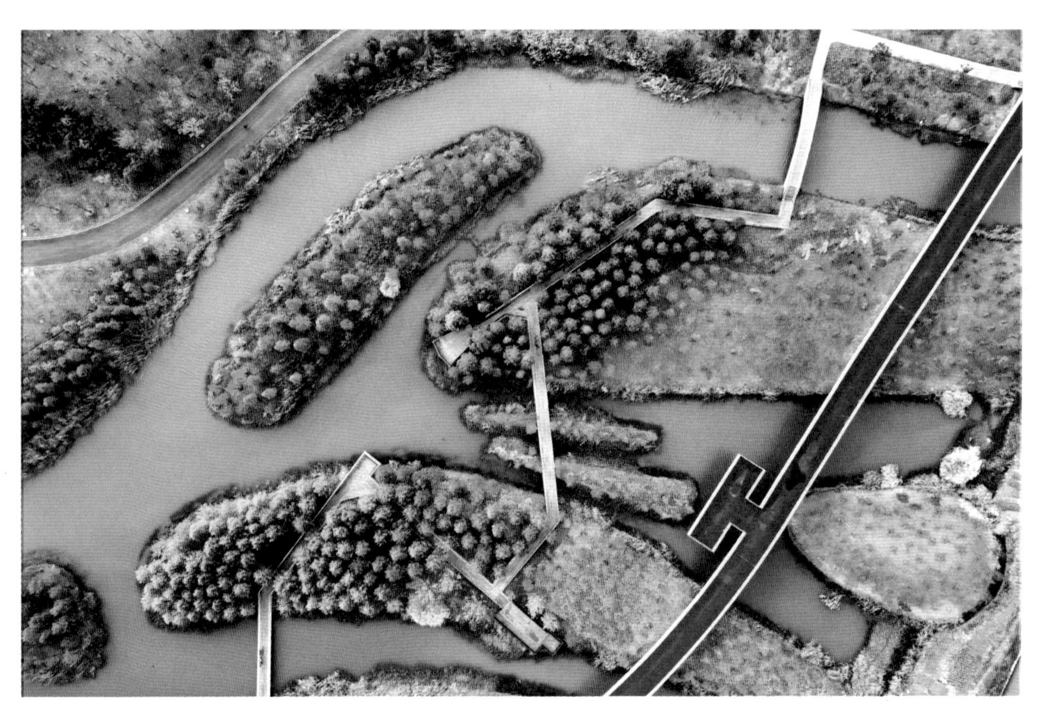

上海河网一窥

图片来源：上海市水务局水利管理处

三是水力坡降小，水体流动性不足。上海境内大部分为坦荡低平的平原，平均海拔高度为 4 米左右，导致河湖水体流动性不强。同时，受潮汐作用的影响，大量河道流向往复。

由于人口密度高、经济高度发达、城市发展迅速，上海水环境治理保护具有 3 个方面难点。

一是河湖水体污染严重。以 2016 年底水质数据为例，根据上海、浙江、江苏三省市的环境公报，同样是列入国家考核及省市考核的河湖水质断面，上海市Ⅰ～Ⅲ类水质断面为 16.2%，同期浙江省为 77.4%、江苏省为 70.2%；上海市劣Ⅴ类水质断面为 34.0%，同期浙江省为 2.7%，江苏省为 19%。上海缺“好水”，同时“差水”比例也不低。

二是河湖污染成因复杂。经调查，造成全市河道水质黑臭的原因有 4 个方面：沿河违章建筑和直排污染源是河道污染的主要因素；农业面源污染和畜禽养殖场点污染是影响郊区中小河道水质的重要因素；混接污水和初期雨水通过雨水泵站放江是影响中心城区河道污染的重要因素；河道堵塞和水系不畅也是影响河道水质的因素。

三是治理成果巩固艰巨。上海水环境治理工作始于苏州河治理。自 1998 年起，上海先后启动了三期合流污水治理工程和苏州河环境综合整治工程，累计投资 268 亿元。截至 2020 年，苏州河干流基本消除了黑臭，主要水质指标基本达到Ⅴ类景观水标准。2000～2010 年，上海启动黑臭水体治理攻坚战，包括中心城区黑臭河道攻坚战和郊区黑臭河道整治，实施郊区“万河整治行动”，共投资约 66 亿元，累计整治黑臭河道 1336 公里、中小河道 17067 公里。尽管花大力气整治，但当年水环境治理取得良好的成效。不过经过几年发现，部分郊区和城乡接合部的中小河道水质再度恶化，部分镇村级河道环境出现“脏、乱、差、违”的现象，甚至出现黑臭，“治反复、反复治”成为瓶颈。

经分析研判，传统的水环境治理，最鲜明的特征是“部门治水、重在治河”，即结合环保三年行动计划，水务部门担当主力军，通过实施河道水利工程，开展河道“三清”（清河面、清河障、清河底）工作，改善河湖水质。然而，治水成果比较脆弱，不能持续巩固，部分河道整治一段时间后，水质出现反复甚至达到黑臭程度。

河道“治反复、反复治”的主要原因在于岸上治污不彻底、源头治理不到位。如果沿岸各管各，南岸整治了北岸不动，下游整治了中上游不动，那么对水系生态修复只能是治标不治本，甚至影响已有的整治成果。2016 年，上海市打响城乡中小河道综合整治攻坚战，时任上海市委书记韩正暗访普陀区光复西路苏州河、长宁区沿岸、闵行区沿岸华漕镇、嘉定区江桥镇等地区，登船查看两岸环境整治情况。看到当时两岸多区完全不同的整治情况、水岸景象，韩正指出，在“五违四必”[1]区域环境综合整治过程中，岸上直排大幅度减少，为下一步中小河道整治创造了良好条件，要由市里牵头，生态环境和水务部门负责对全市中小河道和断头河的黑臭断面进行全面排摸，在摸清家底的基础上拿出整体整治规划，多管齐下坚决打赢整治攻坚战。

随着 2016 年底《关于全面推行河长制的意见》的发布，上海在新一轮水环境治理中，认真贯彻在全市所有河道、湖泊推行河长制，建立以党政领导负责制为核心的责任体系，“河长治水、系统治理”，构建责任明确、协调有序、监管严格、保护有力的河湖管理保护机制，破解传统治水困境。

上海市河湖长制实施方案内容

2017 年 1 月，中共上海市委办公厅、上海市人民政府办公厅印发《关于本市全面推行河长制的实施方案》；2018 年 4 月，印发《关于进一步深化完善河长制落实湖泊湖长制的实施方案》。

1　违法用地、违法建筑、违法经营、违法排污、违法居住这“五违”要做到安全隐患必须消除、违法无证建筑必须拆除、脏乱现象必须整治、违法经营必须取缔。

《关于本市全面推行河长制的实施方案》提出 4 个基本原则

1．坚持生态优先、绿色发展。牢固树立尊重自然、顺应自然、保护自然的理念，处理好河湖管理保护与开发利用的关系，促进河湖休养生息、维护河湖生态功能。

2．坚持党政领导、部门联动。建立健全以党政领导负责制为核心的责任体系，明确各级河长责任，强化工作措施，协调各方力量，形成一级抓一级、层层抓落实的工作格局。

3．坚持环境整治、长效管理。重点关注饮用水安全和群众身边问题突出的河道水体，统筹河流上下游、左右岸，实行“一河一策”，健全长效管理机制，解决好河湖管理保护的突出问题。

4．坚持强化监督、严格考核。建立健全河湖管理保护监督考核和责任追究制度，切实发挥河长制作用，拓展公众监督参与渠道，营造全社会关心河湖、爱护河湖、保护河湖的良好氛围。

《关于本市全面推行河长制的实施方案》明确各级河湖长的设置与职责

1．河长制组织体系

按照分级管理、属地负责的原则，建立市、区、街道（乡镇）三级河长体系。市政府主要领导担任市总河长，市政府分管领导担任市副总河长；区、街道（乡镇）主要领导分别担任区、街道（乡镇）总河长。

长江口（上海段）、黄浦江干流、苏州河等主要河道，由市政府分管领导担任一级河长，河道流经各区，由各区主要领导担任辖区内分段的二级河长；其他市管河道、湖泊由相关区主要领导担任辖区内对应河段的一级河长，河道流经各街道（乡镇），由各街道（乡镇）主要领导担任辖区内分段的二级河长。

区管河道、湖泊，由辖区内各区其他领导担任一级河长，河道流经各街道（乡镇），由各街道（乡镇）领导担任辖区内分段的二级河长；镇村管河道、湖泊，由辖区内各街道（乡镇）领导担任河长。

设置市河长制办公室（简称“河长办”），办公室设在市水务局，由市水务局和市环保局共同负责，市发展改革委、市经济信息化委、市公安局、市财政局、市住房和城乡建设管理委、市交通委、市农业农村委、市规划和自然资源局、市绿化和市容管理局、市城管执法局和市委组织部、市委宣传部、市精神文明办等部门为成员单位。区、街道（乡镇）相应设置河长办。

2. 河长主要职责

总河长作为辖区推行河长制的第一责任人，负责辖区内河长制的组织领导、决策部署、考核监督，解决河长制推行过程中的重大问题。副总河长协助总河长统筹协调河长制的推行落实，负责督导相关部门和下级河长履行职责，对目标任务完成情况进行考核问责。

河长是河湖管理保护的第一责任人。市级河长负责协调长江口（上海段）、黄浦江干流、苏州河等主要河道的综合整治和管理保护。区、街道（乡镇）级河长对其承担的河道、湖泊治理和保护工作进行指导、协调、推进、监督，按照“一河一策”要求，牵头组织开展河道污染现状调查，编制综合整治方案，推动河道周边环境专项整治、水环境治理、长效管理、执法监督等综合治理和管理保护工作。区级河长负责督导相关部门和下级河长履行职责，对目标任务完成情况进行考核问责。

3. 河长制办公室主要职责

市河长制办公室：在市副总河长领导下，对市总河长负责，承担上海河长制实施的具体工作，制定河长制管理制度和考核办法，监督各项任务落实，组织开展对区级河长进行考核。办公室各成员单位根据各自职责，参与河湖管理保护、监督考核工作。

市水务局：协调实行最严格水资源管理制度，推进水污染防治行动计划实施、水源地建设、河道综合整治、水面率控制、河湖健康评估、农村生活污水治理以及河道执法监管；会同市规划和自然资源局协调推进河湖管理范围、水利工程管理保护范围的划定、确权。

市环保局：协调推进水污染防治行动计划实施、水源地管理保护、工业企业和农业污染源执法监管、水质监测。

市发展改革委：协调制定河湖治理和管理相关配套政策以及太湖流域水环境综合治理工作。

市经济信息化委：协调河道周边工业企业产业结构调整。

市公安局：协调指导加强对涉嫌环境犯罪行为的打击。

市财政局：协调落实水环境治理等相关资金政策并监督资金使用。

市住房和城乡建设管理委：协调推进河道周边环境治理和河湖网格化长效管理。

市交通委：协调河道（航道）管理范围内浮吊船、码头整治和管理，以及船舶污染治理。

市农业农村委：协调美丽乡村建设以及河道周边畜禽场、农业面源污染治理和农村环境管理保护。

市规划和自然资源局：协调指导河道水环境治理重点项目建设用地保障，会同市水务局划定河湖蓝线。

市绿化和市容管理局：负责黄浦江、苏州河水域保洁、垃圾处置以及河道疏浚的底泥处置。

市城管执法局：负责河道周边环境专项整治中的执法。

市委组织部：协调河长制考核工作。

市委宣传部：协调河长制社会宣传工作。

市精神文明办：协调河长制精神文明建设工作。

区、街道（乡镇）河长制办公室要进一步明确办公室成员单位的具体职责。

《关于本市全面推行河长制的实施方案》明确河湖治理六大任务

第一，加强水污染防治和水环境治理。

1．落实国家《水污染防治行动计划》的基本要求，加快推进《上海市水污染防治行动计划实施方案》。到2020年，饮用水质量明显提升，饮用水水源风险得到全面控制，全市水环境质量有效改善，基本消除丧失使用功能（劣于Ⅴ类）的水体。

2．以2017年底全市中小河道基本消除黑臭为目标，按照水岸联动、截污治污，沟通水系、调活水体，改善水质、修复生态的治水思路，完成471条城乡中小河道的综合整治。

3．完善水源地布局建设，开展四大集中式饮用水水源地规范化管理，依法清理饮用水水源保护区内违法建筑和排污口，切实保障饮用水水源安全。到2020年，全市集中式饮用水水源地水质达到或者优于Ⅲ类水，原水供应总量的90%以上达到优良水平。

4．制定国控、市控断面和重要水功能区水质达标方案并组织实施，确保完成国家和本市259个考核断面、117个水功能区水质达标考核任务。

5．推进美丽乡村建设，加强农村基础设施建设和村容环境整治，完善农村生活垃圾处理系统，因地制宜开展农村生活污水治理，改善农村人居水环境。到2020年，全市全面完成基本农田保护区内规划保留地区村庄改造工作，创建评定100个美丽乡村示范村；完成30万户农村生活污水处理，农村生活污水处理率达到75%以上。

第二，加强河湖水面积控制。

1．进一步遏制全市河湖水面率降低趋势，稳步增加全市河湖水面积。到2020年，全市河湖水面率不低于10.1%。

2．根据全市河道蓝线专项规划，2017年上半年，全市全面完成各区河道蓝线专项规划落地工作，加强河道蓝线用地规划管控。

3．按照河道规划和河道蓝线确定的规模，推进河道整治工作。

“十三五”期间，全市新增河湖水面积不少于21平方公里。

4．禁止擅自填堵河道，确需填堵的，建设单位应当委托具有相应资质的水利规划设计单位进行规划论证，并按照“确保功能、开大于填、先开后填”的要求制定方案，按照程序报市人民政府批准。

第三，加强河湖水域岸线管理保护。

1．严格水域岸线等水生态空间管控，到2020年，基本完成全市河湖管理范围、水利工程管理保护范围的划定工作，并依法依规逐步确定河湖管理范围内的土地使用权属，推进建立范围明确、权属清晰、责任落实的河湖管理、水利工程管理保护责任体系。

2．结合“五违四必”区域环境综合整治，持续开展河道周边环境专项整治，整治各类船舶违规停泊和违规排放污染物、陆上违规搭建和接水接电等行为，恢复河湖水域岸线良好生态功能。

3．编制黄浦江岸线以及其他航道综合利用规划，落实全市建筑垃圾、渣土泥浆码头和其他岸线码头布局调整，推进浮吊船专项整治，维护港口经营秩序。

第四，加强水资源保护。

1．落实最严格水资源管理制度，严守水资源开发利用控制、用水效率控制、水功能区限制纳污三条红线，不断完善本市水资源管理体系。到2020年，全市年用水总量为129.35亿立方米；万元生产总值用水量比“十二五”期末下降23%，万元工业增加值用水量比“十二五”期末下降20%；重要水功能区水质达标率达到78%。

2．建立市、区以及重点企业用水总量控制指标体系，实施区域以及企业用水总量控制和管理。严格取水许可审批和管理，严格控制地下水开采。

3．加强节水“三同时”[1]评估和监管，推进用水大户实时监管体系建设。滚动实施市级节水型社会建设试点，大力开展节水载体示范活动。推进工业节水工作，抓好月用水量5万立方米以上重点监管工业企业的对标和节水技术改造工作，进一步减少全市工业用水总量。

1　节水“三同时”：新建、改建、扩建建设项目，应当制定节水措施方案，配套建设节水设施。节水设施应当与主体工程同时设计、同时施工、同时投入使用。

4. 加强水功能区监管，从严核定水域纳污能力，分阶段制定总量控制和削减方案，严格控制进入水功能区和近岸海域的排污总量，重点对总氮、总磷分别提出限制排污总量控制方案，并通过排污许可证管理制度，明确排污单位总氮、总磷总量指标。

第五，加强水生态修复。

1. 结合全市生态保护红线划定工作，划定河湖生态保护红线，实施严格管控，禁止侵占河湖、湿地等水源涵养空间。

2. 对易引发河道黑臭或者水环境质量恶化的断头河，制定并逐年组织实施河网水系连通三年行动计划，恢复河湖水系自然连通，防止引发新的河道黑臭和水环境质量恶化。

3. 强化农林水系统治理，加大水源涵养区、生态敏感区保护力度，加强水土流失预防监督和综合整治，开展河湖健康评估，维护河湖生态环境。

第六，加强执法监管。

1. 依据相关法律法规，制定联合执法方案，坚持专业执法与部门联动执法相结合，综合运用执法手段和法律资源，完善联合执法、信息互通、案件移送等工作机制，形成严格执法、协同执法的工作局面。

2. 建立健全河道长效管理机制，落实河道维修养护责任。将河湖管理纳入城市网格化管理平台，完善河道巡查监督机制，加大巡查力度，实行河湖动态监管。

《关于进一步深化完善河长制落实湖泊湖长制的实施方案》明确湖长制的工作要求

第一，上海对照《2017 上海市河道（湖泊）报告》，在 39 个湖泊、6 个供水水库、纳入“其他河湖”的湖泊全面落实湖长，建立湖长制。

第二，上海进一步落实区级湖长制实施方案，细化、实化市级湖长制实施方案中的六大任务，包括区级湖长制的主要目标、湖长设置原则及职责、重点任务、保障措施等，内容体现完整性、针对性、可操作性。

第三，上海落实并公布湖长名单，将 39 个湖泊、6 个供水水库的湖长名单由市河长办统一向社会公布。

第四，上海各区因湖制宜，科学编制辖区内湖泊的“一湖一策”和“一湖一档”。

第五，上海各区在湖泊岸边显著位置竖立了公示牌，确保湖长接受公众监督。

第六，上海各区定期对区管及以下湖泊及其入湖河流的水质开展监测，监测结果报送河长制、湖长制工作平台。

第七，上海各区开展专题工作培训，让各级湖长、河长办工作人员及河长办成员单位联络员明确工作职责，了解工作内容，落实工作责任。

第八，上海各区将湖长制纳入河长制工作体系，相关工作纳入河长制工作要点，作为河长制会议主要内容、河长办督查重点事项和地方党政领导班子考核重要事项，并要按照“四个到位”和“见湖长见行动见成效”要求，加强工作推进和落实。

总体来看，湖长制是继河长制后的又一项制度创新。《关于进一步深化完善河长制落实湖泊湖长制的实施方案》与《关于本市全面推行河长制的实施方案》一起为上海河湖长制实践指明方向、奠定基调。

上海市河湖长制实施方案解读

2017 年，上海发布《关于本市全面推行河长制的实施方案》以来，从组织体系、主要目标、工作任务、组织保障和考核问责等方面明确了上海全面推行河长制的“路线图”，拉开上海全面推行河湖长制的序幕。

按《关于本市全面推行河长制的实施方案》的工作要求，上海建立市一区一街镇三级河长体系，并以此为依托，围绕“2020 年力争全面消除劣Ⅴ类水体”的目标，按照“两年消黑，三年除劣”的安排，全面启动新一轮水环境治理。

该制度由各级党政主要领导担任总河长，依法依规落实地方主体责任，协调整合各方力量，河湖实现水岸同治、系统治理，克服传统水环境治理缺乏系统性、部门缺乏联动性的弊端。《关于本市全面推行河长制的实施方案》明确了河长制的工作目标、总体要求、主要任务和保障措施，可概括为“一、二、三、四、五、六”，具体如下。

一张河长名单：建立一张覆盖全市所有河湖的河长名单，结合上海水环境治理任务推进情况，分批公布河长名单。上海于 2017 年分四批公布了市管、区管、镇管村级以及其他河湖的河长名单；之后，市河长办通过“中国上海”门户网站更新公布市级河长及市管河道的河长名单。

二类河长设置：从辖区管理角度，设立总河长、副总河长，主要负责辖区内河长制的组织领导、决策部署、考核监督，解决河长制推行过程中的重大问题；从具体河道管理的角度对每条河道设立河长，河长对其所承担的河道、湖泊治理和保护工作进行指导、协调、推进、监督，并按照“分级分段、属地管理”原则落实一级河长、二级河长，上一级河长领导下一级河长，下一级河长对上一级河长负责。

三级组织体系：上海按照分级管理、属地负责的原则建立市—区—街镇三级河长体系，设立三级河长办。市级河长，主要担任跨省市、跨地区等重要河流（湖泊）的河长；区级河长，主要担任部分市管、辖区内的区管以及水环境治理难度较大的镇村管河道的河长；街镇河长，主要担任镇管村级河道的河长。

四项配套制度：制定河长会议制度、信息报送和共享制度、工作督察制度和考核问责制度。

五个主要目标：2017 年底目标两项，即全市河湖河长制全覆盖，全市中小河道基本消除黑臭；2020 年底目标三项，即基本消除劣于Ⅴ类的水体、重要水功能区水质达标率提升到 78%，河湖水面率达到 10.1%。

六大方面任务：面对上海河湖水环境特点和治理难点，在河长制主要任务的设置上，突出党政同责、突出水源地安全保障、突出河湖水面率控制、突出中小河道水环境治理，设定加强水污染防治和水环境治理、加强河湖水面控制、加强河湖水域岸线管理保护、加强水资源保护、加强水生态修复、加强执法监管六大方面 21 项任务。

第二章

Chapter 2

亮点在『河』：上海河湖长制的创新与成效

A Brighter Waterfront

随着新一轮水环境治理的推进，上海在全市所有河道、湖泊推行河湖长制，建立以党政领导负责制为核心的责任体系，实行“河长治水、系统治理”，在破解传统治水困境方面取得明显成效。

上海践行河湖长制六年多以来，工作基础不断夯实，工作制度不断完善，多部门协同越发有力，河湖水质持续稳定向好，人民群众对水环境质量满意度显著提升。上海创新一系列特色机制，涉及考核、督办、问责、长效管理等多个层次；多部门协同出台一系列政策，在实践中携手开展水环境治理。

截至2022年底，上海累计整治河道4190公里，完成42万户农村生活污水处理设施改造、1592个住宅小区雨污混接改造以及1.5万处其他雨污混接点改造，拆除1764万平方米沿河违建，退养481家规划不保留的畜禽养殖场，治理3246家直排工业企业，新建439.9公里污水管网，污染源截污纳管1550个。上海还开展了水系连通（断头河整治）工程，列入计划的3188条（段）断头河已经全面打通。

上海河湖水质持续稳定向好。截至2018年，上海实现全市河湖全面消除黑臭；截至2022年底，40个国控断面优Ⅲ类占比97.5%，233个市控断面优Ⅲ类占比95.3%，3871个镇管及以上河湖断面优Ⅲ类占比84.1%（较2021年提升了13.4个百分点），无劣Ⅴ类水体。

自2017年上海全面推行河湖长制以来，上海的河湖治理和保护以河湖长制为“牛鼻子”，成功迈过4个阶段，实现了从1.0到4.0的演变。这六年间，上海摸底定策“两年消黑”，多管齐下“三年除劣”，建设生态清洁小流域，建设5个新城绿环水脉，并在上海形成了责任明确、协调有序、监管严格、保护有力的河湖管理保护机制。

Alongside its renewed commitment to governing its waterways, Shanghai has implemented a chief system covering every single one of the city's rivers and lakes. Centered around the leadership and responsibility of the Communist Party of China and the government, it is already making gains in solving the traditional challenges of water management via a mix of river chiefs and systemized governance.

In the six years since Shanghai first implemented the river chief system, it has repeatedly shored up that system's basis and improved its mechanisms. As more government agencies join hands to promote the program, the water quality in Shanghai's rivers and lakes has stabilized and begun to improve — bringing with it a positive shift in resident's attitudes toward the city's waterways. Through it all, Shanghai has established a series of innovative mechanisms covering everything from evaluation and supervision to accountability and long-term management.

As of late 2022, Shanghai had restored 4190 kilometers of riverways, completed renovations on runoff systems affecting 420000 rural households, split rainwater and wastewater runoff in 1592 residential neighborhoods and 15000 other sites, tore down 17.64 million square meters of illegal riverside construction, decommissioned 481 unplanned family livestock farms, rectified 3246 emitting enterprises, and built 439.9 kilometers of new wastewater pipes and 1550 wastewater-interception pipes. It has also launched a riverway linkup program to connect 3188 stagnant rivers.

Thanks to these efforts, water quality in the city is on the way up. As of 2018, Shanghai has comprehensively eliminated smelly rivers and lakes within its boundaries. By 2022, 97.5% of nationally monitored waterways in the city, 95.3% of municipally monitored waterways, and 84.1% of township-monitored waterways were graded Category Ⅲ Excellent. Not a single waterway in the city was graded Category V Inferior.

Overall, since Shanghai rolled out the river and lake chief system citywide in 2017, these chiefs have helped guide the city through four consecutive iterations, as it evolved its approach from "Water Management 1.0" to "Water Management 4.0." In those six years, Shanghai has cleaned up its smelly rivers and lakes, wiped out unsafe water, built ecologically friendly and clean waterways, created five new urban green belts, and established an accountable, cooperative, tightly supervised and effective means of managing and protecting its waters.

第一节
Part 1

上海河湖长制的创新
Innovations

压实责任，创新上海河湖长制组织体系

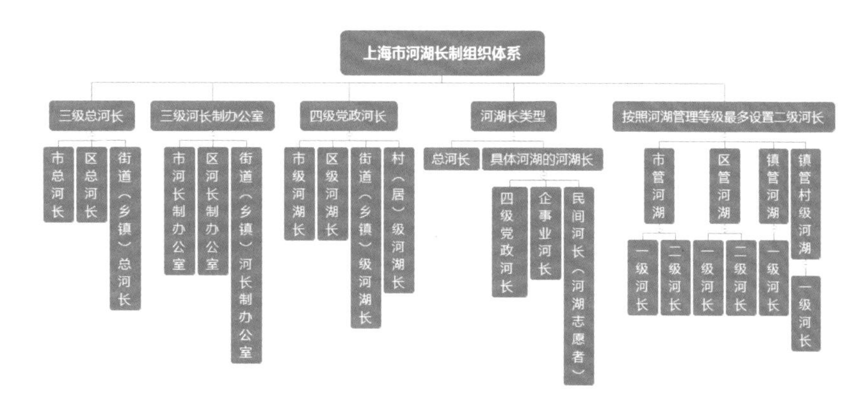

上海市河湖长制组织体系
图片来源：上海市水务局

自 2017 年《关于本市全面推行河长制的实施方案》明确河湖长的设置方式以来，上海不断推进落实，并根据实际情况持续优化上海河湖长制的组织体系。

2017 年，上海根据《关于本市全面推行河长制的实施方案》分 4 批公布了市管、区管、镇管村级以及其他河湖的河湖长名单，建立一张覆盖全市河湖的河湖长名单。值得一提的是，这其中也包括了小微水体。根据 2017 年上海印发的《关于加强小微水体管理的指导意见》，小微水体的一级河长由小微水体所在地的街镇领导担任，主要职责是落实行业主管部门的监管责任；二级河长由小微水体权属人（单位）负责人或法定代表人担任，主要职责是落实水体的日常管理责任，确保水质达标。

2018 年，上海发布《关于进一步深化完善河长制落实湖泊湖长制的实施方案》，进一步推进上海湖长制各项工作的落实。对照《2017 上海市河道（湖泊）报告》，上海在 39 个湖泊、6 个供水水库、纳入"其他河湖"的湖泊全面落实湖长，建立湖长制。

针对上海河湖水环境治理特点，上海以河长制标准化街镇建设为抓手，提升基层治水管水能力。2018 年，上海启动首批河长制标准化街镇建设；2020 年，上海印发《关于继续开展上海市河长制标准化街镇建设的实施方案》；截止到 2021 年底，上海共建成 182 个河长制标准化街镇。

自 2018 年起，上海逐步将河长制工作体系延伸到街道（乡镇）、居（村），陆续建立市—区—街道（乡镇）三级河长办、市—区—街道（乡镇）—居（村）四级河长体系，并以河长制标准化街道（乡镇）和居（村）河长工作站建设为抓手，持续加强街道（乡镇）、居（村）两级河长制工作机构能力建设，打通河长制“最后一公里”。

2019 年，上海发力增设民间河长。在上海市河湖长制组织体系之外，因河制宜，增设民间河湖长，充分发挥护河志愿者的作用，有益于形成社会带动效应，提升公众对河湖环境的关注度和保护意识；有益于加强政府与民众的沟通，及时了解民众对治水护河的需求；有益于提高河湖保护管理成效，及时发现并解决工作中的问题和薄弱点。

民间河湖长是现有河湖长体系的重要补充和有力保障。2019 年 4 月，上海印发《关于鼓励社会参与、增设民间河（湖）长的指导意见》后，要求各区、街道（乡镇）组织选聘民间河长，提供治水建议，参与治水监督，当好巡查员、宣传员、参谋员、联络员、示范员“五员”。这很快得到民众的热烈回应。2019 年 7 月，短短几个月便有 14 个区 104 个街道（乡镇）增设民间河湖长，共增设民间河湖长 5200 余名，其中 1800 余名已签订聘任书。

2020 年，上海继续做实做细治水“神经末梢”，建设村（居）河长工作站，发布《上海市村（居）河长工作站建设指导意见》，强化河长制工作体系村（居）一级的相关工作。2021 年，上海还发布《关于设置沿河湖排污口企业河长的指导意见》，目的是实现上海市已知沿河湖水体有排污口的相关企业河长全覆盖。

经过前期的一系列探索，2021 年，上海已建立市、区、街道（乡镇）、居（村）四级河长体系。在此基础上，上海继续规范和完善河湖长设置，印发《关于进一步规范完善本市党政河湖长设置的指导意见》（简称《指导意见》）。此次《指导意见》进一步精简匹配、均衡设置河湖长，减少河湖长层级，明晰河湖长定位。让上海河湖长制的组织体系再次迎来优化与完善。

具体而言，河湖长设置遵循以下基本原则：

第一，坚持河湖长制就是责任制。上海各级党委和政府共同承担本辖区河湖长制的工作责任，党政同责落实本辖区内所有河湖（包括水库）和小微水体河长全覆盖。

第二，坚持分级管理属地负责制。按照行政区属地负责和河湖及小微水体分类分级管理原则，分级分段落实属地党政领导［含村（居）干部］担任相应管理等级河湖水体的河长；对属地和权属双重管辖的河湖和小微水体，一般要落实相应属地党政领导和相应权属单位法定代表人或相关负责人共同担任河长。

第三，坚持河湖长精简匹配均衡设置。每条（个）市、区管河湖原则上只设置一、二级河长，不向下延伸设置三、四级河长；每条（个）镇管以下及其他河湖和小微水体原则上只设置一级河长，不向下延伸设置二级河长。各级行政区内同一行政级别河湖长负责的河湖和小微水体数量要相对匹配均衡。

在《指导意见》中，河长设置分为总河长、河湖及小微水体河长两大类。

总河长分市、区、街道（乡镇）级和相关单位辖区总河长、副总河长。总河长负责组织领导本行政区域内河湖和小微水体管理和保护工作，是本行政区域全面推行河长制、湖长制的第一责任人，对本行政区域内河湖和小微水体管理保护负总责；副总河长协助总河长统筹协调河长制的推行落实。

上海市、区、街道（乡镇）各级党政主要领导担任各级双总河长；各级政府分管领导担任同级副总河长，同时兼任同级河长办主任。市级单位和相关企业（集团）相关党政领导履行本单位辖区的总河长职责，协同所属行政区总河长共同对辖区内河长制工作负总责，因地制宜设置下级总河长。

河湖及小微水体河长是河湖和小微水体管理保护的第一责任人，需履行好知河、巡河、治河、护河的责任。一级河长、二级河长分别对相应河湖和小微水体管理和保护负总责任、直接责任。上海具体河湖长设置清单如下。

第一，主要市管河湖。长江口（上海段）、黄浦江干流、吴淞江—苏州河、淀山湖（上海段）、太浦河（上海段）5 条（个）主要河湖，由市政府分管副市长担任一级河长；元荡（上海段）、拦路港—泖河—斜塘、红旗塘—大蒸塘—圆泄泾、胥浦塘—掘石港—大泖港 4 条（个）主要河湖，由市政府相关副秘书长担任一级河长。上述 9 条（个）市管主要河道、湖泊流经各区，由各区主要领导担任辖区内分段二级河长。

第二，其他市管河湖。其他市管河湖由相关区主要领导担任辖区内对应的一级河长，河湖流经各街道（乡镇、农场）的由各街道（乡镇、农场）主要领导担任辖区内分段二级河长。

第三，区管河湖。区管河湖由辖区内各区其他领导担任一级河长，河湖流经各街道（乡镇、农场）的由各街道（乡镇、农场）领导担任辖区内分段二级河长。

第四，镇管河湖。镇管河湖由辖区内街道（乡镇、农场）领导担任一级河长。

第五，镇管村级河湖。镇管村级河湖由辖区内村（居）干部担任一级河长。村（居）干部担任河长的主要职责是负责河湖巡查，对发现的相关违法违规行为进行劝阻、制止，不能解决的问题及时向上级河长或河长制办公室、有关单位报告。

第六，特殊河湖和小微水体。青草沙、陈行、金泽、宝钢 4 个供水水库由所属区的相关领导和上海城投（集团）有限公司、中国宝武钢铁集团有限公司相关负责人共同担任一级湖长，东风西沙、墅沟由所属区的相关领导担任一级湖长；上述 6 个供水水库相应管理单位的相关负责人担任二级湖长。

除上述河湖外，对未列入市、区、镇管村级河湖名录的其他河湖和小微水体，若有明确的权属单位的，由辖区内村（居）干部和权属单位法定代表人或相关负责人共同担任一级河长；若无明确的权属单位的，由辖区内村（居）干部担任一级河长。

建章立制，创新上海河湖长制工作机制

一个制度的全面推行落实，需要从组织体系、机制体系、工作体系等多个维度逐步建立和不断完善。围绕构建“责任落实、领导有力、治理长效”的河湖管理创新模式，上海探索建立了一系列工作机制，包括河湖长责任机制、会议与信息共享机制、河湖长效管护机制等多个层面。

“不积跬步，无以至千里”，这些工作机制的建设并非一蹴而就，它们随着河湖长制的不断探索而形成，经历多年建设与发展。2017 年 1 月，中共上海市委办公厅、上海市市人民政府办公厅印发《关于本市全面推行河长制的实施方案》，从组织体系、主要目标、工作任务、组织保障和考核问责等方面明确了上海全面推行河长制的“路线图”，迈出全面探索的步伐。

第一方面，“河湖长制就是责任制”。这意味着各级河湖长是河湖管理和保护的第一责任人，对其所负责河道履行“管、治、保”三位一体的职责。同时，上海河湖长制在督查、激励、考核、问责方面也陆续完善工作机制，推动河长制、湖长制尽快从“有名”向“有实”转变。

早在 2017 年，上海陆续发布《上海市河长制工作督察制度（试行）》《上海市河长制考核问责制度（试行）》；而后，上海市河长制办公室印发《上海市河长制工作验收办法（试行）》《上海市河长巡河工作制度（试行）》；2018 年，上海市河长制办公室又印发《上海市河长制湖长制约谈办法（试行）》，进一步压实河长责任。

上海各区还因地制宜探索“河长 +”的治河新模式。奉贤、嘉定、松江等区制定“河长 + 检察长”制度的相关文件，崇明区建立河长、湖长、环长、检察长“四长协同”的工作机制，青浦建立河长、警长、检察长“三长”联动的工作机制。上述机制通过形成司法力量与行政力量的合力，进一步加强河湖水环境系统治理、依法治理，推动水环境治理体系和治理能力现代化。

为进一步强化河长、湖长履职尽责，2020 年 1 月，上海市河长制办公室转发水利部关于印发《河湖管理监督检查办法（试行）》《关于进一步强化河长湖长履职尽责的指导意见》的通知，推动持续改善河湖面貌，让河湖造福人民。

2021年，上海在提高各级河长履职尽责积极性、促进河湖治理体系和治理能力现代化等方面也有诸多动作，如转发《河长湖长履职规范（试行）》的通知，对开展河湖巡查、加强组织领导等多方面的履职方式作出要求；印发《关于建立完善本市河长湖长述职制度的意见》《关于深化完善周暗访、月通报、季约谈、年考核工作机制的意见》等，各区、街道（乡镇）河长制办公室将“周暗访、月通报、季约谈”的问题及整改落实情况进行年度累计，纳入本行政区河长制工作年度考核，如果在这方面的工作状况良好，将有助于年度考核取得更佳成绩，更好地发挥考核的“指挥棒”作用。

2022年，上海印发《上海市河长制办公室工作规则（试行）》，进一步规范上海市河长制办公室的履职方式，强化履职效能，更好地发挥河长制办公室组织、协调、分办、督办等作用。同年，上海还印发《关于部分问题河湖实行河长提级的管理办法（试行）》。

第二方面，会议与信息共享机制。河湖治理要进一步防止反弹回潮、巩固整治成果，还需充分展开市区联动、水岸联动、上下游联动、干支流联动，统筹水环境、水生态、水资源、水安全、水文化和岸线。这就离不开充分高效的信息共享制度，并逐步建立和完善上海市河湖长制工作平台，提升信息共享效率，服务河湖长制工作。

为加强河湖保护和管理，推进落实河湖长制各项工作任务，依据《关于本市全面推行河长制的实施方案》，上海建立会议制度，主要包括了市总河长会议、市河长办主任办公会议和市河长办工作会议。

从2017年以来，上海不断探索相关会议制度、信息报送制度。例如，上海市河长办于2017年印发《上海市河长制信息报送和共享制度（试行）》，于2018年印发《上海市河长办会议制度》。

2021年，上海市河长办印发《关于进一步完善工作机制，推进河长APP推送问题整改落实的通知》，该市河长办工作平台（“上海河长”App）汇集了河长巡河、市级专业巡查、市民服务热线、市水务海洋公众号等渠道，发现并上传的相关问题，并及时推送给各区河长办。

2023 年，为满足上海市信息化资源整合的要求“上海河长”App2.0 的全部功能转移到“上海水务海洋”微信公众号；上海市河长办又印发《关于使用“上海水务海洋”微信公众号开展河长湖长巡河有关事项的通知》。

上海市河长办工作平台历经多年信息化建设，包括 2017 年的启动建设、2018 年的试点应用、2019 年的推广应用、2020 年的功能完善、2021 年的优化升级、2022 年的功能巩固、2023 年的管控升级，不断提升了河长湖长的工作效率。在此基础上，上海逐步形成以上海市河长办工作平台、“上海河长”App（公众号）、公众护河、“上海河湖”App、河湖长制专题屏五大应用场景为支撑，以河湖总量、河长湖长、巡河动态、河湖水质、河湖监管、基础工作六大业务模块为核心的上海河湖长制信息化管理系统。

第三方面，河湖长效管护机制。上海发挥河湖长制在党建引领、协同治水方面的优势，积极探索河湖长效管护机制，形成一系列政策举措，以支撑良好的治理格局。

2018 年，围绕长效管护，为更好发挥基层“主力军”的作用，上海一方面启动首批河长制标准化街镇建设，另一方面发布《上海河长制办公室关于开展上海市河湖“清四乱”专项行动的通知》，对乱占（如围垦湖泊）、乱采（如非法采砂）、乱堆、乱建等问题开展整治。2020 年，上述两项工作迎来新一轮建设，上海印发《关于继续开展上海市河长制标准化街镇建设的实施方案》，并发布《关于深入推进上海市河湖“清四乱”常态化规范化的通知》。

2020 年，随着长三角一体化的加速推进，跨省市（江浙沪）水环境治理协作机制更加深化，上海是太湖淀山湖湖长协作机制的首年轮值方。上海轮值年期间制订了“五个联合”——联合巡河、联合管护、联合监测、联合治理、联合执法工作制度，主要围绕三省市（江浙沪）河长联合巡河专项协商、水利部门协同治水，取得良好成效，如依托“五个联合”协同打捞水葫芦，有效遏制水生植物暴发，为中国国际进口博览会（简称“进博会”）提供水环境保障。

2021年，上海市河长办转发《长江水利委员会关于印发长江干流交界水域河道采砂综合整治行动执法工作方案的通知》；同年，印发《关于进一步规范完善本市党政河湖长设置的指导意见》《关于建立完善本市河长湖长述职制度的意见》《关于设置沿河湖排污口企业河长的指导意见》《关于深化完善周暗访、月通报、季约谈、年考核工作机制的意见》4项工作制度。

2022年，上海构建起“监测、预警、评价、考核”一体的河湖水质管护“四全”工作体系，发布《上海市各区河湖水质综合评价方案（试行）》《2022年度“河湖长制及水质综合评价”和“水资源节约利用达标率”工作考核细则》。

2023年，为坚持“以水质论英雄”，上海进一步印发《河湖水质“红黄蓝”三色管理预警工作体系（试行）》。同年，为进一步建立完善本市水行政执法与刑事司法衔接工作机制，保障河湖安全，上海市河长办制定了《关于加强本市河湖安全保护工作的实施意见》。

值得注意的是，这些工作机制中有不少上海因地制宜建立的特色制度。为推动上海河湖长制从“有名有实”提升至“有能有效”，上海践行河湖长制六年多以来，工作机制、制度体系不断完善，在此过程中，上海建立出若干特色制度，它们进一步提高各级河长履职尽责的积极性，推动河湖治理切实有效地开展。试举以下六例，下文详细解读，包括以下几个方面：

特色制度之一：“三查三访一通报”；

特色制度之二：“周暗访、月通报、季约谈、年考核”；

特色制度之三：“河长＋检察长”治河新模式；

特色制度之四：上海市河长制标准化街镇建设；

特色制度之五：河湖水质“红黄蓝”三色管理预警工作体系；

特色制度之六：长三角一体化示范区联合河湖长制。

特色制度之一：“三查三访一通报”

为推动建立河湖长效管护机制，促进水质稳定达标，上海特别建立“三查三访一通报”的工作制度。“三查三访”主要包括水质检查、第三方巡查、舆情核查、工作暗访、热线查访、市民巡访六方面内容。

第一，水质检查。市控、区控、镇控断面水质监测以及苏州河环境综合整治四期工程（简称“苏四期”）工程范围内支流水质监测发现的河湖水质反复问题，由市生态环境局、市水务局收集。

第二，第三方巡查。第三方机构巡查发现的河湖水质反复、环境脏乱差问题，由市水务局收集。

第三，舆情核查。经网上舆情监测，发现市民较为关注的河湖水质反复、环境脏乱差问题，由市水务局收集。

第四，工作暗访。国家部委、市河长办暗访过程中发现的河湖水质反复、环境“脏乱差”等问题，由市水务局、市生态环境局收集。

第五，热线查访。市民通过“12345”热线、河长制监督电话等反映的河湖水质反复、环境脏乱差问题，由市水务局收集。

第六，市民巡访。市民巡访团在巡访过程中发现的河湖水质反复、环境“脏乱差”问题，由市水务局收集。

市水务局每月对上述问题进行梳理汇总，形成问题线索，交至市河长制办公室（简称“河长办”）。市河长办依据问题线索进行现场核实，对经核实确认为水质反复、环境“脏乱差”的河湖，通过“上海市河长办工作平台”中的“上海市河湖水质状况”模块进行通报，并报送市、区总河长；其中，对水质达到黑臭程度的河湖，将通过媒体进行曝光。

问题河湖所在区应于通报后一周内制定整改方案，报送市河长办。市河长办将上述问题河湖纳入重点督查事项，每月进行督办和水质监测，直至水质达标、环境整治完成。对问题河湖整改不力的河长及相关职能部门负责人，市河长办将按有关规定启动约谈、问责等程序。

特色制度之二：“周暗访、月通报、季约谈、年考核”

上海河湖长制充分落实“周暗访、月通报、季约谈、年考核”机制。市、区、街道（乡镇）各级河长办均建立该长效常态工作机制，加强对辖区问题河湖有关的暗访、通报、约谈、考核。

“周暗访”由各级河长办主要成员单位，包括生态环境、住建、交通、农业农村、水务、绿化市容、城管执法、房管等部门，结合各自实际组织制定或参与相应职责范围内河湖长制工作年度暗访工作计划，工作任务细化到每周，按工作计划组织暗访。例如，住建部门会同城管执法部门，主要开展河道管理范围内违章建筑及其他相关涉河问题等。

各成员单位在“周暗访”中发现问题，须进行每月汇总并及时提交相应的河长办，上传到市河长制信息化平台。由责任河长牵头会同责任单位、管理和养护单位，明确问题整改方案和处置方案，对照整改时间节点限期整改。

同时，相应河长办应将整改方案和整改情况及时上传到市河长制信息化平台，形成闭环。其中，突出问题将纳入“月通报”，抄送相应总河长、副总河长，并按照通报规则和程序随时曝光。

“月通报”则由市、区、街道（乡镇）河长办重点对河湖环境“脏乱差”、水质监测出现不达标，或河湖水体黑臭、河湖长制主要成员单位“周暗访”问题反馈，以及市民群众投诉举报反映强烈、市领导关注、中央国家部委重视的各类河湖问题进行通报。

具体而言，“月通报”根据发现问题的严重程度，采用一般问题会议通报、突出问题专项通报（工作提醒提示、警示、工作简报、工作专报、给河长一封信等形式）、严重问题媒体曝光等形式进行通报。

“季约谈”机制则是针对“月通报”中整改不力的相关河长及相关责任单位、管理养护单位负责人，市河长办按照有关规定启动约谈程序，一般每季度开展一次约谈工作。

年度内被约谈的区、街道（乡镇）总河长、责任河长，及市、区、街道（乡镇）、居（村）相关责任单位和管理养护单位负责人，由市、区、街道（乡镇）河长办建议相关部门取消被约谈人当年年度评优评先资格。

市、区、街道（乡镇）各级河长办应将“季约谈”相关工作信息及时上传河长制信息化平台，建立台账、限期整改、挂账督办、跟踪问效。市河长办将“季约谈”信息及时纳入相关月工作简报抄送市、区总河长及副总河长。

“年考核”则由市河长办按照河长制绩效评价及水质达标率等要求，开展年度考核工作，并将“周暗访、月通报、季约谈”的问题及整改落实情况进行年度累计，纳入河长制工作年度考核。

与此同时，每年年底河长还需开展述职。总河长、河长湖长根据年度河湖管理和保护工作履职情况进行述职。总河长对辖区内河湖长制总体推行情况、协调解决河湖管理和保护重大问题情况等进行履职述职。河长湖长重点对河长湖长巡河、发现问题、问题整改、河湖管理和保护成效等主要内容进行履职述职。市、区、街道（乡镇）河长湖长的履职述职内容作为重要组成部分，纳入党政领导个人年终工作总结。

通过“周暗访、月通报、季约谈、年考核”，河湖治理考核机制贯穿在整年工作中，压实河湖长和相关部门责任，推动河湖长制从“有名有责”到“有能有效”。

特色制度之三：“河长＋检察长”治河新模式

近年来，上海以全面推行河长制、湖长制为工作抓手和有力牵引，强化“巡、盯、管、督”，健全“周暗访、月通报、季约谈、年考核”以及河长述职考核等一系列制度，不断深化完善河长制。

“河长＋检察长”治河模式是一个新探索，通过充分发挥检察公益诉讼职能在河湖长制工作中的作用，形成司法力量与行政力量合力，进一步加强河湖水环境系统治理、依法治理，为全面提高河湖管理保护水平、提升水环境治理体系和治理能力现代化提供了新途径。

其中，上海奉贤、嘉定、松江、金山、青浦等区较早开始探索“河长＋检察长”工作机制，先后出台“河长＋检察长”制度的相关文件，为上海推广“河长＋检察长”工作机制积累了许多好经验。例如，2020年，上海市奉贤区人民检察院与上海市奉贤区河长制办公室（简称“河长办”）在检察公益诉讼中加强协作配合，探索实践“河长＋检察长”依法治河新模式，发布《关于协作推进行政公益诉讼促进水生态保护暨建立“河长＋检察长”依法治河新模式的意见》（简称《意见》）。奉贤区人民检察院与奉贤区河长办及其成员单位加强沟通协作，统一思想认识，形成工作合力，积极开展联合督导检查，针对重点区域、重点问题，部署开展专项行动，不断完善涉河涉水法律监督新模式。根据《意见》，奉贤“河长＋检察长”的协同内容如下。

1．互通信息。双方应积极借助行政执法与刑事司法衔接信息共享平台的经验做法，逐步实现涉河湖生态环境和资源保护领域相关信息的实时共享。区人民检察院定期向区河长办通报涉河湖公益诉讼案件办理情况和行政检察监督工作办公室工作信息；区河长办定期向检察机关通报涉河湖行政执法检查、行政违法、处罚等信息，开放行政执法信息平台。

2．移送线索。区河长办及其成员单位在行政执法中发现涉嫌破坏奉贤辖区河湖生态环境和自然资源的公益诉讼案件线索，应及时移送区人民检察院；区人民检察院接到线索后应当及时调查，并将调查处理结果及时反馈。

3．调查取证。区人民检察院在办理涉河湖公益诉讼案件时，区河长办及其成员单位应积极配合调查收集证据；区河长办及其成员单位可根据自身行业特点，为区人民检察院在办理涉河湖案件的调查取证、鉴定评估等方面提供专业咨询和技术支持，如协助做好涉案污染物的检测鉴定工作等。

4．协调配合。区河长办对正在查处的严重违法、媒体关注度高、涉众面广的案件等，可以商请区人民检察院介入案件调查，引导相关行政机关依法全面收集、固定和保全证据，确保案件依法正确处理。

5．督促履职。区人民检察院通过公益诉讼诉前程序督促区河长办成员单位履职的，应将检察建议同时抄送区河长办；区河长办应督促相关成员单位在收到检察建议后及时依法整改，并在规定时限内书面回复；

因客观原因难以在规定时间内整改完毕的，应制定具体可行的整改方案，及时向区人民检察院书面说明情况。

6．提起诉讼。区河长办相关成员单位在收到检察建议后未依法履职，国家利益、社会公共利益没有得到有效保护的，区人民检察院应当及时请示上级院，依法向人民法院提起诉讼，同时将起诉书抄送区河长办。对区人民检察院依法向法院提起行政公益诉讼的，区河长办应督促被诉单位负责人出庭应诉。检察机关依法提起民事公益诉讼的，区河长办应督促相关成员单位积极配合，协助做好证人、鉴定人出庭等工作。

7．协助执行。区河长办应督促相关成员单位积极主动执行行政公益诉讼生效裁判，并为检察机关提起的民事公益诉讼生效裁判、调解书的执行提供协助。

奉贤“河长＋检察长”的相关工作机制如下。

1．联席会议机制。区人民检察院与区河长办及其成员单位设立专职联络员，由区人民检察院或区河长办定期或不定期召开联席会议，每季度会商一次，确有需要的，可随时召开。双方通报工作开展情况，共同分析研究和协调解决涉河湖生态环境和资源保护执法中的突出问题，交流相关案件信息，对疑难复杂案件共同探讨，统一执法思想和执法尺度。

2．联合督办机制。对正在查办的违法情形严重、具有较大社会影响的涉河湖行政违法、公益诉讼案件，上级领导交办、督办的重大案件等，可以由区河长办和区人民检察院联合督办。

3．业务培训机制。双方可互相邀请对方人员参加本系统举办的相关业务培训，互派人员为对方举办的培训班授课。合作举办工作论坛、业务征文活动、案件论证会等，研究解决公益诉讼和公益保护理论、实务问题。

4．宣传普法机制。双方要按照“谁执法谁普法”的要求，整合线上、线下宣传资源，采取多种形式开展法治宣传工作；通过法治进校园、进园区、进企业、进农户等形式，宣传国家环境保护政策、公益保护工作理念，服务大局保障民生，全力打好污染防治攻坚战，共同推进奉贤水生态环境保护。

除了奉贤区，上海还有多个区进行了相关探索，除了“河长 + 检察长”，还探索出联动警长、环长（与环境保护相关的“环长制”）等多方协作的机制。

例如，2020 年上海市崇明区人民检察院、上海市崇明区生态环境局、上海市崇明区水务局联合制定《关于建立河长、湖长、环长、检察长“四长协同”工作机制服务保障世界级生态岛建设的意见》。

2021 年，松江区人民检察院与松江区河长制办公室就在检察公益诉讼中加强协作配合，联合印发《松江区关于建立“河长 + 检察长”工作联动机制推动水生态建设的意见（试行）》。嘉定区还发布《关于充分发挥检查公益诉讼职能作用建立“河长 + 检察长”工作机制的若干意见》。青浦区河长办、上海市公安局青浦分局和上海市青浦区人民检察院联合印发《“河长 + 警长 + 检察长”三长联动工作机制》，在全市率先建立“河长 + 警长 + 检察长”三长联动工作机制。另外，浦东、金山等区也发布了相关协作机制的意见。

总的来看，上海各区围绕“河长 + 检察长”工作机制，努力在以下 4 个层面展开积极探索，具体如下。

一是建立沟通联络和宣传培训机制。上海全市各级河长办及其成员单位密切加强同检察机关的联系，研究解决检察公益诉讼和河长制工作中发现的河湖生态环境保护的突出问题，共同推进全市生态文明建设，促进构建高效完备的综合治理体系。

二是探索建立信息共享和线索移送机制。上海全市各级河长办及其成员单位在办案信息共享方面加强同检察机关协同联动，探索建立覆盖民事及刑事公益诉讼、行政公益诉讼和行政执法等多领域的常态化线索相互移送机制，形成保护合力。

三是探索建立诉前检察建议跟踪落实机制。上海全市各级河长办配合检察机关把诉前实现维护公益目的作为最佳司法状态，强化诉前磋商，力争把问题解决在最前端。各级河长办对检察机关通过公益诉讼前的程序督促河长办成员单位履职的检察建议，督促相关行政主管部门按照检察建议认真自查、主动整改、按时回复。

四是探索建立生态环境损害赔偿修复与公益诉讼的衔接机制。上海全市各级河长办配合检察机关探索通过生态环境损害赔偿磋商、检察公益诉讼等方式，推动有关责任单位主动履职，督促违法行为人对受损的河湖生态环境依法进行损害赔偿和修复，督促相关行政主管部门依法协助检察机关调查收集证据，并为检察机关办案提供专业咨询和技术支持。

“河长＋检察长”工作机制将充分发挥河长办、检察机关各自的职能，实现行政执法、检察监督有机衔接，打防结合，形成合力，加强河湖管理和保护。

特色制度之四：上海市河长制标准化街镇建设

提升基层治水管水能力，街镇是重要发力点。

2018 年，为贯彻落实上海《关于本市全面推行河长制的实施方案》《关于进一步深化完善河长制落实湖泊湖长制的实施方案》，深入践行“绿水青山就是金山银山”的发展理念，深化完善河湖长制，提升水环境面貌，推进落实河长制、湖长制各项工作任务，建设“水清、面洁、河畅、景美”的美丽河湖，上海市河长办决定在全市范围内开展河长制标准化街镇建设。同年，上海市河长办发布《关于开展首批上海市河长制标准化街镇建设的实施方案》，目标是在 2019 年底，全市建成一批河长制标准化街镇。

河长制标准化街镇建设有 8 个方面工作标准。

1．制度体系建设。制度建设有创新举措，河长履职能力和河长办应急能力高于全市平均水平，河长制工作年度考评连续两年均为区级优秀。

2．河道水环境整治。完成河湖水系生态防护比例达标改造任务，河道整治工程年度计划和打通断头河三年行动计划全面完成，无违建先进街镇创建成功，雨污混接改造任务全面完成，污水收集管网及截污纳管任务全面完成，入河排污口实现监测及规范整治，农村生活污水处理任务提前完成，特色项目全面完成。

3．河道管理养护。提前完成中小河道轮疏任务，实现河道管养装备标准化，河道长效管理考核连续两年均为区级优秀。

4．水质达标。提前完成消除劣Ⅴ类水的相关任务。

5．河湖水面率达标。提前完成街镇2020年规划新增河湖面积任务。

6．信息化建设。河湖本底数据使用规范，河长办工作平台运行平稳有效。

7．人水和谐建设。开展市民对河道水环境状况满意率调查，积极组织护河专题宣传和志愿者服务。

8．机构能力建设。河长办有独立办公场所和工作人员，办公经费和办公设施设备到位，河长办日常工作高效开展。

制度建设，最终还要反映到治理成效上。首批河长制标准化街镇建设的指标标准包括以下几种：消除劣Ⅴ类水达标率达到100%；河湖水面率达标率达到100%；市控断面地表水水质考核达标率达到100%；市民对河道水环境满意率达到90%以上；郊区街镇规划保留村庄的农村生活污水处理率达到100%；郊区街镇河湖水系生态防护比例达到68%以上，中心城区街镇至少达到各区分解指标；河道管养装备标准化覆盖率达到100%；郊区街镇中小河道轮疏率达到100%。

2020年，经过上海市河长办会同各区河长办组织验收、公示等程序，决定授予浦东新区北蔡镇等75个街镇“河长制标准化街镇”称号。

上海决定进一步扩大建设成效，2020年6月，上海市河长办印发《关于继续开展上海市河长制标准化街镇建设的实施方案》，狠抓河长制“有名”“有实”，加快推进全市其他街镇开展“河长制标准化街镇建设”，在2020年底前再建成一批。

对比2018年，2020年后的上海市河长制标准化街镇建设内容根据新形势有了新变化，具体建设标准包括以下9个方面：

1．水质达标。2020年10月底前，镇管以上河湖水质断面消劣率达到97%，完成水质普查劣Ⅴ类水体消劣任务；市控断面水质达标率达到100%。

2．河湖水面率达标。2020年9月底前，河湖水面率达标率达到100%，完成新增河湖面积任务。

3．河道水环境治理。河道整治工程、断头河整治、中小河道轮疏等任务全面完成；农村生活污水治理任务全面完成，处理设施出水水质达标率达到 95%；住宅小区雨污混接改造、沿街商铺雨污混接排查及改造任务全面完成；截污纳管及污水管网新建任务全面完成；入河排污口排查和分类监测整治任务全面完成。

4．河道长效管理。河道管养装备标准化覆盖率达到 100%；河道管养成效显著；持续开展河湖“清四乱”工作，做好动态排查及整改工作。

5．制度体系建设。制度建设有创新举措，河长履职能力明显提升，区级河长制工作年度考评成绩较好。

6．机构能力建设。河长办有独立、固定的办公场所，实行挂牌办公，办公设备配备完善；办公氛围较好，制度上墙、挂图作战；工作人员按要求落实到位；开展并建成村（居）河长工作站。

7．信息化建设。动态管理河湖本底数据，及时更新存档一河（湖）一档；通过上海市河长办工作平台及时更新河长信息；按巡河制度要求通过“上海河长”App 开展巡河；按要求及时做好河长公示牌信息补充（水利部监督电话等）和日常更新维护，及时拍照上传。

8．人水和谐建设。壮大志愿者队伍，开展志愿护河活动；加大民间河长（含企业代表）招聘力度，提高民众参与度；开展市民对河道水环境状况满意率调查，满意率达到 90% 以上；积极提高市民投诉问题处理满意率并达到 85% 以上；积极组织护河专题宣传。

9．特色项目建设。结合各街镇实际情况，在亮点工程、体制机制创新、社会参与、科技助力等方面进行特色项目建设。

2018～2020 年，市河长办先后印发《关于开展首批上海市河长制标准化街镇建设的实施方案》《关于继续开展上海市河长制标准化街镇建设的实施方案》等文件，开展河长制标准化街镇建设。截至 2021 年底，上海全市共建成 182 个河长制标准化街镇。

特色制度之五：河湖水质“红黄蓝”三色管理预警工作体系

围绕到2025年底上海全市河湖稳定消除黑臭、劣Ⅴ类水体，稳定提升优Ⅲ类水比例的目标，聚焦解决河湖水质反复等问题，努力推动上海全市河湖水环境稳定向好，上海建立河湖水质“红黄蓝”三色管理预警工作体系（简称“红黄蓝预警”）。

“红黄蓝预警”是以全方位系统收集和分析河湖水质监测数据为依托，完善河湖水质问题第一时间发现、及时处置销项的闭环工作机制。

“红黄蓝预警”以市河长办工作平台中镇管以上河湖水质监测数据为主，结合村级河道的断面水质监测和“三查三访”等各类水质监测监管数据，采用“红黄蓝”三色管理预警，及时发布红色警报或者黄色预警；村级河道仅对劣Ⅴ类水的情况发出红色警报。对红色和黄色管理以外的其他水质稳定的河湖采用蓝色管理。蓝色管理为常态管理，不发预警。

第一，红色管理。

水质断面类别为劣Ⅴ类的河湖（包括黑臭水体，下同）、水质断面类别接近劣Ⅴ类（指当月水质类别为Ⅴ类，但参评指标劣于Ⅴ类标准中值，下同）和水质波动较大两种情形累计达到6次及以上的河湖发布红色警报。

警报发布：市河长办工作平台及时将相应河湖水质状况向相关河长湖长、河长办及河湖管理养护单位责任人的手机发送红色警报短信，在“上海河长”App上同步推送红色警报消息。同时，有红色警报的河湖也作为市河长办“月通报”、水质月报的提醒内容。

警报处置：市河长办将红色警报河湖纳入“易反复”河湖清单管理，相关河长湖长或河长办通过市河长办工作平台对红色警报作出即时响应和确认，制定整改方案，落实整改措施，并在两周内书面上报市河长办。

警报解除：相关河长湖长或河长办完成整改后，向市河长办申请解除警报。市河长办工作平台根据水质监测结果进行分析评估。若水质改善，当参评指标达到或好于Ⅴ类标准中值，且水质类别较上年度同期及上月下降小于两个类别，解除红色警报。

第二，黄色管理。

当月水质断面类别接近劣Ⅴ类和水质波动较大两种情形累计达到3次及以上、但未超过5次的河湖采用黄色预警管理（其中湖泊总磷指标不参与评价），并发布黄色预警。

预警发布：市河长办工作平台及时将相应河湖水质状况向相关河长湖长、河长办及河湖管理养护单位责任人的手机发送黄色预警短信，在“上海河长”App上同步推送黄色预警消息。同时，有黄色预警的河湖也作为市河长办“月通报”、水质月报提醒内容。

预警处置：相关河长湖长或河长办对黄色预警的河湖应分析成因，相应的处置措施及时通过市河长办工作平台报备。

预警解除：当断面的参评指标达到或好于Ⅴ类标准中值，且水质断面类别较上年度同期及上月下降小于两个类别，解除黄色预警。

第三，蓝色管理。

蓝色管理为常态管理，不发预警。

同时，上海发布各区水质预警和水质综合评价排行榜。通过预警和排行榜提醒相应总河长、河长湖长、河长办及河道管理养护相关部门和责任人及时处置，形成问题发现、预警、处置、销项的闭环处置机制，提升河湖水质监管水平。

警报和预警处置情况已纳入年度河长制考核，并于年终发布年度排行榜。“红黄蓝预警”统筹水质月报、河长制工作简报、河长制会议通报及“周暗访、月通报、季约谈、年考核”等工作机制，聚焦河湖水质问题，督促各区落实河湖水质问题及时处置，压实相关河长湖长、河长办及河湖管理养护单位责任。

特色制度之六：长三角一体化示范区联合河湖长制

近年，长三角跨省市（江浙沪）水环境治理协作不断推进，并形成长三角生态绿色一体化发展示范区联合河湖长制。

2020年，水利部太湖流域管理局（简称“太湖局”）会同江苏、浙

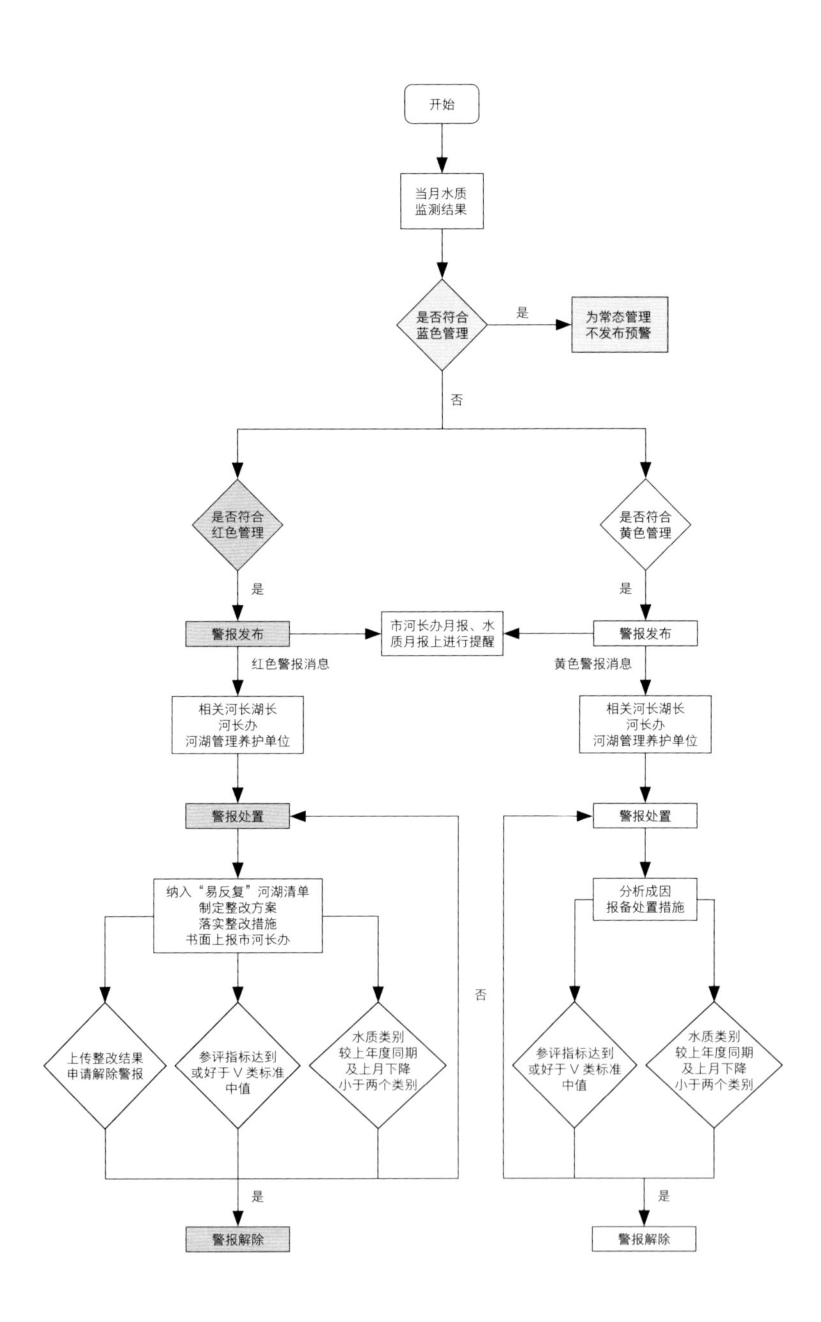
开始
当月水质
监测结果
是否符合
蓝色管理
是
为常态管理
不发布预警
否
是否符合
红色管理
是否符合
黄色管理
是
是
警报发布
市河长办月报、水
质月报上进行提醒
警报发布
红色警报消息
黄色警报消息
相关河长湖长
河长办
河湖管理养护单位
相关河长湖长
河长办
河湖管理养护单位
警报处置
警报处置
纳入“易反复”河湖清单
制定整改方案
落实整改措施
书面上报市河长办
分析成因
报备处置措施
否
上传整改结果
申请解除警报
参评指标达到
或好于Ⅴ类标准
中值
水质类别
较上年度同期
及上月下降
小于两个类别
参评指标达到
或好于Ⅴ类标准
中值
水质类别
较上年度同期
及上月下降
小于两个类别
是
是
警报解除
警报解除

江及上海两省一市河长办印发《关于进一步深化长三角生态绿色一体化发展示范区河湖长制加快建设幸福河湖的指导意见》，会同江苏省水利厅、浙江省水利厅、安徽省水利厅和上海市水务局制定并印发《太湖流域支撑保障长三角一体化发展协同治水行动方案》。

围绕跨界河湖联保共治，长三角生态绿色一体化发展示范区（简称“示范区”）的青浦、吴江、嘉善聚焦制度创新，逐步探索建立联合河湖长制，握指成拳，画出最大“同心圆”。

上海市青浦区、江苏省苏州市吴江区、浙江省嘉兴市嘉善县同为长三角生态绿色一体化发展示范区，共有跨界河湖 47 条（段）。2018 年以来，三地聚焦跨界河湖联保共治难题，不破行政隶属，打破行政边界，探索实践“联合巡河、联合管护、联合监测、联合治理、联合执法”的示范区联合河湖长制。

一是联合巡河，三地举行“协同治水启动仪式”，共聘 73 名跨界河湖联合河长。三地河长同乘一条船，一同看现场、查问题、找对策，建立存量问题清单制、增量问题工单制的巡河问题处置流程；同时，结合示范区毗邻村区位特点，建立 5 个毗邻村（居）河长工作站，实现河湖互巡、问题共商、整改联动。

二是联合管护，三地先后签订《青昆吴嘉水域保洁一体化协作框架协议》《青昆吴嘉深化联合管护工作协议》，落实上游源头控制、下游关口前移、延伸定点打捞，实现有害水生植物联防联控精细化、规范化；定期联合开展“清剿水葫芦・美化水环境”专项行动，保障进博会水生态安全。

同时在雪落漾等跨界“两河两湖”试点首个一体共治长效项目，实现“同一个管养单位、同一个养护标准、同一把尺子监督考核”，从根本上解决各自责任难厘清、保洁养护标准不一等问题。

三是联合监测，在水利部太湖流域管理局的指导下，三地完善三级三地两部门的监测体系，通过共同布点联合监测和数据共享，消除跨界河湖监测盲区；先后研究制定《示范区水文协作工作机制规则》《示范区重要水体协同监测与评价工作方案》，针对二区一县 29 个主要河湖监测断面，每月联合编制《示范区水资源水生态报告》。

四是联合治理，三地先后签订两轮联合治理项目协议书，其中共34个联合治理项目，涉及29个跨界河湖。2020年，青浦、吴江携手启动示范区首个跨界河湖联合治理项目——元荡生态岸线整治，在建设上探索“四个共同”的工作机制，在水安全防线、水生态系统、水活力空间、水环境健康等建设指标上均高于中共上海区执行委员会（简称“执委会”）制定的一体化实施标准，建成后的元荡青浦段“醉美郊野湾”碧波荡漾、花草繁盛，与吴江段“智慧门户湾”串联成画，成为热门网红打卡地。2023年，签订《元荡跨界幸福河湖暨国家水土保持示范工程联合创建协议》，创建示范区首个“幸福河湖”，让周边群众充分感受优良生态环境带来的幸福感，为元荡周边区域发展赋能。

五是联合执法，青浦区与省际边界水政执法机构逐步形成“三纵四横”的边界执法网络，制定《长三角生态绿色一体化发展示范区水行政执法联动协作工作方案（试行）》，研究示范区行政执法协同指导意见、实施办法和行政执法自由裁量权基准等制度规范，定期联合巡查、案件互通互商，共同打击边界河湖涉水违法行为，实现联动执法常态化、制度化。

“五个联合”工作机制凸显了河湖长制在水环境治理中的纽带作用，相关经验入选“2019中央组织部攻坚克难案例”“2020中国改革年度典型案例”和“2021贯彻新发展理念实践案例精选”，为一体化发展大局贡献了水务智慧方案。

在这些探索的基础上，2023年《长三角生态绿色一体化发展示范区联合河湖长制工作规范》（简称《工作规范》）印发，进一步明确了示范区联合河湖长制工作要求，规范联合河湖长履职行为。

具体而言，《工作规范》明确，在示范区各行政区域已建立的市（区、县）、街道（乡镇）、居（村）河湖长体系的基础上，共同聘请跨界河湖所涉及的不同行政区域内各级行政河湖长为联合河湖长；在示范区内建立联合河湖长制联席会议机制，负责统筹示范区跨界河湖联合河湖长制工作。

《工作规范》还提出建立健全跨界河湖基础档案，对“联合巡河、联合管护、联合监测、联合治理、联合执法”的相关要求进行明确，进一步推动联合河湖长制落地见效，持续深化示范区跨界河湖联保共治。

第二节
Part 2

上海河湖长制的成效
An Effective Approach

自 2017 年上海全面推行河湖长制以来，上海按照《关于本市全面推行河长制的实施方案》明确的河湖治理六大任务落实工作，包括加强水污染防治和水环境治理、加强河湖水面积控制、加强河湖水域岸线管理保护、加强水资源保护、加强水生态修复、加强执法监管。

在落实六大任务的系列举措下，上海河湖治理取得了一系列成效，相关数据呈现如下。本节还将按照水环境、水生态、水资源、水安全、水文化五个维度对上海河湖治理的成效进行解读。

数读上海河湖长制推行以来成效

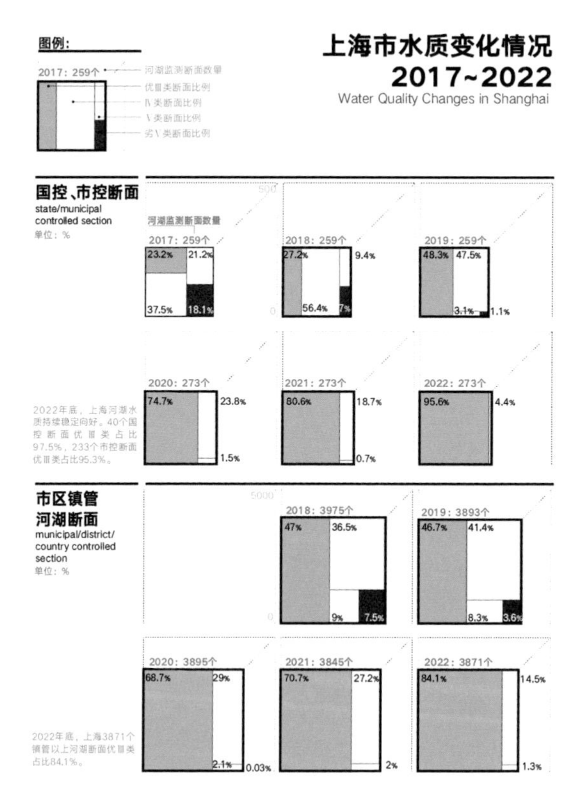

注：部分断面未监测。

上海市水质变化情况 2017～2022

图片来源：澎湃新闻张泽红制图

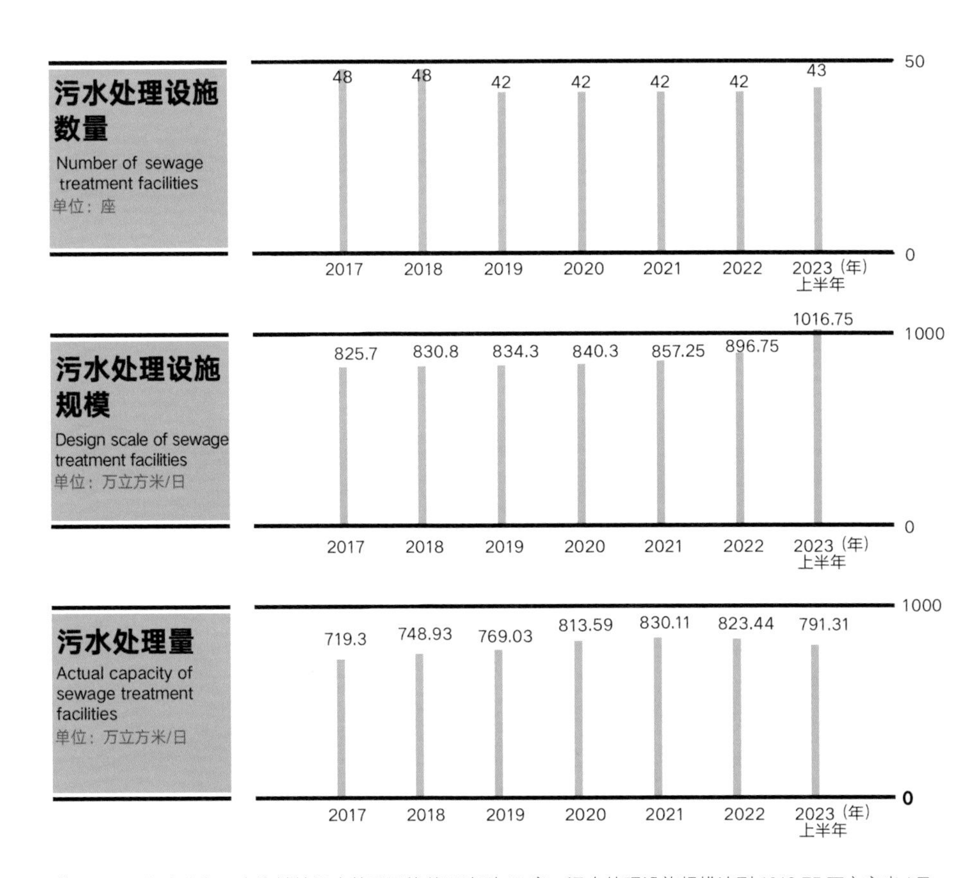

截至 2023 年上半年，上海城镇污水处理设施数量达到 43 座，污水处理设施规模达到 1016.75 万立方米 / 日，污水处理量达到 791.31 万立方米 / 日。

位于上海的白龙港污水处理厂是亚洲最大污水处理厂。2021 年，白龙港污水处理厂提标改造工程竣工。这项工程是深入贯彻国家“水十条”政策和上海环保三年行动计划（2018～2020 年）的重大工程。经过提标改造的白龙港污水处理厂进一步有效削减长江口污染负荷量，对长江、杭州湾的水环境和上海市整体生态环境质量的提升，发挥举足轻重的作用。

上海市城市污水处理能力 2017～2023
图片来源：澎湃新闻张泽红制图

图例：

市政、企事业单位、沿街商户和其他类雨污混接点位

住宅小区雨污混接点位

上海市全市雨污混接点位完成改造情况（截至2023年）

Completion status of illicit connective point modification in Shanghai (As of 2023)

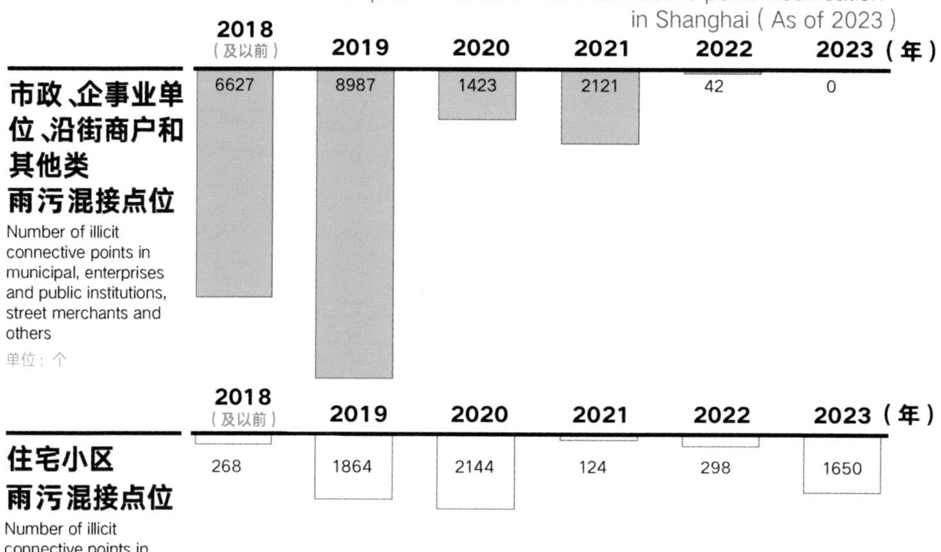

全市总计完成改造数量

The total number of illicit connective point modification in Shanghai

单位：个

25548

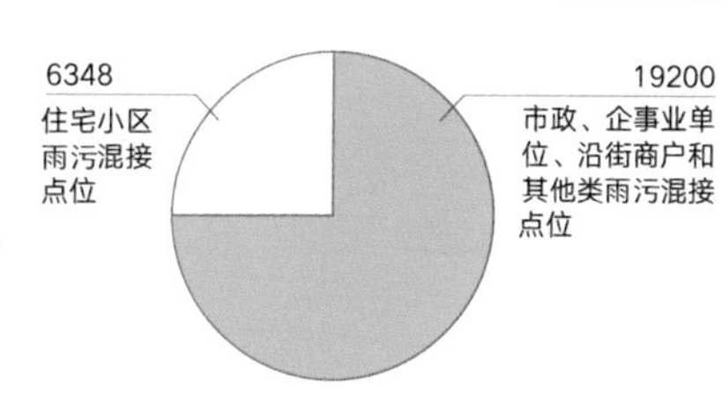

雨污混接点位改造是一项复合工程，主要目的是提高城市的污水处理水平。上海新建居民小区一般是雨水和污水管分设，但由于历史原因，部分小区仍存在雨水管和污水管混接的情况，造成排入河道的雨水里面混有污水，极大地影响水环境。

数年来，上海持续推进雨污混接点位改造。截至 2023 年，上海已累计完成 25548 个雨污混接点位改造，其中包括 6348 个住宅小区雨污混接点位，19200 个市政、企事业单位、沿街商户和其他类雨污混接点位。

上海市全市雨污混接点位完成改造情况（截至 2023 年）
图片来源：澎湃新闻张泽红制图

上海市各区雨污混接点位完成改造情况（截至2023年）

Completion status of illicit connective point modification in various districts of Shanghai (As of 2023)

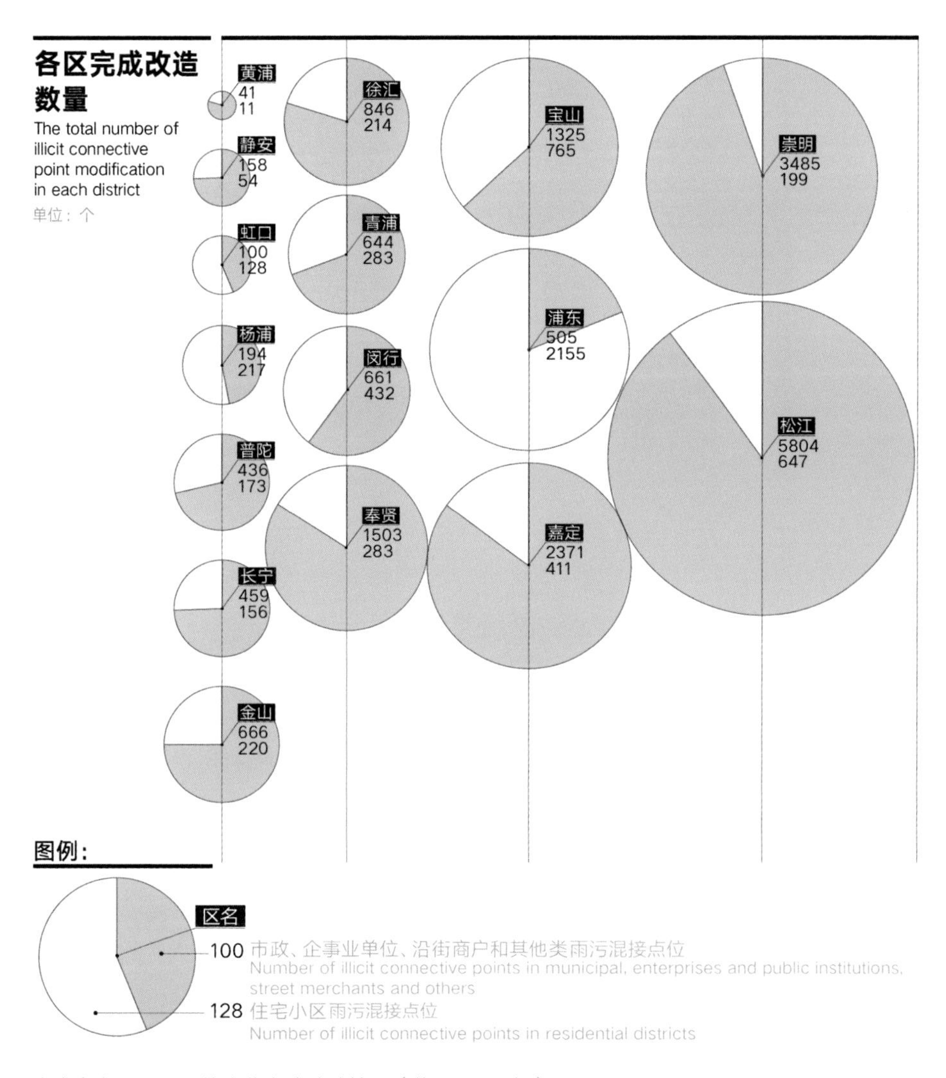

上海市各区雨污混接点位完成改造情况（截至 2023 年）

图片来源：澎湃新闻张泽红制图

水环境：实现河湖水环境持续向好

浦江之首
图片来源：盛广一 摄

水环境是生态环境的重要组成部分，良好的水环境是最普惠的民生福祉。在城乡发展进程中，一些河道出现了黑臭、水系不通等情况，河道周边环境“脏乱差”，亟待综合整治。

2000～2010年，上海曾启动黑臭水体治理攻坚战，共投资64亿元，累计整治河道863条（段）、1336公里。尽管当年花大力气整治，河道治理取得良好的成效，但过了两年，部分郊区和城乡接合部的中小河道水质再度恶化，部分镇村级河道环境出现“脏、乱、差、违”的现象，甚至出现黑臭情况。

河道“治反复、反复治”的主要原因在于岸上治污不彻底、源头治理不到位，说明传统的治理模式已无法适应社会发展的需要。在新一轮河湖治理中，上海六年多以来以河湖长制为依托，统筹推进控源截污，削减污染源，开展综合治理。多类措施缺一不可，包括对沿河违建、直排工业企业、畜禽养殖场、农村生活污水等外源污染，以及河道底泥等内源污染实施整治。

为此，上海配套出台《上海市郊区污水管网完善工程市级资金补贴实施方案》《上海市住宅小区雨污混接改造市级奖励资金办法》《中小河道综合整治重点区域产业结构调整市级专项支持》《上海市农村生活污水治理项目管理办法》《上海市河道整治工程项目和资金管理办法》《关于进一步加强本市河湖长效管理养护工作的实施意见》等一系列政策，有力支撑上海的水环境治理。

具体看，上海相继开展了城乡中小河道综合整治、清水行动、苏州河环境综合整治四期工程等，并结合“五违四必”区域环境综合整治、“美丽家园”建设、农村人居环境整治等，对黑臭水体及劣Ⅴ类河道两侧1～2个排水系统，或1～2公里范围内的排水空白点实施截污纳管工程，避免污染直排，安全规范处置疏浚底泥，防止二次污染。

2017年，上海共完成河道水利工程1756公里，拆除沿岸违法建筑350.9万平方米，治理直排工业企业3116家，退养畜禽养殖场105家，建设污水管网310.3公里，完成6.46万户农村生活污水处理设施改造。

2018年，上海完成407.9公里河道水利工程、18.79万户农村生活污水处理设施改造、698个住宅小区雨污混接改造以及12249处其他雨污混接点改造，退养规划不保留的畜禽养殖场376家。

2019年，上海完成558公里河道水利工程、95公里新建管网、252个点位截污纳管、9万余户农村生活污水处理设施改造、1434个住宅小区雨污混接改造以及5374处其他雨污混接点改造，推进实施产业结构调整项目1081项，全市共拆除涉及河道两侧违法建筑2476处共110万平方米，河道两侧10米范围内重点类型违法建筑基本消除。

2020年，上海42座污水处理厂全部实现一级A及以上排放标准，城镇污水处理率达到96%以上，污水处理厂污泥无害化处理处置率达到100%，农村生活污水处理率提升至88%，完成长江上海段434公里岸线中涉及的121个利用项目清理整治。

2021年，上海联合开展河湖“清四乱”常态化、规范化和退捕、禁捕整治工作，共发现并整治完成长江干流非法鱼簖、网箱类点位43处，“三无”船舶112艘，“四乱”问题62个，打捞塑料垃圾约2.3万吨，并开展长三角生态绿色一体化发展示范区水文水质和水源保护预警联合监测，联合防控打捞省际边界水生植物，处置水葫芦约11.2万吨。

截至2022年底，上海累计整治河道4190公里，完成42万户农村生活污水处理设施改造、1592个住宅小区雨污混接改造以及1.5万处其他雨污混接点改造，拆除1764万平方米沿河违建，退养481家规划不保留的畜禽养殖场，治理3246家直排工业企业，新建439.9公里污水管网，污染源截污纳管1550个。

通过系列举措的统筹推进，6年多以来上海水环境水质得到明显提升。

2018年，上海全市河湖全面消除黑臭。2020年9月，上海消除清单内全部劣Ⅴ类水体。2022年底，上海河湖水质持续稳定向好，40个国控断面优Ⅲ类占比97.5%，233个市控断面优Ⅲ类占比95.3%，3871个镇管及以上河湖断面优Ⅲ类占比84.1%（较2021年提升13.4个百分点），无劣Ⅴ类水体。

【案例详解】

长宁区午潮港蜕变“美丽河湖”

李家麟｜长宁区河道管理所行业科副科长

在2021年上海市水务局开展的第一届“美丽河湖”系列典型选树活动中，长宁区一条曾经脏乱荒芜的河道——午潮港成功当选。

在进一步提升和稳固水环境面貌，推进生态清洁小流域的建设中，昔日脏乱荒芜的午潮港河道，摇身一变成了新泾居民休闲娱乐的好去处，让“家门口健身、河道边看景”的美好愿景成为现实。

为巩固午潮港的治理成果，长宁区河道管理所加强了部门协作联动，通过与区生态环境部门建立月度联席会商机制、与区检察机关建立检察公益诉讼协作机制、与区城管执法部门建立季度联合检查机制，实现全方位、全覆盖的管理。

午潮港的生态治理体现了“还水于民、还岸于民、还景于民”的理念，通过沿岸景观打造，成为宜居、宜业、宜游、宜乐的现代生活水岸，为人民群众提供更多样、更丰富的活动空间和活动体验，提升河道沿线居民的获得感、幸福感。

邵媛媛：请介绍一下午潮港是一条什么样的河？

午潮港河道为长宁区区级河道，东起新泾港，西至机场围场河，长宁区段长1.16公里，河口宽度13～20米，位于新泾镇与虹桥临空经济园区，其支流南午潮港经外环西河流入机场围场河。

午潮港曾经存在不少问题，如河道沿岸植物种类少，生物生境缺乏，河道水质不稳定，总体生态系统不完善等。2021年，上海开展水生态环境综合治理，通过水体生态修复、岸坡生态化改造及河道水质监测智能化建设等综合治理，提高了水体生态系统修复自净能力，打造出午潮港河浜休闲长廊，周边居民得以乐享美好生活环境。

午潮港
图片来源：长宁区河道管理所

邵媛媛：午潮港的治理主要围绕哪几方面和什么理念展开的？各部门是如何联动分工的？

一是构建生物多样性。通过种植适宜不同水体和季节生长的多种水生植物，以及引入水生动物丰富的食物链来完成原位水生态系统构建，实现河道水体自净、生态修复与景观的结合（水下森林构建）。

二是稳步提升河道水质。通过实施午潮港水环境综合治理项目工程，积极打造生态河道、智慧河道和美丽河道，河道水质明显提升。水质监测结果显示，河道溶解氧数值持续升高，氨氮、总磷等污染物的平均浓度数值逐渐减小，河道水质从Ⅳ类逐渐提升至Ⅲ类，河道水质稳定向好。2022年，河道全年水质平均值达到Ⅲ类水标准。

三是贯彻海绵城市理念。在岸上充分利用海绵城市手段，通过设置彩色透水步道、雨水花园、植草沟等海绵设施，利用土壤、植物系统的吸附、过滤、净化作用和自我调蓄功能，对初期雨水进行调蓄净化处理，减少地表径流及面源污染，对景观进行提升。

四是打造人文亲水空间。河岸沿线共设置345平方米彩色透水步道，绿化改造1608平方米，包含种植乌桕、金桂等乔木，红叶石楠、金森女贞等灌木，及细叶芒、紫穗狼尾草等；全力打造“人水城”相依相伴、亲切宜人的滨水公共空间，构建人与自然和谐共生的美丽家园。

为巩固午潮港的治理成果，我们加强了部门协作联动，通过与区生态环境部门建立月度联席会商机制、与区检察机关建立检察公益诉讼协作机制、与区城管执法部门建立季度联合检查机制，加强联络交流和信息共享，形成合力，实现全方位、全覆盖的管理；同时，建立了水污染应急处置机制，与水务执法、生态环境局等部门积极沟通协作，做到处置有效、闭环及时，进一步提高区域水环境管理监督水平。

午潮港
图片来源：长宁区河道管理所

邵媛媛：围绕午潮港步道的建设，进行了哪些便民布置？

在围绕步道建设的同时，长宁区为进一步增加居民的获得感和幸福感，充分展现人文亲水建设，在步道及河岸沿线设置休息座椅、亲水栈桥、观景休憩平台、导览标识等；同时，在公共活动区域，推出“互联网＋”信息化河长制公示牌，为河湖换发“电子身份证”，进一步提高公众对河长制工作内容的认识，接受社会公众监督，同时利用电子河长牌播放公益宣传片，宣传河湖基本情况、治理动态，培育公众河流保护的意识，构建全民参与管理的责任意识。

现在午潮港已经成为新泾居民的散步休闲滨水空间。每逢节假日、早晨或傍晚，居住于午潮港周边的居民都会于此健身慢跑、散步遛弯，或在暖阳下闭目养神，都倍感舒适惬意。

邵媛媛：通过修复和营建，午潮港逐步恢复了本土的自然生态环境，有哪些本土动物在这里落户栖息？

通过修复和营建，午潮港逐步恢复了本土的自然生态环境，成功吸引到蝴蝶、白鹭、夜鹭、松鼠、黄鼬、刺猬等本土动物种群落户栖息，形成人与自然生生不息、美美与共的和谐画面。同时，借助午潮港丰富多样的生境，中泾居民区正在推进生境花园项目，以期把社区环境死角打造成与蝴蝶共生共舞的美丽花园。

午潮港步道
图片来源：长宁区河道管理所

邵媛媛：现在对午潮港的日常维护是怎么展开的？

午潮港河道的日常维护始终严格按照“六护”和“六无”的行业要求，从水安全、水资源、水环境、水生态等多角度出发，不断完善管理制度、健全机制建设，全面压实河湖养护“四项”责任。

第一项是完善河长制监督。长宁区全面压实“巡、盯、管、督”四项职责，加强对河道管理范围内的日常监督检查，对河道治理与保护工作进行指导、协调、推进和监督，推动实施水环境治理工作，协调处理河道重大问题，促进河道水环境面貌和水生态的改善。同时，我们不断加强民间河长和山川河流护河志愿者队伍建设，强化政府主导、社会参与的治水管水氛围。

第二项是注重日常管理。长宁区每日重点关注河道水质、河道环境、设施运行、河湖“四乱”等问题；落实人员开展每日上、下午各一次的水域、陆域保洁。同时，我们在午潮港河道里装设“大胃蛙”水面垃圾自动收集设备，清理死角处的河面垃圾，弥补人工作业的盲点。我们还以提高水质为核心，每月建立河湖水质档案，构建系统性资料，通过对比分析水质数据，牢牢把握水质变化趋势。

第三项是强化专项整治。长宁区每月开展专项整治，及时治理清理加拿大“一枝黄花”、福寿螺、水葫芦等有害物种；每季度联合属地相关职能部门开展“清网”“清四乱”等专项行动，确保河湖日常管理落实到位。

第四项是加强智慧水务建设。为提高河湖管养的信息化、数字化、智能化水平，我们加快数字孪生建设，充分利用大数据、视频监控、智能感知等技术手段，提升疑似问题智能识别、预警预判能力，对侵占河湖问题早发现、早制止、早处置，提高河湖管理效能。

午潮港
图片来源：长宁区河道管理所

邵媛媛：下一阶段，午潮港是否还有进一步实行生态修复和优化步道的计划？

一方面，长宁区将在午潮港河道打造“精品化建设养护”样板段，结合河道达标工程、海绵雨水花园等整治项目，在改善水生态系统、提高水体自净能力的同时，给市民带来丰富的视觉享受，营造水绿交融、人水和谐的滨水环境。

另一方面，以“河湖通畅、生态健康、清洁美丽、人水和谐”的高品质生态清洁小流域建设为目标，通过实施控源截污、护坡护岸、清淤清障、水生态修复、绿化美化等生态适应的整治措施，长宁区重塑健康自然的生态生活河岸线，进一步改善河湖水质，加强生物多样性保护，为市民打造连续贯通、水清岸绿、生态宜人的滨水开放空间和“幸福河”样板。

水生态：形成水生态系统良性循环

2021 年，青浦区莲湖村生态清洁小流域成功创建上海市首个“国家水土保持示范工程”。
图片来源：上海青浦文旅发展（集团）有限公司

水生态是一个复杂的命题。一个良好的水生态，需要从岸线管理保护、河湖生态修复等多方面并行推进。

河湖水域岸线管理保护方面，2018 年，上海开展落实“清四乱”，结合无违建居（村）、街道（乡镇）创建，将河道两侧 10 米范围内违法建筑整治工作列入专项督办范围，进行专项整治，应拆尽拆。仅 2018 年，上海就拆除沿河违法建筑 8612 处共 1413 万平方米。

截至 2020 年，上海全面加强岸线保护监管，完成长江上海段管理范围划定复核整改和全市所有河湖管理范围划定；完成长江上海段 434 公里岸线中涉及的 121 个利用项目清理整治。这一年，上海还将“清四乱”行动由“两江六湖”向全市各级河湖延伸，将 2020 年水利部暗访发现的 59 个问题及全市摸排出的 360 个“四乱”问题全部整改销号。

2022 年，上海继续推进长江口（上海段）等 9 条重要河湖岸线保护与利用规划编制，河湖“清四乱”常态化、规范化；开展“清四乱”及水土保持等执法检查，立案查处案件 486 件、罚款 4226 万元；加强长江禁捕，查处各类案件 424 起；严格长江采砂监管，没收非法采捞江砂 1499 吨。

水生态修复方面，2018 年，上海在河道整治中通过种植水生植物、采取人工增氧等方式，促进水质改善，并制定《上海河道规划设计导则》，开展“生态护岸”大调研，引导农村河道驳岸建设体现生态性、亲水性。2022 年，上海制定印发《上海市河湖健康评价技术指南（试行）》，推进骨干河道健康评价工作。

想要河道生态健康，活水畅水是基本工作。上海持续多年推进断头河整治工程，打通河湖水系堵点，活水畅水。2018 年，上海完成 550 条断头河整治工程；2019 年，打通断头河 843 条（段）；至 2021 年 11 月，完成 3520 公里城乡中小河道综合整治，打通 3188 条断头河。此后，活水畅水的行动仍在继续。2022 年，上海继续打通 28 个骨干河道断点，实施河道综合整治 140 公里。

生态清洁小流域是水生态修复的重要工作。2020 年，上海市河长办、市水务局印发《上海市生态清洁小流域建设总体方案》（简称《总体方案》），为生态清洁小流域提供了实现路径。2021 年 3 月，上海以 15 个生态清洁小流域为试点，全面启动生态清洁小流域建设。

2022 年，上海建成 15 个生态清洁小流域示范点，启动“十四五”规划 50% 的生态清洁小流域建设任务。上海计划“十四五”期间建成“50+X”个生态清洁小流域，到 2035 年建设 151 个生态清洁小流域。

建设生态清洁小流域，将水土流失治理、水源地保护、河湖水质改善、面源污染防治、人居环境改善进行有机结合和统一规划，实施山水林田湖草系统治理，促进形成更复杂、更具韧性的生态系统。

【案例详解】

长三角示范区“跨界”修复元荡

王　兆 | 青浦区水务局计划建设科科员

元荡是长三角生态绿色一体化发展示范区（简称“示范区”）“一河三湖”生态格局中横跨上海和江苏的核心跨界水体，处于示范区中心位置，是上海的门户。元荡生态修复和功能提升是示范区首个跨界湖泊联治项目，青浦、吴江两地紧密对接，通过达标加固环湖堤防，加强湖泊水环境综合治理，实施湖泊、入湖河道及湖滨带水生态保护与修复，高品质打造安全、贯通、生态、宜人的著名文化生态湖区。

朱玫洁：作为示范区首个跨界湖泊联治项目，开展元荡生态修复和功能提升的背景是什么？

元荡是示范区“一河三湖”生态格局中横跨上海和江苏的核心跨界水体，位于沪苏省际边界、“水乡客厅”北缘，分属上海与江苏，湖泊总面积约13平方公里，岸线全长约23公里。其中，上海段（青浦）湖泊面积3.06平方公里，岸线长6.2公里；江苏段（吴江）湖泊面积9.93平方公里，岸线长16.8公里。周边风景秀丽、人文荟萃，朱家角、周庄、西塘等水乡古镇环绕，具有深厚的文化底蕴。

但20世纪70年代末，青浦、吴江两地合办“元荡联合水产养殖场”，圈围水面养殖淡水鱼鲜，对元荡及周边水系造成污染，湖面一眼望去全是网箱。至2003年养殖场改制，属于上海的元荡水面单独划出，在湖中沿省界线用毛竹网簖分割，形成一道纵贯南北4公里长的网障，沿岸交通阻隔，野树杂草丛生，不仅存在防洪隐患，生态基底也受到很大影响。

建设长三角生态绿色一体化发展示范区是实施长三角一体化发展战略的“先手棋”和突破口，《长江三角洲区域一体化发展规划纲要》《长三角生态绿色一体化发展示范区总体方案》都要求把保护和修复生态环境摆在优先位置，以“一河三湖”为重点加强生态环境综合治理，构建优美和谐生态空间，建设著名文化生态湖区。元荡生态修复和功能提升就是其中一个项目。

元荡全景图
图片来源：青浦区水务局

朱玫洁：元荡的生态修复涉及上海青浦、苏州吴江两个地区，是一个跨界湖泊联治项目，如何保障跨界联治的有效推进？

一是在建设上探索“四个共同”工作机制。

共绘一张蓝图：青浦、吴江就元荡的建设目标、建设重心、规划定位等重大方向性问题进行会商，最终形成协调、统一、有机的“一环、六湾、多点”总体空间布局。“一环”即生态岸线环通，“六湾”即环湖六大主题湾区，“多点”即重点打造的多个景点。

共商一套标准：在项目开展之初，青浦、吴江共同建立联合设计机制，在建设规模、设计标准、投资强度等方面相互对标，就高不就低；并以此作为实践基础，由执委会牵头三地政府制定跨界河湖治理一体化实施标准，进一步上升为可复制可推广的制度规范。

共建一批机制：在执委会、太湖局的协调下，青浦、吴江打破行政壁垒，创新机制，统一方案，各自立项，优化审批，有机衔接。其中，公路桥委托青浦实施、慢行桥委托吴江实施，岸线贯通各自实施。

共推一个计划：上海段（青浦）6.2公里，2020年完成示范段1.2公里，2021年完成1.9公里，2022年开工剩余3公里；江苏段（吴江）16.8公里，2020年完成4.7公里，2021年建设9.6公里，2022年开工剩余2.5公里。环湖23公里岸线2023年上半年实现全线贯通。

二是在管理上深化“五个联合”联保制度。

联合巡河：青浦、吴江出台巡河、联席会议、联合督查、工作考核等制度，建立“巡河存量问题清单制，增量问题工单制”的问题处置机制；在5个毗邻村建立首批联合河长工作站，启动示范区联合河湖长制云平台建设，提高一体化协同信息监管能力。

联合管护：青浦、吴江签订水域保洁一体化协作框架协议，针对水葫芦、蓝藻等水生植物跨区打捞、联合打捞、就地处置；签署《雪落漾一体共治备忘录》，启动示范区首个跨界河湖一体化管养项目，一体招标、一体养护。

联合监测：青浦、吴江按照“统一监测指标、监测频次、评价标准、评价方法，实现信息共享”的“四统一、一共享”工作要求，每月联合编制《示范区水资源水生态报告》；探索统一河湖健康评价体系，编制示范区河湖健康状况“蓝皮书”。

联合执法：青浦、吴江制订水行政执法联动协作方案，构建“三纵四横”（三纵是区级、镇级、村级；四横是青浦、嘉善、吴江、昆山）跨界河湖执法网络；试点“河长＋检察长”联动机制，并建成长三角联合生态修复基地暨“最江南”公益诉讼创新实践基地。

联合治理：青浦、吴江先后签订两期联合治理项目协议书，共34个联合治理项目，在水安全防线、水生态系统、水活力空间、水环境健康等建设指标上探索示范区高质量新标杆，高标准打造有亮点、有显示度的示范样板。

朱玫洁：元荡生态修复和功能提升，还有哪些主要做法？

我们在理念创新上形成“四个坚持”特色做法。

坚持开放贯通：我们把“还水于民、还岸线于民”作为建设理念，将32亩（约2.1公顷）上海东航综合训练有限公司的待开发地块收回，开放70亩（约4.7公顷）小汶港水闸管理区，提升108亩（7.2公顷）林地并开放，230亩（约15.3公顷）大观园沿湖岸段、18亩（1.2公顷）中石化疗养院沿湖岸段协同整治，最终形成1158亩（77.2公顷）的高品质滨水空间；更新、改建13座桥梁，沿湖布置防汛通道和慢行道路，形成一条交通便利、市民可达、滨水可亲的贯通岸线。

坚持便民利民：我们充分考虑参观游览和公共服务需求。停车方面，增设2处微型停车场，防汛道路适当放宽，便于停车，可供1100部中小型车辆停放；后勤保障方面，设置6处驿站建筑，可为5000名游客提供服务；

亲水方面，将大堤防洪闭合线后退至元荡路、临湖道路标高降低 1 米、生态鱼塘控制水位抬升 1 米，同时设置 15 处亲水平台，让游客可近距离感受水韵元荡之美；游憩方面，增加慢行系统 20 公里，设置篮球场 1 处、帆船和皮划艇码头 1 处、露营区域约 50000 平方米，方便户外出游和打卡。

元荡步道俯瞰
图片来源：青浦区水务局

元荡步道细节景观
图片来源：青浦区水务局

元荡景观细节
图片来源：青浦区水务局

坚持生态低碳：我们按照“四化”要求，结合本区域乡村郊野风格，保留近千亩林地，不砍不伐、优化提升，新增乔木约 8800 棵、地被 775 亩（约 51.7 公顷），品种 120 余种；局部塑造景观微地形，布置草地、花境、树林，实现“四季有色、四季有香、四季有景”；鱼塘退渔还湖、还湿，打造清澈见底、Ⅱ类水质的生态涵养湿地，并通过拆除塘埂、退渔还湖、生态化改造，构建 12 个可淹可露的生态湿地小岛，以水上栈桥相连，形成观赏湖湾湿地；水体还种植水生植物，投放鱼类和底栖动物，构建健康稳定的水生态系统；将环湖硬质护岸改造为生态护岸，并在近岸 50 米范围重塑湖底地形，营造约 38 万平方米的湿地生境，丰富滨水生物多样性，提升水体净化能力。

坚持传承文化：我们按照“打造著名文化生态湖区”总体定位，依托元荡自然生态资源、古镇群落和淀山湖国家级水利风景区等，结合水乡客厅建设，锚固江南水乡文化基底，植入生态、绿色、创新等当代治水理念，打造生态与文化互融的靓丽名片；其中，结合金泽“桥乡文化”，新建 12 座仿古拱桥，复原“江南第一桥乡”的历史画卷；结合大观园“红楼文化”，以十二金钗故事为原型，打造“一廊十二园”文化长廊，形成“十里画廊，寻芳江南”主题特色；结合元荡“渔歌文化”和“莼菜文化”，挖掘历史典故，打造“网亭、栖鸟柱、驿站”3 个层次的地标体系，留住乡愁，再现“莼鲈之思”的历史佳话。

元荡经过治理后，对比 2018 年，2022 年水质主要指标发生了变化：氨

元荡步道景观
图片来源：青浦区水务局

氮平均浓度由0.47毫克/升降低至0.22毫克/升，改善率53%；总氮平均浓度由2.64毫克/升降低至1.89毫克/升，改善率28%；总磷平均浓度基本持平，总体水质得到了改善，实现了阶段治理目标。

朱玫洁：作为长三角一体化的“样板间”“试验田”，元荡生态修复和功能提升，给了我们哪些经验启示？

青浦、吴江两地紧密协作，率先从项目协同走向一体化制度创新，一张蓝图绘到底，一股韧劲干到底，在建设上探索“四个共同”工作机制，在治理上深化“五个联合”联保制度，在建设理念上着力“四个坚持”，不破行政隶属，打破行政边界，治理成效正逐渐显现。

元荡生态修复和功能提升是示范区首个跨界湖泊滨水岸线生态修复项目，以堤防达标和岸线生态修复为核心，通过采用分区分级防洪、生态护岸改造、湖底地形重塑、滨水生态修复、多功能植入的滨水生态空间更新改造设计理念和策略，形成“一环三道”岸线贯通和生态治理方案；同时融入更多人文景观元素，向外辐射，连接区域内其他人文景点，高品质打造安全、贯通、生态、宜人的著名文化生态湖区。

“人民城市人民建，人民城市为人民”，良好生态是最普惠的民生福祉，也是人民群众迫切需要的公共产品。元荡作为示范区一体化治理的典范，早已美出天际，治理成果普惠两地居民。登上元荡桥，上海青浦和江苏吴江的湖光山色尽收眼底，成为远近闻名的网红打卡地。

水资源：落实最严格水资源管理制度

青草沙水源保护地
图片来源：徐盛珉 摄

严格保护、节约、合理开发和利用水资源，充分发挥水资源的综合效益，是推进生态文明建设、促进城市可持续发展的要义所在。

近年，上海力推最严格水资源管理，倡导节水环保的生产生活方式。2016 年 11 月，上海市十四届人大常委会第四十一次会议表决通过了《上海市水资源管理若干规定》。上海市积极推动河长制入法，将河长制纳入《上海市水资源管理若干规定》，作为一项制度长期坚持，有助于上海加强水资源保护、水域岸线管理、水污染防治、水环境治理等工作。

2018 年，上海划定水源地保护区，黄浦江上游水源地以及陈行水源地保护区边界精准落地。同年，上海完成中央生态环境保护督察及饮用水水源环境保护专项督查的排污口关闭、浮吊船整治等问题整改，推进饮用水水源二级保护区内现有企业关闭清拆工作；向社会公开饮用水水源地水质、供水厂水质及水龙头水质，接受公众监督。

2019年，上海持续抓好最严格水资源管理制度，落实国家节水行动，并出台《上海市节水行动实施方案》，完善市级节约用水协调机制。具体看，上海在这一年继续优化全市用水定额体系，推进节水型社会建设，闵行区、青浦区列入水利部公布的第二批节水型社会建设达标县（区）名单。

在水资源监督管理方面，2019 年，上海完成市人大常委会对《上海市水资源管理若干规定》实施情况的全过程执法检查，并严格取水管理，完成上海取水工程（设施）核查登记，强化用水管理，建立国家级、市级、区级重点监控用水单位名录。在此基础上，2020 年，上海最严格水资源管理制度全面落实，提前完成全市 9 个郊区全覆盖的国家考核目标。

2021 年，上海进一步制定并实施长三角生态绿色一体化发展示范区水资源和河湖生态基流调度方案，确保区域供水和河湖健康，保障第四届进博会的成功举办。

2022 年，上海继续发力水资源管理。例如，落实水资源用水总量和用水效率控制指标，制定各区“十四五”用水总量和强度双控目标；加强供水管网漏损管控，中心城区非居民用户智能水表实现全覆盖；严格地下水开采总量控制，继续保持“灌大于采”的良好态势。这一年，上海加大节水宣传力度，建成各类节水载体 262 家，落实用水大户监管和污水资源化利用，并开展“云普法”等宣讲活动，累计参与人数达 10 万人次，形成全社会节水、爱水、护水的新风尚。

【案例详解】

宝山区推进陈行水源地品质提升

陆　旸｜宝山区罗泾镇人民政府规划建设和生态环境办公室主任

陈行饮用水水源保护区位于长江口南岸宝山区罗泾镇，是上海市四大饮用水水源地之一，在上海市居民日常安全饮水供应体系中占据重要地位。随着区域经济发展和人口的不断增长，该保护区的河网水系成为部分生产、生活污水及固体废弃物的纳污场所，经济与自然的关系一度极为紧张。

2011年，宝山区生态环境局和罗泾镇人民政府展开全面深化饮用水水源保护区污染整治，历时十余年持续聚焦饮用水水源地安全，维持了经济发展和生态质量保护的平衡，既保障了饮水安全，也促进了乡村振兴发展。

如今，陈行水库已成为上海市开发利用长江口饮用水水源地的重要里程碑，是上海“两江并举，多源互补”原水供应格局开辟的首个长江饮用水水源地水库。

问渠哪得清如许，为有源头活水来。

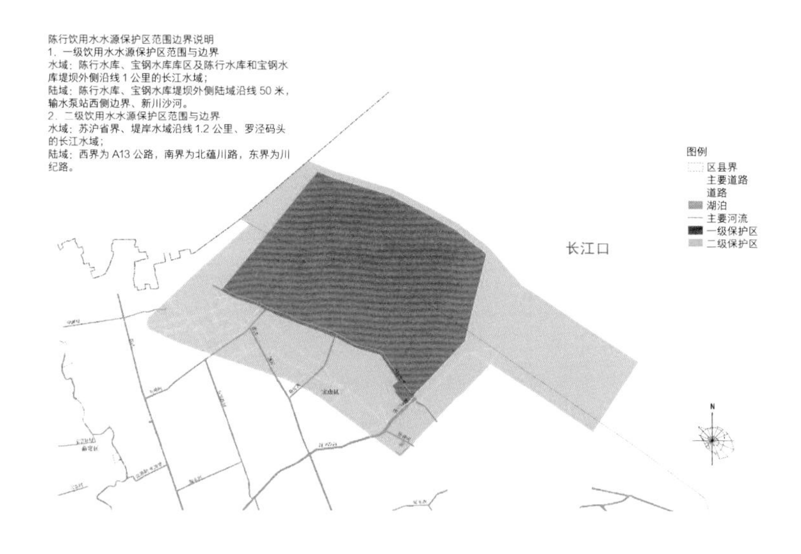

陈行饮用水水源保护区范围示意图
图片来源：宝山区罗泾镇人民政府

邵媛媛：曾经这里人与自然的矛盾非常尖锐，当时是什么样的情形？

陈行饮用水水源保护区位于上海市宝山区罗泾镇，随着区域经济发展和人口的不断增长，该保护区的河网水系成为部分生产、生活污水及固体废弃物的纳污场所，区域河道水体水质逐步演变成为劣Ⅴ类、黑臭等，区域水环境水质恶化，水体中生态平衡失调，致使有害、有毒成分增多。水质恶化主要表现为：冬季时，水体透明度降低，水体变黑；夏季时，浮游生物、绿藻大量繁殖导致河水变臭。根据《宝山区“十三五”环境质量报告书》的数据显示，2015年以前，区域内河道超过95%的断面水质类别为劣Ⅴ类。

邵媛媛：陈行饮用水水源地作为上海四大饮用水水源地之一，对其的生态修复会有什么特别的地方吗？

自2010年3月《上海市饮用水水源保护条例》实施及上海市饮用水水源保护区范围划定以来，宝山区生态环境局和罗泾镇人民政府从2011年至今，历时十余年持续聚焦饮用水水源地安全，全面深化饮用水水源保护区污染整治，严控水源地环境风险。主要措施是对保护区内的生产企业、违法设施进行关停、整治和清拆，确保一级保护区内不存在与供水设施和保护水源无关的项目，确保二级保护区内无生产型企业排污口、畜禽养殖场、固体废物贮存堆放场所、危险品码头等项目；同时，宝山区开展农村生活污水纳管、水系水生态治理、长效管理体制完善等一系列措施，在全市率先完成水源地污染源关闭，水源地生态环境得到显著改善，千亩良田、千亩公益林、清清河道、自然村宅的格局基本呈现。

在保留和彰显自然水系、传统风貌等乡村特色的基础上，宝山区有序推进无违建先进村（居）创建，逐步实现村庄归并和集中居住，从空间形态、建筑样式、装饰材质、景观小品等方面进行风貌提升，加强常态长效监管和闲置土地的规划建设，打造生态宜居的新农村风貌。保护区内乡村人居环境显著改善，乡村经济提质发展，村民满意度大幅提升。

饮用水水源保护区关停企业厂房的开发利用
图片来源：宝山区罗泾镇人民政府

邵媛媛：经过生态修复后，现在的河道水体达到了什么样的效果？

陈行水库是上海市开发利用长江口饮用水水源地的重要里程碑，是上海“两江并举，多源互补”原水供应格局开辟的首个长江饮用水水源地水库，兼具避咸蓄淡、避污蓄清的双重功能，承担向上海北部地区部分水厂供应原水的任务。供水能力可达228万立方米/日，改善了宝山、嘉定等北部地区的原水质量。

陈行饮用水水源地的保护有效保障了陈行水库的饮用水水质，间接保障上海市北部人民群众的饮水安全。通过十多年的陈行饮用水水源保护区环境综合整治，全面消除工业污染、居民生活污染和畜禽养殖污染，推进区域水生态提升，大幅削减保护区内的入河污染负荷，区域内水体水质得到明显的提升。

陈行饮用水水源保护区内河网水系的水质从2010年劣Ⅴ类和Ⅴ类占大多数的状态，提升到2022年Ⅰ～Ⅲ类水占比高达46.34%、Ⅳ类水占比36.59%、Ⅴ类水仅占9.76%。

陈行饮用水水源地所在地罗泾镇积极贯彻“绿水青山就是金山银山”的理念，坚持生态立镇战略，加快美丽生态罗泾建设，荣获“全国特色小镇”“国家卫生镇”“中国最美村镇”“上海市文明镇”等20余项国家、市级荣誉称号。2个村被评为“全国文明村”，3个村成功创建“上海市乡村振兴示范村”，2个村入围“上海市乡村振兴示范村创建名单”，5个村成功创建“市级美丽乡村示范村”，7个村成功创建“区级美丽乡村示范村”。

邵媛媛：听说在生态修复过程中，居民的环保意识也在不断提升，在水务环保宣传方面，罗泾镇开展过哪些工作？

首先，积极践行“绿水青山就是金山银山”理念。陈行饮用水水源地的保护带动了水源地周边整治，并与乡村发展有机结合。罗泾镇以饮用水水源保护区为基础，坚持系统谋划、整体推进，创新运营管理模式，建立以“乡遇塘湾、蟹逅海星、寻米花红、蔬香新陆、芋见洋桥”为特色的“五村联动”乡村振兴示范片区，乡村发展不断迸发出新活力。

其次，有效应用生态补偿手段实施水源保护。罗泾镇积极应用生态补偿资金，开展陈行饮用水水源保护区范围内的生态补偿、民生保障、环境基础设施建设、环境综合整治、污染源整治等工作。对水源保护区内村落因生态保护造成经济发展受限的情况，我们应用生态补偿资金维护了经济发展和生态保护间的平衡。

最后，创新引领饮用水水源保护区绿色低碳发展。在保障陈行水库供水水质和巩固保护区生态环境质量的基础上，创新开展绿色低碳发展实践，积极探索绿色低碳发展模式，依托饮用水水源保护区内保有的林地、绿地碳汇资源，持续推动垃圾分类与减量、提高资源利用效率、扩大绿化面积、推广可再生能源利用、提高能源利用效率，并发挥旅游产业优势，发挥低碳建设的辐射和宣传效应，倡导社会绿色低碳转型。

华能罗泾灰场光伏电站
图片来源：宝山区罗泾镇人民政府

饮用水水源保护区特色产业发展——千亩良田
图片来源：宝山区罗泾镇人民政府

邵媛媛：本次整治工作中的难点集中在哪里？主要的收获与经验总结是什么？

饮用水水源保护区的生态环境质量保护是一项长期工作，如何平衡好经济发展和生态文明间的关系是本次工作实施过程中的一项重大挑战。在市、区两级政府支持下，宝山区生态环境局和罗泾镇人民政府历时十余年持续投入，在保障二级保护区内生态环境质量持续改善的基础上，为陈行饮用水水源保护区内的5个行政村规划了特色发展路线，积极践行“绿水青山就是金山银山”理念，基本实现了经济发展和生态保护的平衡，既保障饮水安全，也促进乡村振兴发展。

在当前饮用水水源保护区生态环境质量已经实现长足进步的基础上，如何紧跟国家水源保护发展理念、实现生态文明新进步，是当前工作实施过程中的新挑战。对此，我们将在彰显陈行饮用水水源保护区发展特色的基础上，紧跟上海市和宝山区的各级生态环境保护发展规划，结合水源地保护的新理念和新技术，在水健康、碳达峰、碳中和、数字化、智慧化等领域先行先试，利用技术手段不断提高已有设施运行管理水平，创建引领绿色生产生活方式，实现水源地保护区生态文明新进步。

饮用水水源保护区生态涵养林
图片来源：宝山区罗泾镇人民政府

水安全：构建韧性城市防洪除涝体系

崇西水闸面向长江入海口，是崇明岛最大的水利枢纽
图片来源：王宏球 摄

一到雨季，城市内涝等新闻屡见不鲜。当降雨量骤然增加，城市中道路积水、管网破裂乃至河堤承压等，都为城市安全带来挑战。

水能载舟、亦能覆舟。提升城市韧性，构建水安全屏障，一方面在于维护好城市里涉及水的市政基础设施，包括开展管网检修、整治积水道路以及江河堤防设施等；另一方面，除防水之外，蓄水调水也是保障城市用水安全的一个角度，河湖面积管控、建设维护雨水调蓄设施等系列措施必不可少。

河湖面积管控方面，2018 年，上海结合海绵城市建设，实施 5 个“进一步严格”：进一步严格规划管理，加强对河道水系规划以及河道蓝线、河道整治工程管理；进一步严格河道相关行政审批管理，严格对河道管理范围内建设项目以及填堵河道的审批；进一步严格河湖水面率监测管理，利用卫星照片（简称“卫片”）、航空照片（简称“航片”）等技术手段，每年分两次对河湖面积开展监测，及时掌握变化情况，并对疑点疑区进行复核；进一步严格河道执法管理，加大对擅自填堵河道行为的查处力度，加强填堵河道审批后的监管力度；进一步严格河湖水面率的考核管理，将河湖水面率考核纳入河长制、湖长制的考核指标体系。

在系列举措的实施下，2018 年，上海全市河湖面积净增 7.87 平方公里。近年来，上海河湖面积总体上保持稳步增加的趋势，2020 年，上海河湖水面率为 10.11%；2021 年上海河湖水面率为 10.24%；2022 年上海河湖水面率为 10.30%。

在泵站管控、雨水调蓄等调度方面，上海持续加强泵站放江管控，主要针对全市 366 座防汛泵站，通过截流及回笼水设施改造、放江水质与水量监测及一体化运调平台建设等措施，杜绝旱天放江，严格控制降雨放江。

2018 年，上海针对中心城区泵站放江导致的水质反复问题，启动实施天山、龙华等 6 座污水处理设施改建，用于初期雨水调蓄工程、竹园污水处理厂四期工程，完成 19 座中心城区泵站截污设施改造，实现“旱天不放江、雨天少放江”；汇编完成市政排水泵站“一站一策”，完善“两水平衡”水闸泵站专项调度方案，研究推广在管网关键点位加装截污装置，研究泵站加装漂浮垃圾清捞装置，开发泵站暴雨放江量在线统计数据共享平台，通过精细化管理实现“少放江”。

在多年优化提升的基础上，2021 年，上海遵从流域防洪、水资源、水生态等统一调度指令，加强联合调度，安全应对了台风暴雨等极端天气。2022 年，上海继续全力做好防洪调度、重要河湖生态流量（水位）保障和“抗咸潮、保供水”等水资源调度工作，推进 18.2 公里黄浦江堤防专项维修和 22.6 公里公用海塘达标建设。

水安全，也离不开城市日常对管网、泵站、积水道路的养护与改善。

近年来，上海进一步提高管道疏通、检查井和泵站集水井清捞频率和质量，特大型雨水（合流）管道一年至少疏通1次，泵站一年至少清淤4次，注重漂浮垃圾清理，规范污泥和垃圾的处理处置。

同时，上海按照《城镇排水管渠与泵站运行、维护及安全技术规程》的要求，对市政排水管道进行定期结构性检测，对问题管网及时修复，确保排水管道设施完好，提升排水设施效能。

例如，上海加强排水管网设施信息化运维管理，强化管网日常检测修复，全面排查管网堵塞、错接、破损、渗漏等问题整改，做好排水管道提质增效三年行动计划工作，并强化农村生活污水处理设施运行养护监管。

从成效上看，各区在上海“十三五”期间共检测排水主管7063公里，完成修复和改造主管546公里。2022年，上海推进完成约69公里隐患供水管道整治、约132公里隐患排水管道整治；完成约4700公里管龄超过10年的排水主管检测、约600公里排水主管修复。

2022年，上海还完成42个易积水小区内部管网改造和11个道路积水点改善工程。截至2023年6月，上海“十四五”期间累计完成排水主管检测10087公里，修复和改造1031公里。上海原计划至“十四五”期末，基本完成全市现状管龄10年以上主管检测约1.3万公里，修复和改造约1500公里，现已提前至2023年底完成。

【案例详解】

金山区建成“双龙入海”新格局

奚　诚 | 上海湾区高新技术产业开发区水务站副站长

2013年，台风“菲特”肆虐东部沿海地区，台风、暴雨、天文大潮和上游洪水“四碰头”，这在上海防汛史上是第一次，对上海尤其是金山区造成了巨大的防汛压力，张泾河南延伸工程项目的建设想法也在此时萌生。

张泾河南延伸整治工程位于上海市金山区，是为缓解上海浦南东片的区域防洪压力、提高区域除涝能力、改善河道水动力条件、提升河网水质的重要口门。该工程作为上海市重大水利工程，是上海市最大的排涝泵闸之一。

2019年，张泾河南延伸整治工程正式开工，并于2022年10月底实现通水。现在，金山区已呈现东有龙泉港、西有张泾河的“双龙入海”排水格局。由于实施过程中使用多种数字化赋能方式，张泾河南延伸整治工程成为具有示范作用的样板工程。

邵媛媛：开展张泾河南延伸整治工程的背景是什么？此工程属于何种等级？

工程建设的背景主要有两个方面。

一是防汛防台的需要。金山区的总体地势为南高北低，排涝格局却是“北引南排”。由于浦南东片面积较大，总体地势较高，水动力不足，仅龙泉港出海闸一个口门，不能满足新形势下防洪除涝的要求。特别在2013年“菲特”台风影响金山区期间，台风、暴雨、天文大潮和上游洪水“四碰头”对金山区造成巨大的防汛压力，因此我们有了谋划张泾河南延伸项目的最初想法。我们通过充分利用杭州湾潮差大、低潮低的自然规律，减少洪涝水北上，从而分担龙泉港的排涝压力。

二是调活水体，改善水质的需要。该工程附近的现有河道水体流动性很差，骨干河道总体流向是沿浙江交界的黄姑塘，然后进入卫城河，再向东经由老龙泉港汇入龙泉港排海，间隔距离长，沿途较为曲折且受到地势影响，往往是龙泉港已经排足了水，但是这边的河道水位下降却不明显，严重制约了当地河道水质的进一步提升。张泾河南延伸项目实施后，将极大改善金山区河道的水质。

本工程北起卫城河，南至杭州湾，工程为I等工程，主要建筑物为1级水工建筑物；次要建筑物为3级水工建筑物。防洪标准采用200年一遇的高潮位加12级风下限，除涝标准采用20年一遇，按地震烈度7度设防。

邵媛媛：本次工程联动了哪些部门？各部门的工作职责分别是什么？

为配合张泾河南延伸整治工程实施，金山区成立了工程指挥部，下设办公室（设在区水务局）负责日常工作，区内各部门联动成立工作组；由

2022 年 10 月底，新开河道实现通水
图片来源：奚诚 摄

区公安、区交通委员会牵头负责周边区域交通组织协调等工作；由区规划和自然资源管理局牵头负责土地手续相关事宜；由新城区公司、区绿容局、区机管局、区房管局等部门牵头负责前期动迁组，确保施工进场前完成腾地工作；同时还有属地街（镇）等部门成立维稳组、综合协调组，举全区之力有序推动项目实施。

邵媛媛：本次工程将会在“两水平衡”上发挥哪些具体作用？如何提高防汛排涝能力、改善地区水环境质量？

该工程建成投运后，南北打通的张泾河就像一条巨龙由北向南奔腾入海，与龙泉港出海闸遥相呼应，浦南东片将呈现“双龙入海”的排水格局，届时浦南东片西部的水将由张泾河出海泵闸直接进杭州湾，作为金山第一座强排入海泵站，将有效减轻石化街道、金山卫镇、张堰镇、廊下镇的防汛压力。同时，通过“北引南排”，该区域的河道入海距离较龙泉港出海闸缩短了近一半距离，整个沿线河道都可以沿着张泾河一路往南，畅通无阻地汇流入海，再也不会兜兜转转动不起来。流水不腐，水动力的提升，可以有效改善河道的水质，提高水环境质量。

邵媛媛：本项目已经成为上海市水利工程 BIM 技术全生命周期应用样板，请具体说说是如何运用数字化技术赋能项目的。

由于工程周边环境复杂，涉及的部门多、建设范围广、用地条件苛刻，项目的实施困难重重。攻坚克难中，建设方通过采用BIM、倾斜摄影、装配式、3D打印、物联网、云技术等诸多技术，打通了模型与AEC（建筑、工程、施工）、造价、模板加工等软件平台的数据对接，实现了标准化建模、规范化交付、阶段化应用、科技化验收及工程的精细化管理。

另外，工程实施过程中严格遵守上海市水利工程BIM标准《水利工程信息模型应用标准》，将水利工程唯一码和分类码组合的编码体系进行试点应用，应用结果证明该标准有效地解决了目前编码混乱、数据传递障碍和信息割裂等问题，不但保证了数据传递的完整性、一致性、有效性和可扩充性，也便于在全生命周期进行数据标识和传递，具有推广价值和意义。

邵媛媛：本次整治工作中的难点集中在哪里？主要的收获与经验总结是什么？

从工程的施工难点上看，一方面是施工期间的交通组织。工程范围涉及"一纵六横"7条道路，由于地处中国石化上海石油化工股份有限公司及金山区企事业单位的办公区域之间，7条道路都无法做到封闭，而工程又需要对6条东西向道路"路改桥"、南北向道路翻建，施工作业空间的问题始终存在，特别还需要对这块整体的管线进行搬迁，土建和管线的工作时序也很难调和。项目部做了大量的基础工作和考量，最后通过临时借地等方式，花大力气做了临时交通便道来保证交通出行安全，同时所有管线的施工都是全盘考虑，对工序精雕细琢，采用半幅路面翻交形式，井然有序地实施水、电、煤、通信、雨水、污水等管网建设。

黄浦江穿城而过
图片来源：郑宪章 摄

水文化：绘制人水和谐的幸福画卷

位于虹口滨江的世界会客厅
图片来源：杨伯荣 摄

以建设更多让人民满意的“幸福河”为目标，上海多年来打造了水利风景区、水岸慢行步道、观光廊道、滨水空间等一系列宜业宜居宜游的生活秀带。这里可以开展观光、休闲乃至自然科学、文化教育等活动，促进人与自然和谐相处，建设人民能享受到、感知到的幸福河湖。

近年，在“一江一河”总体框架下，上海聚焦亲水、开放两项重点，开展了一系列的岸线提升改造、生态绿廊提升等工作，以人为本提升“一江一河”环境品质。

2020 年，上海打造苏州河滨河高品质“一区一景”，以“苏四期”工程为引领，串成上海城市“项链”，建成黄浦区九子公园等 10 余处生活亲水岸线和活力空间示范区，集体育休闲、旅游观光、剧场表演、读书阅览、党史学习教育等于一体，实现“长藤结瓜”式的苏州河中心城区42公里多功能、高品质滨水空间贯通开放。

这一年，上海还推动黄浦江滨江会客厅南拓北延，将“45公里贯通”作为黄浦江两岸公共空间建设的起点，加大黄浦江上下游区域岸线整治贯通力度，有序建设生态空间和垂江生态绿廊，逐步建立起全流域公共空间体系，使黄浦江沿岸逐渐成为世界级滨水会客厅。上海各区也以“一江一河”为引领，逐渐向部分支流辐射，建成杨浦区杨树浦港“水岸历史长廊”、松江区“美丽家园”滨水生态廊道等独具特色的滨水空间，成为老百姓身边越来越多的游憩宝地。

上海各区在2021年至少建成了一条（段）高品质滨水空间新样板。例如，松江区建成50条（段）具有高品质人文水乡新貌的星级美丽河湖；嘉定新城中央活动区建成远香湖滨上海首条功能最齐全的智慧跑道；青浦区建成具有老城厢文化底蕴的“内环”水系滨水空间。

2021年，上海还完成苏州河长宁区华政段“一带十点”滨水景观提升以及闵行段、青浦段、嘉定段串联公园绿地、生态廊道建设工程贯通；完成黄浦江宝山区吴淞5公里滨江岸线的亲水平台、儿童乐园、景观廊道等市民网红打卡点贯通工程。

更宜人宜游的滨水空间，让更多城市节事聚集到水岸，形成活力动感的水文化。比如，在苏州河滨河高品质“一区一景”的助力下，2021年上海赛艇公开赛成功举办；以水为媒，还能助力花事盛会——2021上海崇明花卉博览会圆满收官；水乡特色则让虹口“世界会客厅”的诸多盛会更有人情味、更具人性化、更富人文气息、更加绚丽多姿。

2022年，上海继续以“一江一河”为引领，推动实现20.6公里高品质滨水空间贯通开放，打造更多老百姓家门口的亲水空间。

比如，徐汇区着力打造“两环一带”、贯通南北的滨水公共空间；长宁区建成午潮港“有温度”的滨水步道；青浦区启动“一湖一荡一链”岸线生态治理，串联“一廊十二景”，打造“蓝色珠链”。

总的来看，上海将推动滨水空间开放作为贯彻人水和谐理念的重要举措，以“一江一河”为引领，全市已开放河湖滨水空间167条（段）、

800余公里。还水于民，还岸于民，着力打造造福人民的幸福河湖。

2023年，上海持续加快滨水空间贯通，让人民群众有更多获得感、幸福感、安全感，打造“城水相融、人水相依”的美丽和谐画卷，以生态绿色水脉惠泽民生。

【案例详解】

苏州河黄浦区段建成海派幸福湖

周　琦 | 黄浦区水务局综合配套协调科科员

苏州河上的五座桥
图片来源：徐滨　摄

苏州河南岸黄浦段东起外白渡桥，西至成都路桥，北临苏州河，南至南苏州路，是全市苏州河岸线的重要门户，岸线总长约3公里，具有展示城区形象、承载文化信息、容纳公共活动的潜力。

按照市委、市政府提出的“将苏州河中心城区42公里岸线的公共空间基本实现贯通开放，努力建设世界级的滨水区”的要求，围绕创造高品质生活、促进城区有机更新等重要内容，2019年8月起，黄浦区正式启动苏州河南岸公共空间景观提升工程建设。如今，苏州河南岸的滨水空间已经成为市民休闲娱乐的好去处。

从“挡水”到“亲水”的思路转变，体现的不仅是人性化温暖，更是城市内涵、品质提升的重要标志。让城市空间与自然、人文融合互动，让市民和游客在慢行中随手触摸感知历史文脉，滨水空间正在把市民与这条久违的母亲河拉得更近。

邵媛媛：请介绍一下苏州河南段此次工程的主要情况。

在上海市“一江一河”总体规划的框架下，黄浦区聚焦亲水、开放两项重点，开展了岸线提升改造设计。方案采用“上海辰光、风情长卷”的设计理念，通过自然景观和人文景观相融，在沿河的公共空间中打造一条有内容的、有记忆的、有活力的海派风情博览带。

在总体设计中，该工程将3公里的滨河岸线分为3个段落：东段“苏河之门”（外白渡桥—河南路桥），突出“一江一河”交汇处的门户形象；中段“苏河之眸”（乌镇路桥—河南路桥），漫游看遍沪上百态风情；西段“苏河之驿”（乌镇路桥—成都路桥），享受滨河舒适生活。在精致典雅的总体定位下，岸线空间各具特色、体验丰富。

邵媛媛：苏州河南段的滨水空间景观提升工程中，如何实现临水又亲水？

在整体的岸段空间改造中，该工程通过降低防汛墙、抬升临河步道、利用沿河建筑物等多种方式对防汛墙进行改造，确保3公里苏州河黄浦段有80%以上的沿河区域都能看水、亲水，享受滨水城市生活。这解决了苏州河岸段“临水不亲水”的问题，才能为市民更好与苏州河互动创造良好条件。

同时，该工程还在人行道引入了与滨水景观一致的像素化铺装，利用颜色渐变暗示功能，形成多功能精致水岸，打造沿苏州河最典雅的马赛克艺术景观带，利用独特的呈现方式，形成黄浦区苏州河滨江特色，延续了苏州河岸线（段）的文化性、历史感；在苏州河滨水沿线中，设置一些造型独特的景观小品和游憩设施，如特色凉亭、树池、特色景墙等，作为滨水空间内景观特色节点和游人休憩的地点，形成一个个可以停留、可以休憩的小节点。

邵媛媛：本次苏州河公共空间景观提升工程的亮点有哪些？

本次苏州河公共空间景观提升工程注重精细化、差异化设计，强调景观空间同游客的互动性，设计可进入的景观空间。结合绿化空间打造一条连续蜿蜒的绿道，让人们充分体验绿化景观空间的美好，在整个3公里的岸段中形成了以下连续开放的空间亮点。

第一是划船俱乐部。该项目以恢复南苏州路76号划船俱乐部历史风貌为契机，打造新的景观空间，挖掘建筑历史内涵和价值。本次工程对西侧一百多年前的游泳池进行挖掘整理，恢复原貌，并对其加以历史性修缮，形成一个下沉式休闲空间；同时在空间上部搭建了一个钢构架，共同形成了一个半露天的泳池咖啡厅空间，让市民以一种全新的生活方式，体验原有划船俱乐部的场所感和社交感。在东侧，该工程则相对简洁地以灯阵的形式提示原有建筑空间，成为更加景观化和放松的、与景观草坪相结合的公共空间。

第二是“最美加油站”“樱花谷”“苏河驿站”。我们对苏州河南岸（四川路桥—乍浦路桥）岸段的空间进行改造，顺应场地条件，建成“最美加油站（苏河折）”“樱花谷”“苏河驿站”等一批综合性的服务设施；同时与绿化配植相结合，形成可漫步、可休憩、可停留、可观景的滨河空间，使之成为苏州河边一系列标志性景观空间。

划船俱乐部

图片来源：黄浦区水务局

樱花谷
图片来源：黄浦区水务局

第三是水文站广场改造。我们结合温州路水文站的立面改造，对水文站原有的设备平台加建开放，沿着原有防撞墩的轮廓加建悬浮在水面上的亲水平台，允许百姓走上这个悬在河上的平台，真正实现在河上观景；其次，为了让百姓更方便地登上亲水平台，将滨河的步道做成坡道，抬升至防汛墙顶的标高高度。滨河步道与健身场地通过汀步或者台阶连接，健身的人们与在滨河行走的人们可以方便地交流，增强各个空间的可达性，将水文站打造成景观健身于一体的“健康塔”；同时，在水文站内部布置灯光，使其在夜晚宛如金色灯笼点缀夜空，成为一个新的景观广场。

第四是苏州河西段整体改造。我们对西段（乌镇路桥—成都路桥）已有的遮阳休闲设施、亲水平台、九子公园设施等进行统一改造：通过拆除局部的防汛墙，增加西段滨水空间的亲水性；拆除九子公园围墙大门、公园管理处以及膜结构凉亭，将原先相对封闭的公园、滨水岸线以及有为工社有机地串联起来，使得西段空间变得更加系统、连续以及公共性。新改建的苏州河西段将原先一块块相对独立的空间整合成了一段可以观水亲水、游玩、休闲购物的多功能共享空间。

邵媛媛：我们注意到，苏州河上的断点逐渐消失了。消除断点后，苏州河如何升级成市民休闲娱乐的滨水空间？

2021年，结合乌镇路桥改造，黄浦区重建部分结构、打通桥下空间，使得人行空间得以贯通；通过新建下穿景观人行步道，完成了连续性、体验性的空间塑造，进一步提升了苏州河沿岸的公共空间品质，并通过对线性桥洞的空间强化，提出“穿越海派风情，桥洞文化驿站”的设计理念。以疏通苏州河空间断点为契机，增强水岸空间的景观整体性，强化漫步空间的亲水感受，突出滨河空间的环境品质与文化特性。

2023年，在苏州河南岸的江宁路桥段，分隔一级防汛墙和二级防汛墙的临时封堵墙被打通，游览苏州河美景的市民不再需要绕道而行。随着整治工程三期的完工，苏州河步道的又一个断点消失。同时，江宁路桥的桥下空间也被利用起来，成为市民休闲娱乐的滨水空间，市民可以从宜昌路消防站一路步行至黄浦江畔。

第三章

Chapter3

为『河』而行：上海河湖长制的举措与经验

How River and Lake Chiefs Are Saving Shanghai’s Waterways

多年来，上海坚定推行河湖长制，把更好地满足人民日益增长的优美生态环境需要作为出发点和落脚点，“一河一策”，认真践行人民城市理念。

如今，上海河湖治理和保护已有显著成效。实践与创新也慢慢凝结成经验：党政机关引领下的系统治水，水务部门牵头下的科学治水，各部门联动下的协作治水，与社会力量参与下的共治共享。

在市委、市政府的领导下，上海河湖开展系统治水。长江大保护、长三角一体化、“五个新城”等国家和上海发展战略统筹推进。例如，位于长三角生态绿色一体化发展示范区（简称“示范区”）内的青浦区每年都面临10万吨水葫芦的打捞难题，在长三角生态绿色一体化后，示范区内实现跨界河湖从“各自为战”到“一图治水”的治理合作；“五个新城”之一的嘉定区以“河域党建”为工作方针，为河湖把脉，改善远香湖水质。

科学治水，为每条河量身定制治理策略。上海河湖长制推行以来，由水务部门牵头，强化河湖系统治理，技术先行、机制创新、持续建设，践行科学治水理念。科学治水意味着技术加持，让“治水”变“智水”。新技术为建立监测评价体系提供新的解决方案。

河湖长制的推行过程，离不开各部门的联动协作。防汛薄弱环节、污水处理厂溢流、河湖水质反复等问题，在多部门的通力合作下实现长足进步。

社会参与，让上海河湖长制实现共治。上海河湖长的组成多元多样，有民间河长、企业河长，还有社会监督团、“河小青”志愿者服务队……越来越多的市民通过线上（市民举报小程序）与线下（志愿者）的联动方式，加入河湖养护与爱水、护水、节水的社会共建中去。

政府、企业、市民等多方齐心协力，共同书写系统、科学、相互协作的河湖治理“上海样本”。

For years, Shanghai has persevered in its river and lake chief system. Starting from a need to fulfill residents' desire for a better and more beautiful city, it has tailored unique policies to all of its rivers.

The results are already clear, and new practices and innovations have become the basis for further advancement. Under the leadership of the Committee Party of China and the municipal government, local water officials have taken the lead in scientifically managing the city's waters, working with other departments and residents to create a city where everyone shares in the responsibility for and enjoyment of — water resources.

Under the leadership of the Party and government officials, Shanghai is systematically taming its waterways and tying their improvement to a host of other key national and local development programs, including the protection of the Yangtze River, the integration of its Delta region, and the construction of five new cities around Shanghai. Located in the demonstration zone for Yangtze Delta integration, Qingpu District has long struggled with an annual water hyacinth bloom, but thanks to new policies, waterway governance has gone from a series of individual battles to a collective strategy. Meanwhile, in Jiading, one of Shanghai's five new cities, waterside Party building initiatives have restored the beauty of Yuanxiang Lake.

Scientific water management means tailoring policies to local conditions. Since the rollout of the river and lake chief system, local water officials have led in emphasizing the systematic management of waterways, the adoption of new technologies, the creation of innovative new mechanisms, and the continued construction and implementation of scientific water management concepts. Scientific management means a commitment to technology and "smart" approaches to water governance, and new technologies are already helping solve the problems of waterway supervision.

The success of the program is inseparable from the support offered by departments across the Shanghai government. Whether in flood prevention, wastewater management or improving water quality, officials repeatedly collaborated to find solutions.

As for residents, they've been crucial to ensuring the chief system is a shared endeavor. The city's chiefs come from all walks of life, from ordinary residents to entrepreneurs. Add to them the social monitoring teams, youth groups and other organizations, and it's clear that residents are getting involved, both online and off. It's about loving water, protecting water and saving water together.

This mix of government, enterprise and citizen participation in the shared, scientific and collaborative management of the city's waterways is a hallmark of Shanghai life.

第一节
Part 1

党政主导　系统治水

Under the Party and Government, A Systematic Approach

省级总河长聚焦全流域治理，共抓长江大保护

石刚平 | 上海市水务局二级高级主办

“‘长江病了’，而且病得还不轻。”2016 年 1 月，习近平总书记在重庆主持召开的推动长江经济带发展座谈会上，就已强调过“治疗长江病”的重要性。长江流域河湖治理是一项复杂的系统工程，需要全流域、上下游、左右岸、干支流、省际通力协作，密切配合。

作为长江流经的 15 个省级行政区划单位之一，上海也是守护长江生态环境和安全的重要成员。

2021 年末，水利部正式印发文件，建立长江流域省级河湖长联席会议机制。2022 年 7 月，长江流域省级河湖长第一次联席会议在湖北武汉召开，由湖北省总河长担任本次会议的召集人。2023 年 8 月，长江流域省级河湖长第二次联席会议在上海召开，由上海市总河长担任本次会议的召集人。通过联席会议机制，加快形成流域一体化治理格局，奋力推进安澜长江、绿色长江、美丽长江、和谐长江的建设。

守护母亲河，上海一直在行动。

长江边的码头
图片来源：袁语阳 摄

戴媛媛：长江流域省级河湖长联席会议机制的主要职责是什么？

主要职责有三点。一是深入贯彻党中央、国务院关于强化河湖长制的重大决策部署和《长江保护法》的规定，落实全面推行河湖长制工作部际联席会议和国家长江流域协调机制确定的河湖长制重点任务；二是研究部署重大事项，协调解决重大问题，凝聚流域区域部门治水管水合力；三是推动跨省河湖联防联控联治、联合执法监管和省际生态保护补偿，推进长江流域系统治理、综合治理、协同治理，形成目标统一、任务协同、措施衔接、行动同步、共抓长江大保护的河湖管理保护工作格局，打造造福人民的幸福河湖，助推流域高质量发展。

戴媛媛：该联席会议是怎样组织起来的？

联席会议实行召集人轮值制度，并通过全体会议或专题会议制度，共抓长江大保护。长江流域 15 省（自治区、直辖市）总河长（省级人民政府主要负责同志）轮流担任联席会议召集人（任期自 1 月 1 日至当年 12 月 31 日，首次轮值自本机制建立之日起至 2022 年 12 月 31 日止）、长江水利委员会主要负责同志担任副召集人；15 省（自治区、直辖市）人民政府分管负责同志、长江水利委员会分管负责同志为成员；各省（自治区、直辖市）河长办负责同志、长江水利委员会河湖长制工作领导小组办公室主要负责同志为联络员。召集人轮值以湖北省、上海市、江苏省、安徽省、江西省、湖南省、重庆市、云南省、西藏自治区、四川省、青海省、甘肃省、陕西省、河南省、贵州省为序。

该联席会议办公室设在长江水利委员会，承担联席会议日常工作，办公室主任由长江水利委员会分管负责同志兼任。联席会议召集人、副召集人、成员、联络员及办公室主任变动的，由新任人员自行接替，并及时向联席会议办公室报备。

戴媛媛：长江流域河湖一体化治理格局是如何形成的？

以建立长江流域省级河湖长联席会议机制为契机，完善流域管理体系，完善跨区域管理协调机制，完善河湖长制组织体系，开创流域统筹、区域协作、部门联动的河湖管理保护新局面。

一要健全统筹协调机制。强化流域统一规划、统一治理、统一调度、统一管理，完善流域省级河湖长联席会议、流域管理机构与省级河湖长办协作机制，发挥联席会议办公室和各级各地河湖长制办公室的牵头抓总作用，各相关部门通力合作，凝聚流域和区域治水管水合力。

二要健全联合执法机制。深入贯彻落实《长江保护法》，积极开展跨省级、跨部门的联合巡查、联合执法，严厉打击涉河湖非法排污、非法捕捞、非法采砂等行为，切实形成严格执法的强大合力。

三要健全信息共享机制。完善流域信息共享平台，加强水利管理、生态环境、规划和自然资源、农业农村、住房和城乡建设管理、交通等多部门数据统一联网和实时更新，打破信息壁垒，畅通信息渠道，实现数据互联互通、共建共享，为流域河湖管理保护提供有力支撑。

戴媛媛：长江依然肩负着航运功能，如何防治航运污染？

首先，深入推进非法码头整治。巩固长江干线非法码头的整治成果，研究建立监督管理长效机制，坚决防止反弹和死灰复燃。按照长江干线非法码头治理标准和生态保护红线管控等要求，开展长江主要支流非法码头整治，推进砂石集散中心建设，促进沿江港口码头科学布局。

其次，完善港口码头环境基础设施。优化沿江码头布局，严格危险化学品港口码头建设项目审批管理。推进生活污水、垃圾、含油污水、化学品船舶洗舱水接收设施建设。港口、船舶修造厂所在地的市、县级人民政府切实落实《水污染防治法》的要求，统筹规划建设船舶污染物接收、转运及处理处置设施。

最后，加强船舶污染防治及风险管控。积极治理船舶污染，严格执行《船舶水污染物排放控制标准》GB 3552—2018，加快淘汰不符合标准要求的高污染、高能耗、老旧落后的船舶，推进现有不达标船舶升级改造。强化长江干流及主要支流水上危险化学品运输环境风险防范，严厉打击危险化学品非法水上运输，及油污水、化学品船舶洗舱水等非法转运处置等行为。

戴媛媛：上海深入打好长江保护修复攻坚战，接下来的目标是什么？

2023 年，上海印发《上海市深入打好长江保护修复攻坚战实施方案（2023—2025）》。到 2025 年，长江干流上海段水质稳定达到Ⅱ类，水生生物完整性指数稳步提升；全市地表水水质优良比例达到 92.5%（以国控断面计算），全市河湖稳定消除黑臭、劣Ⅴ类水体，饮用水安全保障水平持续提升，重要河湖生态用水得到有效保障，水生态质量明显提升；全市生活垃圾无害化处理率保持 100%，生活垃圾回收利用率达到 45% 以上，化肥农药利用率提高到 43% 以上，畜禽粪污资源化利用实现全覆盖，农膜实现基本全量回收。

党政引领青昆吴嘉四地携手，系统治理水葫芦

胡谨显 | 青浦区河湖管理事务中心河湖管理科科长

2017 年以前，上海在秋季总会发生水葫芦等季节性水生植物大面积暴发的现象。据统计，当时青浦区平均每年打捞水葫芦有 10 万吨左右，这些水葫芦严重威胁到全区河道环境面貌。

青浦区一村民说：“水葫芦是跟着水的流动一起跑的，有时候跑到江苏去了，有时候跑到浙江来了，有时候跑到上海来了。污染最严重的时候，水葫芦流到上海黄浦江中心去了。（长三角）一体化以后，就可以共同打捞整个区域的水葫芦等水生植物。”

水葫芦治理是一个小小的切口，从中可窥见长三角生态绿色一体化前后，跨界河湖从“各自为战”到“一图治水”的水系图。

跨前一步，赴上游联合打捞
图片来源：青浦区河湖管理事务中心（简称“青浦区河湖中心”）

戴媛媛：《长江三角洲区域一体化发展规划纲要》的一大亮点是设立了以上海青浦、江苏吴江、浙江嘉善三地为长三角生态绿色一体化发展示范区。青浦区作为示范区之一，在治理水葫芦方面都做了哪些工作？

2018 年起，青浦区水务局先后四次组团前往江浙地区对接交流，力求打破区域壁垒、打通机制瓶颈；当年 5 月中旬，赴昆山和嘉善就水葫芦联防联动工作进行深入沟通和探讨，明确省界水域联动打捞的可行性和方向；7 月底，赴嘉善县水利局、昆山市淀山湖防洪工程管理处就交界水域保洁工作进行对接。通过加强联系沟通，所有省界河道均落实保洁主体。同时，青浦区水务局建立工作微信群，进一步加强互动沟通的渠道和机制，确保交界水域内水葫芦等水生植物联防联控工作信息的快速共享，提高打捞处置效率。

2018 年 8 月 15 日，青浦区牵头组织四地签署《青昆吴嘉水域保洁一体化协作框架协议》，该协议分别就预警监控、信息互通、关口拦截、联动打捞及后续保障提出相关要求，首次对省界界河保洁工作建立四地联动机制，实现交界水域联合打捞处置工作模式，为有效消除水葫芦等季节性水生植物的危害影响奠定机制保障，迈出示范区跨界河湖联保共治的第一步。

戴媛媛：过去流域的水葫芦暴发是什么原因造成的？对地区发展有何影响？

2017 年的水葫芦暴发情况尤其严峻。2017 年，区河长办、绿化和市容管理、水务等部门及各街镇通力配合，通过启动各级应急队伍，先后投入百余条船只、上千名工作人员，从早到晚开展不间歇打捞整治。从 2017 年 7 月一直打捞到 12 月，才遏制了水葫芦向下游地区蔓延的趋势，全年累计打捞水葫芦超过 30 万吨。

水葫芦暴发的主要原因包括 5 个方面。

一是水葫芦生长暴发迅猛。水葫芦原名凤眼蓝，属浮水草本，原产地在巴西，属外来物种。其自身繁殖能力极强且生长周期长，全年生长周期为 8 个月，且生长期间往往五天可增长一倍，其生长面积更是可以达到每天增长 1 倍左右。

二是受气候因素影响。由于2017年初的暖冬气候和持续高温天气等因素的影响，大量水葫芦越冬生长，上游水葫芦体量成指数增加。

三是省界区域水系发达。青浦区作为全市最上游的地区和唯一一个与江浙两省都交界的区，拥有省界河湖68条（段）、187.14公里，黄浦江、苏州河上游干、支流等均在青浦境内。这些界河分布极为分散，由北至南依次分布在白鹤镇、香花桥街道、盈浦街道、朱家角镇、金泽镇和练塘镇境内，跨度110余公里，占全区边界线44%。这些界河不仅数量多、分布广，其中还包括9条主要通航河道，无法通过设置拦截设施进行拦截打捞和有效阻隔。

四是打捞力量欠缺。2018年以前，青浦区河道保洁队伍拥有的保洁打捞船只数量少、标准低，尤其是全自动、半自动打捞船极少，面对水葫芦暴发的状况，打捞力量欠缺的问题暴露明显。

五是缺乏统一有效的联防联控工作机制，导致吴江、嘉善、青浦等地各自为战，无法实现打捞力量的有效整合，进一步影响工作成效。水葫芦大面积暴发后，对地区发展造成一系列负面影响，包括阻断通航航道，影响货运物流等，同时限制水体流动，枯萎期会向河湖中释放大量磷、氮，破坏水资源，对居民生活、用水等方面产生严重影响。

戴媛媛：以水葫芦的治理为例，长三角生态绿色一体化前后，分别是怎样治理的？一体化之后各地是如何进行责任分工的？

2018年一体化以前，青浦、昆山、吴江、嘉善四地缺乏沟通渠道和统一的联防联控工作机制，在信息沟通、资源共享、联动打捞、联合演练等方面均无通道，特别是水葫芦大面积暴发后，四地的打捞都是以属地为主，缺乏联动打捞、纵深布防、梯次拦截的整体思路，导致吴江、嘉善、青浦等地各自为战，无法实现打捞力量的有效整合，严重影响工作成效。

2018年以后，通过跨区主动对接、加强协调沟通，四地联合签署《青昆吴嘉水域保洁一体化协作框架协议》，分别就预警监控、信息互通、关口拦截、联动打捞及后续保障提出相关要求，对省界界河保洁工作建立联合打捞工作机制，为有效消除水葫芦等季节性水生植物危害影响提供机制

拦捞结合，在拦截库集中打捞
图片来源：青浦区河湖中心

保障。同时通过多次对接，明确四地所有省界河湖清单和工作范围，既确保常态化期间四地保洁责任，也明确水生植物暴发期联合打捞的工作模式。

戴媛媛：除了水葫芦，青浦区的水体还存在过哪些问题？如何与浙江、江苏的相关部门协调解决？

除水葫芦问题外，青浦区省界河湖管护还存在三方面问题：一是保洁范围有待进一步界定；二是保洁标准有待进一步统一；三是联动机制有待进一步完善。针对这三方面问题，青浦区分别从区河长办、水务和河湖管理部门及金泽镇等属地，多层级、多部门主动与昆山、吴江、嘉善开展多轮协调沟通。

关于保洁范围的界定，我们采取属地负责为主、互帮互助为辅的工作思路，针对所有省界河湖通过逐一比对双方基础水系资料，形成详细的河湖清单和工作范围。根据河湖所在位置划分责任主体，水域绝大部分在青浦区内或外省市的由当地承担全部保洁责任，针对各占一半的河湖，以跨河道路、桥梁或典型参照物作为标志，按照上下游划分主体责任。2023 年，青浦区已和嘉善签订 21 条（段）省界河湖界定协议，年内与吴江完成协议签订。

关于保洁标准的统一，由于两地河湖管护的内容、标准、定额和要求等各方面均执行当地省市标准，存在明显不同，因此，统一标准的工作推进过程主要还在探索试点阶段。2021 年起，青浦金泽镇与吴江黎里镇围绕雪落漾探索建立联保共治工作，双方根据工作量共同出资，采取三年一招的方式共同委托同一家河湖市场化养护企业负责日常管护，并由两地联合监管、共同考核，通过联保共治新模式实现保洁标准的统一；除了雪落漾，2023 年还在吴天贞荡、道田江、华士江等河湖推广实践。

关于联动机制的完善，在 2018 年实现联合保洁基础上，青浦区近年来不断完善夯实联动工作机制，延伸拓展“联合保洁”工作内容，变“保洁”为“管护”，细化工作目标、流程、保障措施等，探索工作新规范。2023 年，青浦区与其他地区联合签订《青昆吴嘉深化联合管护工作协议》，在精细化、规范化上下功夫，实现从内涵到外延的不断拓展。

戴媛媛：江浙沪交界河道的联合保洁是怎样展开的？具体有哪些部门参与？如何协调分工？

省界河湖的联合保洁，主要是由三地河长办、水务部门和河道管理部门共同参与。

在具体工作中，青浦区一方面与昆山、吴江、嘉善建立微信工作群，相关界河联系人和负责人定期沟通上下游水葫芦信息，相互共享上下游河湖高清探头资源，确保水葫芦暴发和下泄情况能第一时间掌握，为水葫芦打捞处置争取有利时机；另一方面因河施策，完善打捞体系，针对吴淞江、太浦河、红旗塘、俞汇塘等主要通航河道实施重点拦截。

青浦区充分利用天然凹荡设置拦截库区，定点拦截大量下泄的水葫芦，同步配备吊机和运输船开展集中打捞处置，通过拦捞结合，成倍提升打捞能力，有效减少下泄的水葫芦体量，为黄浦江、苏州河等全市核心水域筑牢防线；针对淀山湖、急水港等上游水生植物易暴发的河湖采取关口前移、延伸打捞作业模式，将青浦境内的自动打捞船分别向上游延伸至上游境内，北淀山湖、陈墓荡、千灯浦、白蚬湖、白莲湖一线充分利用河道天然束窄的有利位置，配合当地保洁力量共同开展拦截打捞，实现上下游联动保洁，极大减轻了青浦区水生植物的防控压力。

在做好水生植物联合打捞工作的同时，我们不断完善联动模式，做好信息共享、末端处置、联合演练等全方位联动。

一是确保信息共享。针对省界河湖水环境状况，我区各级河道养护单位、各级河湖管理单位、各级河长办均分别建立了信息共享通道，青浦、昆山、吴江、嘉善四地定期组织开展巡查监测，互通巡查信息，若巡查发现大量水生植物下泄痕迹，及时通过电话、信息报送，确保信息及时、有效。

二是规范末端处置。在联动打捞的同时，通过当地落实临时堆放点，做好水生植物垃圾的规范处置，既可以确保河湖内有害水生植物的现场快速打捞、就地快速处置，减少中间环节转运可能带来的二次污染风险，也可以有效减轻青浦区的水生植物末端处置压力。

三是开展联合演练。为共同保障示范区内的河湖环境，针对淀山湖、太浦河等示范区内“一河三湖”重点水域，2018 年以来，青浦区主动邀请昆山、吴江、嘉善水利部门，联合组织开展水葫芦、蓝藻等水生植物联动打捞演练 20 余次，联合保洁上百余次，实现兄弟区县的互相学习、交流，取长补短，共同强化区域协同作战水平。

戴媛媛：江浙沪三地毗邻地区“各自为战”的水系图，如何合并成为“一图治水”的现实？

围绕示范区跨界河湖的联保共治，青浦、吴江、嘉善三地以河湖长制为抓手，深入践行新发展理念，不破行政隶属，打破行政边界，聚焦一体化制度创新，逐步探索建立“联合河湖长制”，握指成拳，画出最大“同心圆”。

2019 年，随着长三角生态绿色一体化发展示范区落地，三地联合举行协同治水启动仪式，共聘 73 名交界河（湖）长，初步探索了联合巡河、联合管护、联合监测、联合治理、联合执法 5 个工作机制。

2020 年，太湖淀山湖湖长协作机制建立。上海在轮值年期间，制定“五个联合”工作制度，联合举行“协同治水再深化主题活动”，全面固化“联合河湖长制”，推动元荡、汾湖等样板河湖建设。

2021 年，三地贯彻落实《关于进一步深化长三角生态绿色一体化发展示范区河湖长制加快建设幸福河湖的指导意见》，梳理 55 项工作任务清单，同向发力，打造更高质量标杆；2022 年，制定实施《长三角生态绿色一体化发展示范区幸福河湖评价办法（试行）》，为示范区幸福河湖建设提供精准指导；2023 年，联合签订《青昆吴嘉深化联合管护工作协议》，提高工作精细化、规范化水平；联合印发《长三角生态绿色一体化发展示范区联合河湖长制工作规范》，成为示范区跨界河湖联保的新基石。

杨浦区“三长”共建“河长 +”，开启治水新模式

蒋　婷 | 杨浦区人民检察院检察官
郭　戎 | 杨浦区人民检察院检察官助理
杨　翠 | 杨浦区建设和管理委员会科员

检察长在河道边听取市民反映
图片来源：杨浦区人民检察院

2021 年 10 月 15 日，杨浦区举办协作机制会签仪式暨工作推进会，正式建立“行政河长 + 检察长 + 民间河长”的河长制协作治水机制，这是全市首个社会公众参与的河长制“三长”协作治水机制，也是中心城区首个“河长 +”多方协作治水新模式。

原本各司其职的“三长”是如何联动协作，形成“1+1+1>3”的河道治理效果的呢？

邵媛媛：作为首个“三长”协作治水机制（“行政河长 + 检察长 + 民间河长”），杨浦区是出于什么样的动机或考虑？

近年来，杨浦区河长办、区人民检察院与各社区民间力量密切合作，在区内非法钓鱼捕鱼、排污入河、雨污混接等水环境顽症上联合出击，切实缓解了一些水环境治理难题。

同时，为贯彻落实党中央、国务院关于进一步加强生态文明建设的重大决策部署和习近平总书记在全面推动长江经济带发展座谈会上的重要讲话精神，强化行政执法与公益诉讼检察衔接，督促河湖长及相关执法部门依法履职尽责，形成检察机关、河长制工作机构及社会公众协同推进水环境保护合力，杨浦区探索建立了“行政河长 + 检察长 + 民间河长”依法协同治河新模式。

邵媛媛：原本各顶一片天的“三长”现在是如何联动合作的，又是如何各司其职的？

民间河长发现问题、检察长主动监督、行政河长解决问题，即是“三长协作”的分工。

具体来说，各级行政河长在河道管理保护工作中发挥好组织领导、统筹协调作用，逐级压实责任，切实履行好水资源保护、水域岸线管理、水污染防治、水环境治理等工作职责。

检察长统筹区人民检察院，充分发挥刑事检察、民事检察、行政检察、公益诉讼检察四大职能，依法向相关部门提出检察建议，督促行政河长及相关执法部门依法履职尽责，协同解决河道管理保护难题。

民间河长充分发挥其熟悉河段环境与民情等信息的优势，开展河湖巡查，及时举证上报影响水质、破坏水生态环境等行为，收集反馈周边群众对于治水的意见建议，搭建政府与群众沟通的桥梁。

通过建立信息互通、联席会议、联合督办、线索移送、调查协作、督促履职、智库共享、社会宣传等协作机制，“三长”推动案件各个环节从“点状协作”向“全面协作”转变，三管齐下，实现行政执法、检察监督与群众监督有效衔接。

邵媛媛：检察长的加入是一大特色，这对管水治水有什么优势？

检察长的加入，是检察行政公益诉讼的前置程序与恢复性司法理念在水环境治理领域的有效整合，通过民间河长提供线索，“河长＋检察长”的有效联动、协作办案，不仅能够有效破解生态环境保护领域恢复性司法的难题，也将河道管理保护纳入司法系统，强化生态环境保护方面的司法责任与司法保护，使得生态环境的国家综合治理体系更加完备。

邵媛媛：民间河长在“三长”中扮演着什么角色？其必要性是什么？

杨浦区秉持“治水没有局外人”的理念，各街道河长办聘请不少民间河长，“企业河长”“党员河长”“校园河长”层出不穷。作为政府与群众之间的纽带桥梁，民间河长熟悉自己家门口的河道环境，在宣传治水政策、监督河长履职、传递群众呼声、收集反映民意等方面发挥了显著作用，弥补“行政河长”在河道巡查管理中的疏漏与不足。民间河长作为行政河长的“同盟军”，肩负着推进河湖治理全民参与的重要使命，扮演着河湖治理中重要的“群众之眼”的角色，有利于拓展公众参与河湖治理渠道，发挥示范带头作用，营造全社会共同关心和保护河湖环境的良好氛围。

邵媛媛：有没有“三长”协作治水机制下完成的案例可以分享一下？

上海杨浦区人民检察院督促整治校园生活污水直排复兴岛运河问题行政公益诉讼案是典型的“三长”协作机制案例，通过依靠民间河长紧盯问题不放，准确查找问题源头，督促行政机关履职到位，确保实现源头治理。

复兴岛运河位于上海市杨浦区东南部，是黄浦江内的一条运河，南起定海路桥，北近虬江口，距吴淞口约 16 公里。上海市某高校位于复兴岛运河西侧，在校园扩建时未改造地下排水系统。该校北校区宿舍楼化粪池管道连接雨水管道直通复兴岛运河，生活污水长期直排河道，污染水体。经检测，排口排出的液体悬浮物、化学需氧量和氨氮均超标。

2021 年 4 月，杨浦区人民检察院接到群众反映，某高校墙外河堤处有不明液体排入复兴岛运河。杨浦区人民检察院即至现场调查，在举报群众的协助下找到排口位置，遂于 2021 年 5 月 7 日立案。另据调查，此前区生态环境局曾接群众反映高校排污情况并要求学校整改，但学校仅简单封堵化粪池与雨水管道连接处，未从源头解决问题，致使排污情况持续存在。相关行政机关也未充分履行监督管理职责。

2021 年 5 月 14 日，杨浦区人民检察院向区生态环境局、区建设和管理委员会发出行政公益诉讼诉前的检察建议，建议对某高校向复兴岛运河排污的行为依法予以处理；督促校方查找问题源头，对校区内雨污混排情况进行整改，确保不再向复兴岛运河排放污水。在行政机关的督促下，该高校对污染复兴岛运河一事高度重视，启动雨污分流改造工程，组织专人制定工程方案。

2021 年 6 月底，杨浦区人民检察院组织召开听证会，邀请市政工程、排水及环境方面的专家作为听证员参与听证，区生态环境局、区建设和管理委员会（区水务局）、街道办事处、该高校相关负责人亦派员参加，形成检察机关、行政机关和社会公众三方联动。

该高校根据听证会意见，取消原南北倒坡排水方案，排污管采用东西走向排入市政管网；增补专项防汛预案，防止汛期校园积水；在食堂排污达标的基础上，增加实验室、化粪池排污达标；排污管道管径从原先的管径 300 毫米增加到管径 800 毫米，满足日常排污需求。优化升级改造的方案最终获上海市教育委员会批复同意。

2023 年 2 月底，该高校雨污改造工程竣工并验收。3 月，杨浦区人民检察院会同区生态环境局、区建设和管理委员会、人民监督员、“益心为公”志愿者共同到该高校对涉案排口的情况进行检查和座谈，一同开展“回头看”，对整改效果跟进监督。“回头看”工作不但使公益诉讼办案形成闭环，也使整改效果评估有了第三只眼睛的参与和监督。

人民检察院的加入丰富了“行政河长 + 检察长 + 民间河长”工作机制内涵，通过公开听证群策群力，更好地践行“人民城市人民建、人民城市为人民”重要理念，实现公益诉讼检察监督效果最大化。

“三长”开会，沟通协商治水联动方案
图片来源：杨浦区人民检察院

邵媛媛：成立两年多以来，“三长”协作治水机制有什么成果与经验总结吗？

杨浦区“行政河长 + 检察长 + 民间河长”协作机制设立以来，与区河长办、区生态环境局及区水务管理事务中心实现河湖监测数据和执法司法信息共享、协助调查取证、公益诉讼联席会议等制度；关注辖区内雨污混接问题，与区建设和管理委员会、区生态环境局一道排查管网，检测水质，追根溯源，共立案并启动诉前程序 23 件，整治问题排口 26 个，推动行政部门治理水域面积 23.1 万平方米；注重从源头开展涉河案件办理，围绕辖区船舶污染，汽车修理场所、餐饮店铺油污废水直排等破坏河道水质的源头问题，共立案并启动诉前程序 45 件。

嘉定区“河域党建”聚势能，持续改善水环境

浦浩东 | 嘉定区水务局党组书记、局长

作为上海西部最大的人工湖，远香湖是嘉定新城的核心景观。2023年1～5月，嘉定区远香湖水质达Ⅲ类，对比2022年同期，氨氮平均浓度下降49%，总磷平均浓度下降65.8%，这样喜人的成绩与“河域党建”机制的推进有着重要关系。

以远香湖“河域党建”示范带为起点，嘉定区将全面推广此融合型党建工作。2013年“世界水日”，嘉定区举行横沥“河域党建”共建仪式。横沥河纵贯嘉定，是嘉定的母亲河，承载了嘉定深厚的历史人文底蕴和当代蓬勃的发展活力，也是嘉定新城“新老联动”的南北向主轴线。

如果说“河域党建”是治水护水的延伸，那么“共治共建共享”是“河域党建”护水机制的核心。“河域党建”有着极强的行动力和穿透力，将组织优势转化为擘画水生态画卷的发展优势。

远香湖现场风貌
图片来源：卢烨华 摄

戴媛媛：“河域党建”是如何落实融合型党建工作的，由哪些单位成员组成？

“河域党建”是体现全面贯彻落实党的二十大精神、牢牢把握中国式现代化的本质要求，是深入贯彻落实习近平总书记对上海基层党建“继续探索、走在前头”的殷殷嘱托，区水务局党组紧紧围绕区委嘉定新城“融合型党建”的工作要求，推动“领域党建”系统呈现，加强党建引领基层治理，在深化河湖长制的基础上，积极探索嘉定新城“河域党建”示范带建设，助力推进嘉定现代化新型城市建设。

嘉定新城“河域党建”由嘉定区水务局党组牵头，将骨干河网、片区水域作为创建单元，在嘉定区 540 名三级河湖长和 144 个村（居）河长工作站体系的基础上，向创建单元范围内各基层党组织延伸拓展，发挥河长、村（居）、政府机关、企事业单位等优势互补、资源共享、多方整合的作用，汇聚区域组织优势提升治理效能。

“河域党建”示范点颁奖现场
图片来源：嘉定区融媒体中心

戴媛媛：在四级河湖长体系的基础上，“河域党建”如何分配责任？

嘉定区紧密结合年度融合型党建及河湖长制重点工作，梳理制定“河域党建”问题、责任和任务三份清单，通过共建签约、联组学习、联席会议等方式，以项目化推进为抓手、以条块式协同为方法，推动“河域党建”各方相互聚势蓄能、融合共进，产生“大党建”格局下的乘数级别效应。

2023 年“世界水日”，全区在南翔水生态公园启动横沥“河域党建”共建仪式，区水务局机关党支部、马陆镇陆家社区党支部、绿洲房地产（集团）有限公司党支部等 14 家共建单位完成集体签约，聚焦推进滨水空间贯通、国（市）考断面水质达标、雨水排水能力提标、骨干河道断点打通等重点目标任务，坚持生态惠民，深化落实举措，年内完成横沥“河域党建”示范带创建。

戴媛媛：“河域党建”联盟在多大程度上提升了治理效能，有哪些工作机制？

2021～2022 年，在“河域党建”联盟各方的共同努力下，全区建成了嘉定城河和远香湖“河域党建”示范带，围绕建强“一个阵地”、形成“一套制度”、推动一批项目落地，在水环境治理等方面成效显著，人民群众对水生态环境的满意度和获得感日趋提升。例如，2023 年 1～5 月远香湖水质达Ⅲ类，对比 2022 年同期，氨氮平均浓度下降 61%，总磷平均浓度下降 70%。

如此喜人的成绩与“河域党建”机制的推进有着重要关系。全区凝聚远香湖周边企业、社区、管理部门多方力量，每月对远香湖区域河湖水质、河湖管理养护、联防联控成效等开展评估，分析存在的问题和不足，及时总结经验。

全区不断探索优化“河域党建 + 河湖长制 +N”治理模式，切实增强党的组织功能，有效发挥各基层党组织在深化河湖长制建设中的引领力、组织力和推动力。

一方面，建强“河域党建”联合党组织战斗堡垒。嘉定区用好党组织“核心纽带”，完善多元主体护水联动机制，通过打好联合商议、联合保洁、联合监测、联合巡河、联合执法“组合拳”，打破区域部门壁垒，淡化隶属领域观念，逐步形成嘉定新城河域范围内的融合型党建工作体系，在资源共享、互联互动、共建互补中促进区域水环境持续改善。

另一方面，做强“河域党建”联合治水成效。嘉定区坚持开拓创新，充分运用智慧治水平台，深化完善“河域党建”联盟成员联席会商机制，靶向制定具体措施，不断提升水环境治理体系和治理能力现代化水平，推动水污染防治在重点区域、重点领域、关键指标上实现新突破。

戴媛媛：相对于单一河道治理，区域集中连片治理有哪些特点？如何推进？

区域集中连片治理相对于单一河道治理，更加突出了系统治理、注重实效。主要方式是以流域为单元，以水系、村庄和城镇周边为重点，水、林、田、路、村统一规划，治水治污协同推进，强化部门协同，合力建设生态清洁小流域，全面提升水土保持功能和生态产品供给能力。

在推进过程中，集中连片治理涉及农业、林业、规资、生态等多个部门和条线，通过搭建“河域党建”融合平台，充分激发基层党组织凝聚力、战斗力，有力推动各项治理难点、交叉事项落地见效，有效实现党建业务双轮驱动、双向赋能。

戴媛媛：“河长进企”具体是一种怎样的工作方式？如何为“河域党建”蓄势赋能？

“河长进企”是加强“河域党建”基层队伍建设的重要举措之一，集聚企业和群众的智慧，让治水管水的各项措施更有针对性、更接地气，与企业、群众生产生活的改善更加密切关联，能够取得事半功倍的效果。

近年来，嘉定区牢固树立积极践行“绿水青山就是金山银山”理念，充分鼓励吸纳民间河长、企业河长、社区志愿者、热心村（居）民等各类人群积极投身治水管水志愿服务，迅速融入体系，加快角色转变，共绘河湖治理新画卷；截至 2022 年 8 月 22 日，共发展民间河长、企业河长和志愿者队伍 1751 名。同时，用好“河湖长微课堂”培训载体，扩大培训覆盖面，全面提升履职尽责成效。

戴媛媛：从远香湖“河域党建”示范带到全面推广，还有哪些需要开展的工作？

下一阶段，嘉定区将着力聚焦两个方面的工作：一是总结梳理嘉定城河、远香湖“河域党建”示范带创建的经验做法，持续完善“河域党建”机制建设，形成可复制推广的经验；二是注重长效常态，定期评估创建工作成效，以群众满意度、水质数据作为评判依据，以点带面推动全区河湖水生态环境质量不断提升。

普陀区党建引领“半马苏河”，绘就美丽新画卷

刘冬琳 | 普陀区水务局科员

“半马苏河十八湾，浪清鸟跃碧波潺”。从高空俯瞰，苏州河宛如一条绿色的绸缎，蜿蜒穿过上海的心脏，汇入黄浦江，最终东流入海。从“黑如墨”到“美如画”，苏州河的治理道路成为上海探索特大城市黑臭水体治理的样本。

一百年前，上海乃至中国近代民族工业从苏州河畔起步，苏州河汇聚了党史、工业史和城市现代化变迁史的文脉，是上海当之无愧的母亲河。

2018 年，上海全面推动苏州河沿岸公共空间建设，普陀区承担了苏州河贯通任务的“半壁江山”21 公里，半马苏河党建是普陀探索城市基层党建的重要承载区和试验田。

而今，半马苏河党建的内涵仍在不断拓展，苏州河的故事也开启了新篇章。上海的城市记忆也会随着东流的河水一样，绵延不绝。

普陀区苏州河知音苑滨水步道
图片来源：普陀区水务局

戴媛媛：半马苏河党建联席会议机制成员有哪些？具体的责任分工是怎样的？

普陀区以半马苏河党建引领苏州河贯通工程，成立领导小组，定期召开议事沟通会议，把涉及苏州河贯通、驿站建设和社区管理的相关单位党组织贯通起来、联动起来，在阵地建设、服务优化、公益活动、党建联建等方面加强协同联动，促进滨河党建协调一致推进、有效运转，形成整体推进滨河党建的“全区效应”。

戴媛媛：普陀区承担了苏州河贯通任务的“半壁江山”21公里，涉及10个居民区、17个企事业单位，需打通19个断点，难度很大，具体有哪些困难？又是如何克服的？

苏州河历来被称为上海的母亲河，众多的工业厂房、居民社区、商务楼宇、公共绿地紧紧地依靠在苏州河沿岸，为苏州河沿岸带来“烟火气”的同时也为贯通工程带来了挑战。除市政道路及公共绿地外，普陀区梳理出19个断点约6.05公里，占普陀区岸线总长度的28.8%，其中11个断点的土地权属为业主所有、8个断点为侵占公共用地。要实现苏州河两岸公共空间的贯通，必须打通沿线各种断点、堵点。

2018 年 10 月，根据市委、市政府关于苏州河中心城区 42 公里岸线公共空间贯通开放的要求，普陀区启动苏州河贯通项目的前期研究，由区建设和管理委员会牵头，协调区规划和自然资源局、文化和旅游局、体育局、绿化和市容管理局、房屋管理局等职能部门，宜川路街道、长寿路街道、长风新村街道、长征镇等街道（乡镇）和普陀区苏河水岸经济发展带开发建设管理委员会办公室，针对每个点位梳理沿线企事业单位和居民的协调策略与口径，初步形成腾地和建设的责任主体、时间节点。

2019 年 3 月，普陀区由区建设和管理委员会牵头、协调各相关部门共同编制完成《苏州河普陀段断点贯通计划任务书》，明确全线 19 个断点的贯通方案、腾地需求、改造内容，针对南北岸 M50 创意园、天安阳光岸线、长风壹号绿地、木渎港等重要点位和重点工作制定详细实施方案。至 2019 年底，全区 17 个断点实现贯通。

2020 年，普陀区进一步重点提升岸线景观品质，同时在工程推进过程中摸索出新的模式，通过搭建三级协商平台（即区级部门平台、街道居委会平台、居民区平台），多元联动推进贯通提升工作。同年 7 月，康泰公寓小区岸线段作为全市首个小区权属岸线段完成提升，提升工程结合老旧小区修缮同步推进。截至 2021 年底，苏州河普陀段岸线 19 处断点均实现贯通，滨水空间品质大幅提升。

戴媛媛：半马苏河党建推进了很多实事项目，如绿化改建、立面维修、规范停车等。除此之外，还有过哪些实事项目？项目是怎样立项的，如何推进的？

苏州河步道和党群驿站建成后，相关街镇党（工）委充分整合驻区单位各类资源和区域内各类服务力量，推进党组织“双向认领”项目，动员区域内各级党组织积极参与半马苏河党建。居民区、“两新”组织党组织积极发动党员群众参与苏河志愿服务，区域单位党组织参与和配合落实“白领午餐”“电瓶车充电”等实事项目，推动与各级党组织的共建共享。

戴媛媛：苏州河治理中的责任分工十分细化，如中远两湾城建立“街道党（工）委—中远社区党委—居民区党组织—楼组党小组”四级网络，如何做到如此细化？有什么经验可以分享吗？

苏州河畔的中远两湾城，是上海中心城区体量最大的住宅小区，多元主体给社区综合治理带来极大挑战。为进一步破解超大社区治理覆盖难、引领难的问题，普陀区宜川路街道坚持“用脚丈量社情，用心丈量民意”的工作理念，深入开展课题研究，探索中远两湾城特大型社区网格治理工作路径。

在调研中发现，要实现特大社区治理精细化，首先要织牢一张网，划分责任田。街道党（工）委结合中远社区特点，建立完善“1+4+32+96”“微网格”治理架构，即1个社区联席会议制度、4个居民区党总支、32个“微网格”管理区块和96个楼组党小组，从而构建起上下连贯、执行有力的组织体系。

自苏州河两湾岸线贯通开放后，1690米步道如何加强管理，也成为

苏堤春晓段滨水步道
图片来源：上海市水务局水利管理中心

社区居民关心的重点。街道通过联席会议，明确了从党建、文明、文化、生态、自治、经济、平安 7 个维度打造“苏河两湾・七彩步道”的构想，整合职能部门及志愿者力量，定期开展苏州河步道环境维护、苏州河摄影展、走读苏州河文化历史等活动，既守护了步道的文明安全，也激活了苏州河步道活力，成为居民家门口的网红打卡点。

戴媛媛：苏州河水岸有过哪些群众需要解决的难题？普陀区是如何发现这些问题的，又是如何协调解决的？

在苏州河长达 42 公里的中心城区岸线中，有 1.69 公里位于中远两湾城小区内部。这一段要实现贯通开放，必须得到这个上海内环线以内最大住宅小区的业主集体投票同意，要想将“万条心”拧成“一股绳”，这中间的难不言而喻。消息传来，这个超大型小区里议论纷纷。有人担心开放了会影响安全，有人说会影响卫生，各种各样的原因，反对声不绝于耳。最初居民区曾作过一份民意调查，结果赞成的居民不到一成。

为了一票一票地争取到老百姓的支持，街道多次召开磋商会，运用微信公众号、社区海报栏、专题小程序、社区云平台等开展宣传；同时在居委会门口和社区服务中心设置心愿墙，供居民表达意见；在联合接待点与业主面对面交流，解疑释惑。最终，近 2000 条针对贯通工程的意见和建议被收集、整理。经过前期广泛宣传和听取意见，贯通工程逐渐得到居民的理解和支持。经 2022 年底召开的业主大会表决通过，贯通工程得以顺利动工。

戴媛媛：除了苏州河的治理之外，半马苏河党建还开辟了“探访百年工业文明”等党课路线，打造苏州河畔的“初心课堂”，别具特色，请问这样的创新想法从何而来？

“苏河十八湾、湾湾有特色”。苏州河水岸驿站根据不同地域位置、不同群体需求和不同文化传承的特点，设计内容丰富、主题鲜明、各具特色的党群服务阵地，并以驿站所处的湾区名来命名。例如，坐落于武宁路桥西南侧的谈家渡湾驿站，它的主题是苏州河畔的共享客厅，集中展示了赤色沪西史、百年工业史和城市变迁史等内容，让老百姓在休憩的同时能更好地了解苏州河的变迁、城市发展以及普陀精神。

闵行区镇级总河长履职尽责，提升百姓获得感

陶兴炜 | 闵行区浦江镇党委书记、镇总河长

基层镇总河长是一个区域内河道治理、保护与管理工作的第一责任人，需对照上海市河湖长制的相关规范，按照镇级河长的工作要求，进行本地化的职责安排。

“绿水青山就是金山银山”。多年来的河长履职中，闵行区浦江镇党委书记陶兴炜深刻意识到生态环境保护是一个区域长远发展的坚实基础。这也让他在工作中不断寻求平衡点——协调经济发展与环境保护的关系。在行动和意识上经历了求变—求治—求美，他说：“环境好、生态优，百姓获得感才会提升。”

邵媛媛：作为镇总河长，您的工作内容有哪些？

第一要做到“底数清”。切实掌握区域内河道水环境现状、污染水体的污染源构成和规划建设目标，以及群众举报、水质考核、督办整改等工作信息。在此基础上亲力亲为，参与河道综合治理工作的各个环节，制定计划、配置资源，督促有关部门落实各项任务。

第二要做到“管重点”。作为一方主官，河长身份不是虚衔，而是实实在在的责任。因此，在日常工作中，要突出重点，带领和督促各级党员干部和相关部门，将治理河道脏、乱、差、违作为履职重点，做到长效长治；同时，通过建立现场巡查、信息交流等工作制度，协调解决实际困难，在镇域切实营造“齐抓共管、水无小事”的良好氛围。

第三要做到“敢担当”。河道治理是一项久久为功的常态工作。作为镇总河长，在引领担当方面，要率先垂范，从意识到行动做实组织领导、决策部署和监督检查的贯穿实践，统筹解决河长制推进中的重大问题；同时，做好资源配置，确保河道治理养护工作有条不紊，注重加强信息沟通，及时向上级河长和部门反映问题，提出相关工作建议。

邵媛媛：这几年，浦江镇在河道管理方面，主要围绕哪几个方面重点展开？有何成果？

近年来，浦江镇水环境面貌整体改善处于攻坚阶段。作为全镇河长的带头人，我亲身组织参与了河道治理的各个阶段。总结来说，我们从行动和意识上，经历了求变—求治—求美的升级蜕变。

这几年，浦江镇全力开展河道水系治理工作，顺利完成 67 个水利项目、787 条（段）中小河道综合整治，沟通水系 283 条（段），新增水面积超过 90 万平方米，全镇范围内中小河道的生态面貌得到了大幅提升。

在“十三五”消除劣Ⅴ类水体的基础上，浦江镇以流域治理为重点，完善水环境基础设施，提升水体质量，革新村成功创建生态清洁小流域市级示范点。同时，为推动河长制从“有名”向“有实”“有效”的转变，我们着力打造一线河长制工作堡垒，成功创建上海市河长制标准化街镇，推行大治河以北镇级河道保洁、绿化设施市场一体化养护试点，全面提高养护精细化、智能化水平。

邵媛媛：您印象深刻的河道整治案例有哪些？

比较突出的是我们生态清洁小流域创建的案例。生态清洁小流域的中小河道整治工程通过河道清障、河道疏浚，打造河岸绿化，种植水生植物，同步采取底质改良、太阳能增氧曝气等新技术进行水生态系统的修复与构建，极大提升了河湖及其周边的生物多样性，维护了河流生态健康，打造出安全畅通的河湖水系和亲水宜人的水美景观。其中，革新村的砖滩港在上海市第三届“最美河道”系列创建评选活动中被评为“最佳河道整治成果”。

为配合革新村乡村振兴，革新村砖滩港历时一年完成综合整治
图片来源：徐瑾 摄

革新村砖滩港河道整治中新建沿河步道、亲水平台等设施，供百姓休闲漫步、休憩
图片来源：徐瑾 摄

邵媛媛：您认为工作中最大的难点在哪里？最大的收获又是什么？

工作中最大的难点可能在于需要找到平衡点，协调经济发展与环境保护的关系，确保水环境的治理和保护能够得到各方的支持和配合。同时，水环境的污染和治理涉及许多复杂的因素，如工业排放、农业污染、生活污水等，需要综合考虑，采取有效的措施。

最大的收获在于能够看到自己管辖区域的河流水质得到改善，生态环境得到保护；看到公众的水环境保护意识得到提高，对生态环保事业更加关注和支持。这些成果不仅是对自己工作的肯定，更是对生态环境治理保护事业的推动和发展。

邵媛媛：河长工作也需要与居民打交道，在让居民配合方面，有哪些需要注意的地方？

水环境优化，本身就是民生工程。所以，好事要有好效果，与居民的沟通交流，让居民理解、参与、融入水环境治理，是争取大家配合、形成合力的关键。

为此，我们借助“世界水日”“中国水周”活动开展了一系列宣传普及工作。在具体的整治过程中，我们特别要求街道（乡镇）、居（村）各级河长要做到事先沟通、事中评估、事后回访。中小河道整治工作大多位于居民集中居住区、宅前屋后，或多或少会造成一些房屋场地、居民绿化青苗设施影响、道路阻断等情况，从而影响到居民的正常生活。这时就需要街道（乡镇）、居（村）级河长参与协调，与百姓充分沟通，尽可能取得居民的理解与支持；对于一时无法理解的居民，要保持耐心和诚意，真正做到晓之以理、动之以情。

邵媛媛：自从做了镇总河长后，您是否产生了新的感悟？

“河长”这个身份是重要而具有挑战性的。习近平总书记提出，要统筹山水林田湖草沙系统治理，实施好生态保护修复工程，加大生态系统保护力度，提升生态系统稳定性和可持续性。高瞻远瞩的目标为各级河长压实了担子、指明了方向。“河长”的身份让我更加关注镇内水环境和自然资源的管理、保护。

“绿水青山就是金山银山”的理念指出经济发展与生态环境保护之间的内在一致性。作为一个区域的河长，多年来的工作经历让我深刻感受到，生态环境保护是一个区域长远发展的坚实基础。我深切感受到环境好、生态优，百姓获得感才会提升。这也使我们更加坚定了走绿色发展道路的决心，这是一条必由之路，一条前途光明的道路。坚持绿色发展，深化改革的红利才能不断为群众所享，浦江才会在高质量发展中顺畅前行。

这些年，我们的水环境改善，促成了革新村、乡村振兴示范村的创建，助力了临港浦江国际科技城、浦江智谷产业园等高新园区招商孵化进入了快车道，人居环境的优化改善更是让浦江百姓感受到了发展带来的幸福感和获得感。

崇明区强化河湖长考核激励，探索治水新实践

李洪标 | 崇明区港沿镇河长制办公室副主任、农业农村发展办主任

一说到治水工作，人们首先想到的可能是疏浚河道、截污纳管这样的整治措施，但港沿镇还总结出了有关考核激励的“武功秘籍”，以河湖长制为抓手，不断提高河湖“四乱”问题的发现和处置效率，河湖面貌持续改善。

作为崇明区河道数量最多的乡镇，港沿镇水网丰富，1804 条河道纵横交错，全长 795.95 公里，另有小微水体 1916 条，共 0.73 平方公里。镇内田林成片、阡陌交通，河畅、水清、岸绿、景美，幸福河湖水流进了百姓的美好生活。

港沿镇治水的“武功秘籍”有何厉害之处？镇河长办副主任、农业农村发展办主任李洪标总结出河道考核的四大“绝招”：一是“如来神掌”，申报河道三不准；二是“六脉神剑”，量化考核有目标；三是“斗转星移”，回头考核防反弹；四是“龙爪擒拿”，河长一级抓一级。

戴媛媛：如何落实考核，并使之成为长效管护的机制？

首先是每周暗访，“三色督办”。以实施河道管理“周暗访”为重点，坚持全镇水环境面貌持续改善的原则。镇河长办 8 名督查员每周分片开展独立暗访，镇河长办作好问题汇总和问题照片收集，将发现的问题按严重程度，标示“白黄红”三色督办单，分类通报至责任河长和镇级河道养护单位，强化问题处置；同时，组织督查员开展“回头看”，督查问题是否整改到位，是否虚假整改，确保了长效巡查管理暗访到位，压实河长、镇级河道养护单位的责任。

其次是深化考核机制，巩固治水成效。崇明区港沿镇河长办成立由督查员、河长办和水务管理所成员组成的月度考核工作小组，围绕加大失管失养河道自查、崇明区福寿螺防治和“一枝黄花”整治工作、街道（乡镇）、居（村）级河道“清四乱”等专项行动的开展，严格按照“七无”标准，以问题为导向，聚焦外来入侵物种、水质反复、农业污水纳管运维、违规养殖、生活垃圾和农林废弃物等薄弱环节，对所管辖范围内街道（乡镇）、居（村）级河道及小微水体开展全覆盖暗访，纵深推进“清四乱”规范化常态化，对存在问题明确整改时限，跟踪督促整改，直至问题闭环解决。运用市、区、街道（乡镇）三级考核结果，每月编制《港沿镇河长制工作测评报告》送至街道（乡镇）、居（村）级河长。

最后还要考核约谈，传导压力。被约谈的对象包括以下几种：一是结合“周暗访”及“月考核”的结果，对于市、区、街道（乡镇）红色督办单通报无正当理由未在期限内完成整改，或者受到严重问题专项通报的单位；二是对于涉及河湖长制及水环境治理的重大决策部署执行不力，且被区级及以上部门通报批评过的单位；三是对于纳入区委重点督查事项、区政府目标管理或河湖长制年度重点目标任务，以及区领导交办或指示、批示的其他重要工作和事项，未履行相关职责或者履行职责不到位，造成进度滞后，严重影响全区工作推进的单位；四是在工作推进中推诿扯皮、造成不良影响并且导致重点工作进度滞后的，河湖长制年度考核结果为不合格的单位；五是推进中存在选择性落实、象征性执行，有令不行、有禁不止或乱作为等问题的单位；六是对区河长办暗访和上级督促检查中发现问题逾期未整改、整改不到位或者虚假整改的，以及相关问题被媒体曝光的单位；七是有群众反映强烈的不作为、慢作为、乱作为等问题的单位。

崇明区河长办月通报中涉及问题河道的责任河长，在负责的相关镇级河道水质监测连续出现 2 次及以上不达标、相关村级河道水质监测累计出现 3 次及以上不达标、河湖水体污染出现反复以及被群众投诉举报累计 3 次及以上的情形，分别由镇总河长或副总河长根据情况严重程度开展约谈。通过约谈传导压力，达到“红脸出汗”的效果，确保水环境长效管护工作有效推进。

戴媛媛：除了检查和考核，港沿镇还有定性奖励，具体包括哪些奖励措施？激励效果如何？

一方面是通过先进评比，激发工作积极性。港沿镇通过每年一次评选的“最美河长”“最美河道保洁员”“最美志愿者”和“最美治水村民”，在年度河长制工作会议上予以表彰，发放荣誉证书，给予精神上的鼓励。获评人员优先考虑“五星级文明户”评选。

通过先进评选，全镇上下以受表彰同志为榜样，齐抓共管、齐心协力，推动形成“各级河长带头、群众积极参与”的良好治水氛围，全力推进了港沿镇宜居、宜业、宜游的生态环境建设。

另一方面是资金奖励，保障河湖长制落到实处。为扎实推进全镇河湖长制工作，港沿镇将考核奖励资金纳入年度财政预算。考核奖励资金与考核名次挂钩，对考核成绩优秀的村予以资金奖励，奖励资金主要用于问题河道整改和河湖长制工作站提升。

通过评优及资金奖励，港沿镇形成河长带头、村民参与的氛围，实现了多级联动、无缝护水；同时，加强河湖长制工作阵地建设，建成 23 个河湖长制工作站、43 个爱水护河宣传点，成立河湖长制工作议事会，不断激发老百姓内心的爱河护水意识，给全镇河道增强了生命力。

戴媛媛：港沿镇如何因地制宜地压实河湖长制责任？有哪些创新实践？

近年来，港沿镇根据市、区河湖长制工作要求，坚持党建引领，坚持河长治河、科学治河、依法治河，全面推行村级河道“自己河道自己管，自己河道自己护”的村民自治模式，通过组建“村干部包片、保洁员包河、民间河长志愿者巡河、村民护河”的四级村民自治网络，落实考核、投入、激励三项保障机制，形成“村委 + 生态就业员 + 民间河长 + 村民”的水环境长效管护机制，初步实现了河道自治，河道自查，河道自管。港沿镇成功创建首批上海市河湖长制标准化街镇。

首先是“微网格”包片，确保河道管理无死角。

一是科学划分片区。港沿镇深化“微网格”管理模式，综合党小组设置，结合居住邻近、易于集中、便于活动等因素，划分服务网格，实行村干部包片、小组长包队、党员骨干包户的“微网格”机制；根据区域位置和人口面积划分片区，包片村干部每星期到片区转，小队长每天在小队转。二是责任到人。港沿镇对村干部进行河长制工作职责培训，确保职责明确，将压力传导到包片村干部，对村干部实施承包责任制，谁的片区谁整改，谁的片区谁负责，确保横向到边，纵向到底，全村不留死角。

其次是保洁员包河，确保河道治理力量足。

一是开展爱村教育敲警钟。港沿镇招录的保洁员在正式上岗前接受一次爱村教育，通过爱村教育增强保洁员责任心。二是严格管理制度。按照《港沿镇生态就业岗位管理实施细则》，对生态就业岗位从业人员进行管理，对部分有“问题苗头”的生态就业员，及时提醒，抓早抓小，“拎拎耳朵根”；实行河道保洁责任制，把每条河道的保洁任务落实到每个河道保洁员，确保责任到人、监督到人。

最后是民间河长志愿者巡河，确保全面参与氛围好。

一是认领责任河、签订承诺书。港沿镇积极推行民间河长聘任制度，召集党员骨干、村民代表及热心参与村里事业的村民、合作社负责人等，划分监管的河道条（段），并签订承诺书，履行承诺，不留盲区和死角。二是引导党员发挥作用。港沿镇实行党员先锋指数积分和党员先锋岗认领，设置“啄木鸟”河道监督岗，促使党员认领发挥作用；落实民间河长的评议权、参与权、监督权，对民间河长上报的问题给予回应，并在一个星期内将处理结果反馈给民间河长，实现“自己的河道自己管”的良好氛围。三是实行“三查”立体监督，即上级不定期抽查、村主要领导定期自查、民间河长定期督查；对检查出的问题，及时反馈给河道保洁责任人，并将整改情况及时反馈给检查人。

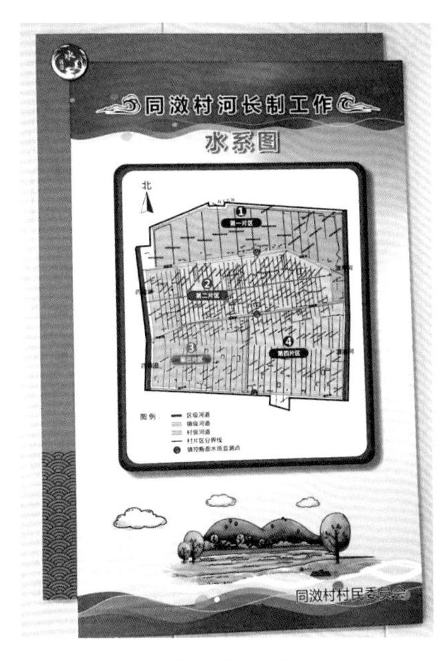

港沿镇同溦村河道网格化划分图
图片来源：崇明区港沿镇同溦村村委会

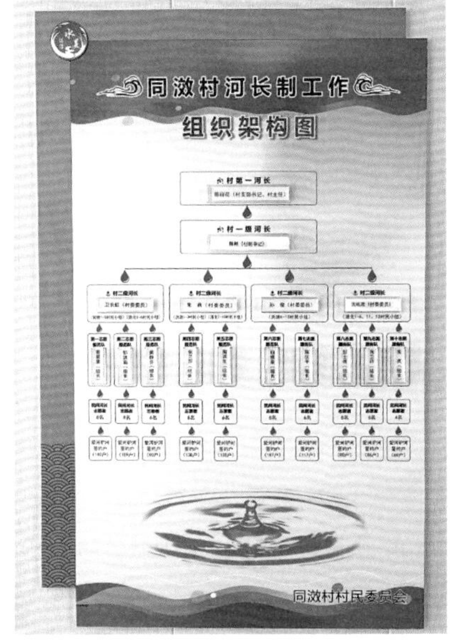

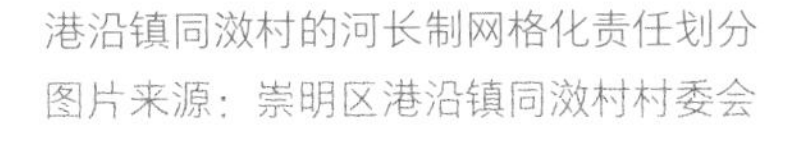
港沿镇同溦村的河长制网格化责任划分
图片来源：崇明区港沿镇同溦村村委会

经验小结

治水是一项系统工程，需要充分发挥党和政府的领导核心作用，党政统揽，运筹各方，干群一体，治理有方。从世界屋脊发源、奔腾万里而来的母亲河长江的联防联保，到长江三角洲省界河湖的“一图治水”，再到上海各区每一条河、每一片湖的“三长治水”，上海河湖的治理成效离不开党政主导、各方协同、分级负责的责任机制。

自 2021 年 3 月 1 日《长江保护法》正式实施以来，地处长江入海口的上海一直坚持把长江生态环境摆在压倒性位置，守牢长江入海口的最后一道防线。在 2023 年“世界水日”之际，上海市水务局执法总队、市公安局边防和港航公安分局、长江航运公安局上海分局、铁路运输检察院、铁路运输法院举行党建联建签约，五方党建联建，携手治水管海，共护母亲河，吹响守护长江的“集结号”。

针对长三角跨界河湖的治理，随着 2019 年长三角生态绿色一体化发展示范区落地，青浦、吴江、嘉善三地联合举行“协同治水启动仪式”，共聘 73 名交界河湖长，初步探索了“联合巡河、联合管护、联合监测、联合治理、联合执法”5 个工作机制。水葫芦的跨省治理是一个小小的切口，从中可以窥见长三角生态绿色一体化前后，跨界河湖从单打独斗到携手共治的水系图。

在上海市域范围内，各区也在探索各具特色的河长制协作治水机制。例如，杨浦区建立了“行政河长 + 检察长 + 民间河长”协作机制，区河长办与区人民检察院、区水务局、区生态环境局共同构建河湖监测数据和执法司法信息共享、协助调查取证、公益诉讼联席会议等制度；探索出上海市首个社会公众参与的河长制“三长”协作治水机制，和中心城区首个“河长 +”多方协作治水新模式。

“河域党建”是治水护水的延伸。嘉定区不断探索优化“河域党建 + 河湖长制 +N”的治理模式，切实增强党组织的政治功能和组织功能，有效发挥各基层党组织在深化河湖长制建设中的引领力、组织力和推动力。

苏河党建是普陀区探索城市基层党建的试验田——动员驻区单位、“两新”组织等广泛参与，把资源配置在发展和治理最需要的地方，合力打造半马苏河党建共同体。

在基层，乡镇的河长也因地制宜地进行本地化职责安排，压实河长制的责任，不让其变成一个虚有的头衔。闵行区浦江镇党委书记陶兴炜参与河道综合治理工作的各个环节，制定计划、配置资源，督促有关部门落实各项任务，协调经济发展与环境保护的平衡，确保水环境的治理和保护能够得到各方的支持和配合。崇明区港沿镇河长办副主任李洪标总结出治水的“武功秘籍”，坚持党建引领，推行村级河道“自己河道自己管，自己河道自己护”的村民自治模式，港沿镇也因此成功创建成为首批上海市河湖长制标准化街镇。

党政主导并不是一个既成的治理模式，需要在经验中不断探索本地的有效样本。河湖肆意奔流荡漾，但河湖治理却要分工明确、协同各方。党政领导是河湖长制协作治水的主轴，培育自治也是治理机制真正发挥作用的深层机理，只有在党和政府的指导和引导下，各种社会力量才能形成助推机制，共同为河湖治理贡献自己的一份力量。

第二节
Part 2

水务牵头　科学治水
A Scientific Approach

为 226 条骨干河道描绘蓝图，制定“一河一策”

闫 莉 | 上海市水务（海洋）规划设计研究院

“策”指的是计谋、主意、办法。“一河一策”就是每条河有一个治理策略。“一河一策”方案即是河长的治河路书、行动指南。

2016 年 12 月 11 日，中共中央办公厅、国务院办公厅印发了《关于全面推行河长制的意见》，要求各地区各部门结合实际认真贯彻落实；要求坚持问题导向、因地制宜立足不同地区、不同河湖实际，统筹上下游、左右岸，实行“一河一策”“一湖一策”，解决好河湖管理保护的突出问题。

2018 年初，上海积极响应国家层面号召，市河长办将上海骨干河道“一河一策”编制工作提上议程并组织开展。

闵行区河狸社区的人工河道黎明河
图片来源：上海市水务局水利管理处

“一河一策”编制工作需深入一线河道现场踏勘，同时涉及大量资料汇编、与多部门的协同联动，工程量巨大，但充分的前期工作将对后续治理河道、消除黑臭水体奠定坚实基础。

戴媛媛：上海共有226条骨干河道，深入一线河道现场踏勘的工程量巨大，请问是如何统筹规划的？

开展全市性骨干河道“一河一策”编制工作是一个需要积极谋划、有序推开、重点突破、按时保质保量完成的重要任务。上海市河长办作为该项重点工作的主要牵头组织力量，超前策划，细致安排，积极吸引上海水利行业优质和经验丰富的规划设计单位参与编制工作。226条骨干河道的“一河一策”编制工作先后有7家设计单位共同参与相关工作，投入200余名中高级工程师组成多支团队，以行政区为单位分别开展踏勘工作。

戴媛媛：编制团队主要通过哪些渠道收集材料？如何对材料进行整理分析？

编制团队们按照既定的技术大纲要求，深入一线，通过河道现场踏勘、利用无人机采集现场视频、与相关单位座谈、与周边百姓交流、请相关部门填报“一河一档”表格等渠道收集资料。对资料数据仔细排摸、科学分析，力争从水资源保护、河湖水域岸线管理保护、水污染防治、水环境治理、水生态修复、执法监管六方面重点厘清每条骨干河道存在的问题，明确治理目标及主要任务，确定具体措施和对应的责任单位，制定好每条河道的问题、目标、任务、措施、责任五大清单。

戴媛媛：可以举个例子讲讲现场踏勘遇到的困难，以及如何解决的吗？

“一河一策”现场踏勘主要对象是看沿河岸线、岸上是否贯通，是否有被侵占现象，沿岸是否分布着排污口等污染隐患等，再看河道水流是否畅通，有无阻水建筑物，水面是否清洁，河水的能见度如何等。踏勘过程中常常遇到天气不好、道路泥泞、风吹日晒等情况，更麻烦的是在踏勘过程中工程师们经常遇到沿河走不通的情况，尤其是一些规模不大的中小河流，沿岸可能被占用、被阻断，让踏勘难以进行。在这种情况下，踏勘团队会积极与周边百姓沟通、了解情况，也会运用无人机等技术拍摄沿河影像，较清楚地掌握河道岸线情况，分析存在问题。

戴媛媛：编制过程中如何与相关部门沟通协调？遇到不配合的，如何协商？

“一河一策”编制工作涉及跨行业、多部门，除了水务部门和各属地政府，还涉及规划和自然资源、绿化市容、交通、农业农村、生态环境等部门，是多行业、多部门的联动协同。上海市河长办积极发挥河长办平台作用，联合平台单位联络人，遇到沟通有障碍、配合不积极的部门或人员，主动上门沟通解释，结合函调、座谈推进等多种形式，努力推进工作开展。

戴媛媛：近两年来，上海“一河一策”实行的效果如何？如何维持成果？

自2015年至今，上海的“一河一策”主要针对的是水脏问题，从消除黑臭河道到消除劣V类水体，再到骨干河道“一河一策”完全覆盖六方面，解决水脏问题一直是上海“一河一策”的重点。“问渠哪得脏如许，自有源头污染来。”水的问题在岸上，就需要除了水务部门以外的诸多相关部门——环保、航运、发改、住房和城乡建设管理、交通、农业农村、规划和自然资源、绿化和市容管理等这些河湖长制成员单位的联动。

以小涞港为例。小涞港是青浦、松江、闵行三区的重要界河，紧邻国家会展中心东门。整治前的小涞港沿河有违章搭建挤占河道，生活垃圾随处可见，生活污水直排入河，沿河环境恶劣，水质恶化严重，存在黑臭现象。小涞港河道分五期实施综合整治，经过青浦、松江、闵行三区“一河一策、水岸同治”联手行动，全线终于按照规划整治完成，解决了河道黑臭的问题，摘掉了黑臭“帽子”。同时，为了迎接首届进口博览会的召开，保障场馆周边水环境，2018年，小涞港在消除黑臭的基础上，又进行了水质提升工作，通过对周边小区、企业以及道路进行雨污混接改造，疏通清洗雨水管网，建立专项执法队伍，及时发现和处置新增污染源，进一步完善控源截污。

“一河一策”找准问题，因河施策，综合施策。截至目前，上海黑臭河道和劣Ⅴ类水体已完全消除，河道水环境重焕生机。根据最新《上海市河湖水质月报（2023 年 4 月）》的相关数据显示，1～4 月份全市市区镇管河湖监测断面水质优于Ⅲ类的断面占比达 83.7%，水质情况大大改善。

戴媛媛：上海接下来“一河一策”的工作重点是什么？有什么问题是需要针对性地解决的？

解决了水脏问题后，“一河一策”接下来的工作重点将围绕骨干河道的断点打通、岸线贯通、按规模实施以及长效管理严控水质反复等方面展开。骨干河道是城市河网的大动脉，往往通江达海，是区域防洪除涝、水资源调度、航运及生态保护的重要载体，确保骨干河道网络完善、水脉通畅是城市河湖治理的重要工作。上海始终重视骨干河道网络的形成，其中骨干河道的断点打通作为上海水系统治理“十四五”规划的重要任务，计划完成 118 处骨干河道断点打通工作。截至 2023 年，上海已打通断点 36 处，取得一定成效。

整治后的小涞港
图片来源：青浦区水务局

利用遥感识别等多种新技术，推进治水智能化

蒋国强 | 上海市水利管理事务中心河长制工作科科长

两千多年前，李冰父子吸取古蜀民族的治水经验，就地取材，采用卧铁、竹笼、杩槎、干砌卵石、羊圈等独特的工程技术，独创出古法治水。随着科技的发展，水治理也越来越数字化和智能化，治水逐渐变“智水”。

而今，治水也可以上天入地。“智慧治水”可以达到四两拨千斤的效果。例如，盘旋在河道上空的无人机，将捕捉到的画面实时传输到地面工作人员手中的监控仪屏幕上，河道情况一目了然。

自上海全面推行河湖长制以来，河湖乱象得到有效遏制，河湖的顽疾得到有效治理，河湖的监管水平明显提升，很大程度上得益于卫星遥感、大数据、无人机等新技术和新装备的广泛应用。

戴媛媛：黑臭河道有哪些特点？传统的黑臭水体调查方式有哪些？治理效果如何？

日常生活中，居民判断黑臭河道主要依据水体异味或颜色明显异常等感官特征识别。上海一直坚持感观评判与定量指标相结合，确定河道是否黑臭的判定标准为：一是被投诉多、环境差、有异味；二是参考三项主要的水质指标（氨氮平均浓度大于 8 毫克 / 升、溶解氧小于 2 毫克 / 升、透明度小于 25 厘米）。

传统的黑臭水体调查方式主要是依靠投入大量人力物力进行现场调查采样，判断河道是否有异味，河面是否有大面积漂浮物，以及水体颜色、水生植被、水面浮萍、河道淤浅等指标进行判断。

针对中小河道黑臭成因复杂、涉及面广、整治难度大、社会关注度高、防止“治反复、反复治”，上海提出了“水岸联动、截污治污、沟通水系、调活水体、改善水质、修复生态”的治水思路，实施了水污染防治行动计划、“苏四期”工程、“清水行动”计划等专项工作，着力在“拆、

截、通、清、修、管”等方面取得突破，全面改善河湖面貌。

经过共同努力，五年多来上海整治 5000 余条黑臭河道、1.8 万余个劣Ⅴ类水体，全市水环境质量明显提升。到 2018 年底，上海基本消除了黑臭；到 2020 年底，基本消除了劣Ⅴ类水体；2022 年，水环境质量持续稳中向好，40 个国控断面优Ⅲ类占比 97.5%，233 个市控断面优Ⅲ类占比 95.3%，3871 个镇管以上河湖断面优Ⅲ类占比 84.1%（较 2021 年提升 13.4 个百分点），无劣Ⅴ类水体，实现了“二年消黑、三年除劣、四年防反复、五年巩固提质”的阶段性目标。

上海结合河道治理，以“一江一河”为引领，推动河湖滨水空间开放。截至 2022 年底，全市除“一江一河”外，各区已建成 800 余公里河湖滨水空间，涌现出蚂蚁浜、曹杨环浜、外环西河、张家浜、九科绿洲河、元荡、水库中心河等一大批滨水空间网红打卡点，人民幸福感、获得感、安全感不断提升。

长宁区外环西河滨水空间
图片来源：长宁区水务局

戴媛媛：遥感技术如何应用到黑臭河道的监测中？其相比传统的调查方式而言具有哪些优势？

根据市委、市政府补短板，惠民生的要求，上海在2017年底实现全市中小河道基本消除黑臭、2020年力争消除劣Ⅴ类水体的战略目标。市水务局在2017年全市中小河道黑臭排查的基础上，委托市测绘院进行2018年的全市中小河道黑臭排查。

遥感技术主要是利用遥感影像数据进行内业解译，提取水体数据进行分析；选择个别特征明显的黑臭河流作为外业采样点，实地进行水体采集，对影像的解译样本，建立基本的水体反演模型；然后对全市域的多光谱数据进行预处理，根据解译样本信息，综合黑臭河流的颜色、纹理等特征，利用计算机自动解译，结合人工判断，对全市水域进行分类，确定疑似黑臭河流的范围，为外业核查提供参考。

遥感技术能在较短的时间内对全市河湖进行遥感观测，并从中获取有价值的遥感数据，极大降低了逐条调查黑臭河道的人力物力，获取数据周期更短、更及时，获取的信息更全面，数据分析更加综合。

戴媛媛：如何利用航片解译和卫片的技术获取河湖变化的信息？如何实现准确并及时的效果？

航片拍摄时点为每年3月，精度为0.1米，采用常规解译方式。具体方法是在上一年度上海市河道（湖泊）报告中的水体数据基础上，以最新的全要素地形图为主，以当年第一季度的高分辨率航空正射影像、各区河道（湖泊）整治工程CAD完工/竣工图和实地核验情况为辅，对上一年一季度至当年一季度全市陆域范围内的水体变化进行更新，部分河湖管理等级依据市、区人民政府文件进行调整，形成当年上海市河道（湖泊）分布情况的最新成果。卫片拍摄时点为每年二、三、四季度初，精度为0.5米，技术路线与航片解译相同。

鉴于航片拍摄、解译、拼接、解密等步骤耗时长，6、7月份存在树木遮挡等问题，为保证解译数据的准确性和每年河湖报告的准时印发，航片拍摄定于每年的一季度。为准确掌握河道变化情况，在每年航片解译的基础上增加卫片解译，及时、动态掌握河道现状。

戴媛媛：用新技术手段形成的全市黑臭河道分布图册是怎样的？

全市黑臭河道分布图册依托遥感新技术，通过数据资料准备、内业遥感解译、外业现场调查、内业数据入库等手段，按照全市 16 个区、214 个街（镇）为调查单元，采用上海市水环境综合整治调查系统，分区域、逐块进行外业实地采样核查，对疑似黑臭水体进行坐标定位，现场判定是否黑臭，并分别垂直于河道方向拍摄河面近景、平行于河道方向拍摄河道远景，采集多媒体信息。最终形成全市疑似黑臭水体普查采样成果，包括调查样点矢量数据及实体拍摄照片，并根据调查数据成果进行统计分析，编制图件和报告。

戴媛媛：除了遥感、航片、卫片解译技术，还有哪些技术手段可以运用到河湖治理？未来将会与哪些部门开展合作？

围绕上海城市数字化转型要求和水系统治理需求，上海一方面加强 BIM 技术运用，强化方案设计全过程项目管理；另一方面结合无人机、红外设备、大数据分析等先进技术，建立区域河网水动力水质感知模型，精准把握河湖治理健康趋势；同时加强数字孪生项目建设，强化信息化建设，科技赋能，持续推进河湖管护的精细化管理水平，加快建设造福人民的幸福河。

未来主要加强和市大数据中心、市测绘院、相关设计院等技术支持单位的合作，同时加强与市科学技术委员会等职能部门的联系，争取科技项目支持。

建立河湖水质“四全”体系，稳步提升水环境

季铁梅 | 上海市水文总站第二党支部书记、水质管理科副科长

作为国际超大型城市，上海要保证 3000 万人的饮用水安全和优质供应，保证各种工业用水、水工建筑用水足量稳定供应，绝非易事。

上海为评价水体质量的状况，规定了一系列水质参数和水质标准。不同的用途，对水质的要求也不相同，如生活饮用水、工业用水和渔业用水等水质标准各有差异。随着经济的发展，天然水遭污染，水质变差，对人类健康及水生生物造成严重危害，已引起世界各国政府的高度重视。

“以水质论英雄，以成效论担当”。良好的水质是水城融合、人水相依的基础。上海市在河湖长制工作中，坚持“以水质论英雄”为导向，积极探索构建河湖水质管护“四全”（全方位、全天候、全要素、全过程）工作体系，不断推进河湖水环境持续稳定向好。

老洋泾港的水下森林 1
图片来源：上海市水务局水利管理处

老洋泾港的水下森林 2
图片来源：上海市水务局水利管理处

戴媛媛：“四全”工作体系具体是哪“四全”？该工作体系推行之后，取得了哪些初步成果？

一是全方位河湖水质监测体系，二是全天候河湖水质管理预警体系，三是全要素河湖水质综合评价体系，四是全过程河湖水质监管考核体系。从水质监测、水质管理预警、水质综合评价、水质监管考核，全方位、全天候、全要素、全过程构建水质管护工作体系。

“以水质论英雄”是上海现阶段稳步提升河湖水质的重要探索，“四全”工作体系推行以来成效显著，全市镇管以上河湖断面水质优于Ⅲ类断面占比由 2019 年的 55.3% 提升至 2022 年的 84.1%，断面水质劣Ⅴ类河湖占比由 3% 降至 0，有力促进了全市河湖水环境持续稳定改善。

戴媛媛：“全方位河湖水质监测体系”主要监测水质的哪些状况？采取怎样的监测制度？

水质监测，是监视和测定水体中污染物的种类、各类污染物的浓度及变化趋势，评价水质状况的过程。监测范围十分广泛，包括未被污染和已受污染的天然水（江、河、湖、海和地下水）及各种各样的工业排水等。

排水执法水质监测项目应当包含《污水综合排放标准》《污水排入城镇下水道水质标准》和相关国家行业水污染物排放标准中所列明的常规性监测项目，包括 pH 值、化学需氧量、悬浮物、氨氮、硫化物、总磷、动植物油、石油类、阴离子表面活性剂等，并根据不同行业的排水情况，增加特征监测项目。

“全方位河湖水质监测体系”包含 3 种监测制度的建立。一是建立所有河湖全覆盖的常态化监测制度，对镇管以上河湖开展每月一次的考核监测，对镇管以下河湖开展每年汛期和非汛期至少各一次的普查监测，并对代表断面开展每月一次的养护监测；二是建立特殊河湖加强监测制度，在常态化监测基础上，加强对特殊河湖实行差别化的及时应急监测、日常巡查随测、每周跟踪监测、每季度监测和在线监测；三是建立监督性监测制度，以常态化监测和加强监测为基础，抽取一定比例的监测断面，不定期开展监督性监测，确保监测质量和成效，为河湖长效管护提供有力的数据支撑。

戴媛媛：“全天候河湖水质管理预警体系”如何发现并处置水质问题?

水质管理预警体系皆采用水质在线自动监测预警系统。该系统以各类在线式水质传感器为基础，通过对水质 pH 值、浊度、溶解氧等指标的在线监测实现数据采集，将采集的数据通过无线通信网络传送到监控中心后台，通过水质在线自动监测预警系统，实现对数据的自动分析，对超过设定值的数据及时输出预警信息。通过该技术，相关部门可实时掌握监测区域水质各污染指标的变化，实现对监测指标超标的自动预警，从而提醒管理部门及时查找原因，消除水质污染隐患。

以各类水质监测数据为依托，上海建立“红黄蓝”三色管理全天候预警体系：当水质出现劣Ⅴ类发布红色警报，水质临近劣Ⅴ类或波动较大发布黄色预警，水质未出现红、黄预警标准则为蓝色管理不预警。红、黄预警均通过“上海河长”App 及时向河湖长和所属区、街镇河长办公室及相关部门发布，提升河湖水质问题早发现、早预警、早处置的效率和监管水平。

戴媛媛：“全要素河湖水质综合评价体系”是否需要考虑上海的水文特性，有哪些评价指标？

水质评价需要根据不同的用途选定适当评价参数，按对应用途的质量标准和评价方法，对水资源的质量状况进行定性或定量的评定。水质评价的目的是了解水体的质量状况，为水资源开发、利用和保护提供依据。水质评价中首先要解决评价参数的选择和评价标准的确定，并在此基础上选定相应的评价方法。在评价中应依据评价的目的、水体类型及具体水域的水质监测现状、环境特点及水质特征，选用不同参数来评价水资源质量。

上海地处太湖流域和长江流域下游，属于典型的平原感潮河网地区，水流往复，水质影响因素多，选取优良水（评价各区镇管以上河湖断面水质Ⅲ类及以上比例及达标情况）、进出水（评价16个区约88个行政边界河湖断面进出水质量变化）、敏感性（评价各区镇管以上河湖及“三查三访”村级河湖达劣Ⅴ类次数、比例及反复程度等）、趋势性（各区镇管以上河湖水质与前两年比较情况）四项评价指标，按4：3：2：1的权重进行计算赋分，构建全要素河湖水质综合评价体系，全面反映各区水污染防治和水环境治理成效。

戴媛媛：“全过程河湖水质监管考核体系”有哪些考核方式？频率如何？

2023年初，水利部制定了《2023年水资源管理工作要点》，其中第25条提到，做好水资源管理考核工作，按照刚性约束要求进一步完善考核内容，优化考核指标，改进考核机制，组织做好最严格水资源管理制度考核，确保水资源管理目标责任有效落实。

上海采用河湖水质监测、预警、综合评价全过程的“巡、盯、管、督”和跟踪考核，结合“周暗访、月通报、季约谈、年考核”等方式，及时通报考核结果和整改情况，将其作为党政干部年度工作考核依据，充分发挥好河湖长制考核的指挥棒作用。

徐汇区精准开展“望闻问切”，优化水质监测

虞柯岩 | 徐汇区水务管理中心科员
封　晔 | 徐汇区水务管理中心科员

水质标志着水体的物理（如色度、浊度、臭味等）、化学（无机物和有机物的含量）和生物（细菌、微生物、浮游生物、底栖生物）的特性及其组成的状况。水质参数为评价河湖健康与否提供了参考。

作为河湖治理的前提，水质监测的重要性不言而喻。水质监测提供了江河、湖库水体水资源质量状况以及入河污染物总量和变化规律；让城市了解与控制相关单位污染物的入河总量、排放情况及污染物的组成和含量，并为饮用水安全、水功能区纳污总量核定、水资源管理和可持续利用提供科学、准确的决策依据。

水质监测要像医生一样，或如传统中医般“望闻问切”，或采用自动化监测设备“远程看诊”，以此守护水体的安全和健康。

整治完成后的龙华港贯通段
图片来源：徐汇区水务局

戴媛媛：请介绍一下徐汇区水生态消劣Ⅴ项目的始末，项目开始前的水质情况、治理方法以及治理成果。

2016 年以来，徐汇围绕“两消除、两提升”总体目标，分阶段完成水生态整治工作，黑臭河道全面消除，水质指标持续改善，水环境整治、水污染防治工作取得了阶段性成效。根据市生态环境局、市水务局的总体安排，整治工作重心已逐步由全面消除黑臭向全面消除劣Ⅴ类水体转变。

第一阶段水体生态治理时间为 2016 年中期至 2018 年末，以春申港、三友河两条黑臭河道生态修复先行先试为标志。该阶段核心任务为消除蒲汇塘、东上澳塘、春申港、梅陇港、漕河泾港—龙华港、三友河、塘湾河 7 条河道黑臭（指标达到《城市黑臭水体整治工作指南》要求），兼顾中小河道水质消劣达标，共涉及生态治理服务项目 12 项。

根据历次黑臭河道公众调查评议结果，结合历年水质监测数据综合分析评判，第一阶段水体生态治理完成情况良好，达到预期目标。7 条黑臭河道在 2017 年末完成消黑任务，公众调查评议满意度均在 90% 以上；11 处市控断面水质达标率（Ⅴ类水）由 2016 年初的 9.1% 提升至 2018 年末的 81.8%；劣Ⅴ类河道比例由治理前的 46.3% 下降至 24.3%。

第二阶段水体生态治理时间为 2019 年至 2020 年。核心任务为在前期黑臭河道整治的基础上，全面消除劣Ⅴ类水体，指标达到国家《地表水环境质量标准》Ⅴ类水标准。通过前期对全区河道水质本底值开展监测，全面摸清区域水质现状。在全区河道中，已经达到或超过地表Ⅴ类水标准的河道共 22 条，占比 53.7%；劣Ⅴ类河道 19 条，占比 46.3%。

消除劣Ⅴ类水体生态修复项目分两期实施，一期项目对张家塘港等 12 条河道开展生态治理；二期项目对剩余的劣Ⅴ类河道开展生态治理。通过水质提升、近岸生态修复与陆域环境综合整治，突出水绿结合、注重品质提升、强化功能融合。上海劣Ⅴ类河道 2018 年消除 9 条，2019 年消除 6 条，2020 年消除 4 条，至此徐汇区全部消除劣Ⅴ类水体。

近两年，徐汇区河道Ⅲ类水比例稳步提升。

戴媛媛：对市政、企事业单位、沿街商铺等各类混接改造的过程中遇到过哪些困难，有什么经验？

面对暗井、构筑物压覆、无法封堵降水的特殊区域等，管道走向不明，连通关系较难判定，溯源不清的情况，首先需要比对已有资料管线的走向、规格和管道属性等基础要素；同时，多技术手段相结合，如泵站配合后的水流方向界定、无毒无害的染色排查、闭路电视监控，要结合管线偏差定位、声呐辅助判别等方式来共同解决。

面对连续旱天雨水排口有流水、但水质较清澈的现象，须对上游环境进行摸底排查，明确是否有地表或地下非常规水源溢流或渗入的现象，如绿化浇灌等，再作是否混接改造的判断。

面对内部排水系统的出门检查井，在利用智能流量计进行周期性监测时，因满流、回流等现象造成流量数据失真等情况，首先需要对内部排水系统进行复核和重新梳理，再结合容器法辅助分析、记录，并给出参考数据。

总体而言，面对困难需要细心、责任心，以技术规范、技术导则为载体，灵活应用，运用多技术手段配合、辅助及结合，实事求是，解决问题。

戴媛媛：在水质的跟踪监测中，河道医生的“远程看诊”使用频率颇高，请问具体是如何实施的？

目前，地表水环境质量标准主要涵盖 pH 值、氨氮、总磷、总氮、溶解氧等理化指标，水质检测是发现河道问题的主要手段。

针对河道重点断面水质的跟踪监测，区水务部门加强与环保部门和属地单位的协同联动，在全市范围内率先建成覆盖全区的 28 个水质自动监测站，全力提高水环境治理能力，依托水质自动监测站、无人机、无人船等智能终端建设，初步建成河道立体巡查监管网络。联网运行，及时全面反映全区水质变化以及河道问题，通过对水质变化的及时预警，多次协调因泵站放江等原因引起水质突发变化调整水质考核监测时间，基本实现全天候、全河段、全覆盖水质监测。同时，上线全市首个具备网格化运行功能的河道水质在线监测系统，及时全面地反映全区水质变化以及河道问题，通过对水质变化的及时预警，协调落实紧急应急措施，保障当月水质达标，并将问题及时督办河长办等责任单位，及时跟踪闭环，履行好“巡、盯、管、督”的职责。推进水环境治理数字化转型，开展“水境智理”场景建设，助力水环境“一网统管”。

通过以上措施实现河道医生“远程看诊”，让治理单位每天开出不同“处方”，对不同浓度的污染源对症下药。

戴媛媛：在治理中化用中医“望闻问切”的诊疗方法很有意思，可以具体介绍一下这套方法吗？

徐汇区建设和管理委员会每周组织河道养护单位对全区 50 个断面开展水质快测，把控河道水质变化。在日常河道巡查的同时，紧盯河道水体，通过“闻、观、问、切”——闻：河道养护单位巡查班组闻河道水体气味，判断水体是否黑臭；观：河道养护单位巡查班组观察河道水体颜色，判断水体透明度；问：河道养护单位询问市民对于河道满意度，助力提升河道管养水平；切：河道养护单位发现养护问题，切实做好问题处置。及时发现河道渗漏点和晴天排口，做到发现一处，解决一处。

正在运行的水质自动监测站
图片来源：徐汇区水务局

加快“三厂三线多点”建设，打赢碧水保卫战

王　晖 | 上海市排水管理事务中心主任

18 世纪早期，欧洲城市污水横流，恶臭熏天，用水不安全导致霍乱肆虐，威胁人类的生存。自英国工程师巴泽尔杰特设计城市地下污水管道系统以来，污水处理系统成了城市发展的经典范本。

在中国，城市建设中的污水处理系统依然是一项巨大的工程。

2023 年 3 月 20 日，上海市水务局会同市生态环境局、发改委等部门，印发《上海市持续打好“消黑除劣”成效保卫战实施方案》，全面整治上海水质易反复的问题，完善防止水质反复的长效机制，持续巩固上海消黑除劣的治理成效，不断改善上海水环境质量，把上海建设成为人水和谐的美丽家园。

戴媛媛：“三厂三线多点”工程的主要目标和总体布局是怎样的？

该工程的主要目标为：贯彻落实长江大保护国家战略，完善与超大城市相适应的污水治理体系和治理能力；用 3～5 年时间，中心城区新增末端处理规模约 210 万立方米 / 日，新增调蓄设施规模约 100 万立方米，基本实现三大污水区域互联互通，杜绝旱天溢流，基本解决雨天溢流，全年污水溢流至长江的控制率达 98% 以上，达到世界先进城市水平（伦敦泰晤士河年溢流次数控制为 4 次，纽约年溢流次数控制在 4～6 次）。污水处理系统安全保障能力明显提高，精细化管理水平明显提升。

贯彻市人民政府批复的污水和雨水规划，结合水系统治理“十四五”规划，上海市水务局提出“三厂三线多点”的工程总体布局和精细化管理任务。其中，“三厂”指新建扩建的竹园污水处理厂四期工程（简称“竹园四期”）、泰和污水处理厂二期工程（简称“泰和二期”）、白龙港污水处理厂三期工程（简称“白龙港三期”）3 座污水处理厂；“三线”指建设竹园白龙港污水连通管工程、竹园石洞口污水连通管工程及合流污水

一期复线及干线改造工程；“多点”指结合中心城区 6 座污水处理厂初期雨水调蓄工程建设（简称“六厂调蓄改造”）改造、龙华排水调蓄管道工程、桃浦科技智慧城等一批雨水泵站实施初期雨水调蓄池建设。

戴媛媛：“三厂”投资和建设的规模分别有多大？建成后，可以使哪些问题得到改善或缓解？

竹园四期的规模为 120 万立方米 / 日。2022 年底，部分污水处理设施先行通水调试；2023 年 7 月，全厂出水达标；2023 年底，水、泥、气、声全部达标；2024 年，完成收尾工作。该工程建成后，可基本消除竹园区域污水溢流长江的现象。

泰和二期的规模为 20 万立方米 / 日，是为了缓解石洞口区域雨天污水处理压力。工程总投资约 41 亿元，其中污水处理厂 32 亿元，东总管及泵站 9 亿元。用地为 120.75 亩（8.05 公顷），在泰和污水处理厂一期工程实施时已完成土地收储。2023 年建成后，可进一步完善石洞口区域污水处理系统。

白龙港三期的规模为 70 万立方米 / 日，是为满足白龙港区域发展带来的污水增量，减少应急排放长江的污水量，尽早达标处置白龙港污水处理厂污泥填埋场的污泥。工程总投资约 70 亿元，其中污水处理设施 49 亿元，污泥处理设施 12 亿元，填埋场污泥处置 9 亿元。用地为 405 亩（27 公顷）。工程拟于 2025 年建成通水，建成后，白龙港污水处理厂总规模达到 350 万立方米 / 日，可杜绝白龙港污水处理厂旱天溢流，大幅减少雨天应急排放次数；与竹园白龙港污水连通管工程配合运行，可基本消除竹园和白龙港区域污水溢流长江的现象，保护长江口水环境。

戴媛媛：“三线”投资和建设的规模分别有多大？污水连通工程会对连通的污水处理厂带来哪些影响？

竹园白龙港污水连通管工程，连通的是竹园和白龙港两个超大型污水处理厂。工程可实现竹园、白龙港两区域间 80 万立方米 / 日的双向调度能力。连通管管径 3.5 米，总长约 19 公里，总投资 25 亿元，2023年与竹园污水处理厂四期工程同步建成发挥作用。工程建成后，可在白龙港污水处理厂三期建成前，将白龙港污水处理厂部分污水输送至竹园污水处理厂的处理，缓解白龙港污水处理厂的超量问题；白龙港污水处理厂三期工程建成后，可将极端雨天时竹园区域的超规模水量输送至白龙港污水处理厂，经一级强化处理后应急排放，全面消除竹园区域污水溢流长江的现象。

西虬江上的水管
图片来源：周平浪 摄

竹园石洞口污水连通管工程，是为了缓解竹园区域的污水溢流问题，在竹园污水处理厂四期工程建成前，充分利用石洞口区域现有的富余处理能力，将竹园区域原泗塘污水处理厂处理的污水输送至石洞口区域处理。连通管管径1~1.5米，长约3公里，总投资约1.4亿元。该工程建成后，可实现竹园区域向石洞口区域10万立方米/日左右的污水调度能力，缓解竹园区域的污水溢流问题，保障竹园和石洞口污水处理厂安全运行。

合流污水一期复线及干线改造工程，可为合流污水一期干线的引流断水、检修改造创造条件，也可提升区域初期雨水污染治理能力、保障排水系统安全运行。该工程总投资约250亿元，其中新建复线193亿元，干线检修改造57亿元，全部工程预计于2032年建成。复线工程建成后，可增加约40万立方米调蓄库容，提升区域初期雨水污染治理能力，服务沿线81平方公里地区、43个排水系统，整体提升竹园区域系统安全保障能力。干线改造后，可延长合流污水一期干线的生命周期，服务92个排水系统，可双管分别独立运行，同时消除运行中的安全隐患。

戴媛媛：“多点”主要包含哪些项目，主要针对哪一项污水处理的能力？

“多点”主要是建设调蓄设施，提升削峰调蓄能力。

竹园 50 万立方米调蓄池工程，可消除竹园污水处理厂旱天和雨天溢流现象，发挥区域截污治污综合效益，与竹园四期同步实施，工程投资约 34 亿元。工程已于 2023 年建成。工程建成后，与竹园污水处理厂四期工程共同发挥作用，可基本消除竹园区域污水溢流长江的现象。

“六厂”初期雨水调蓄工程建设，即将天山、桃浦、曲阳、长桥、龙华、泗塘 6 座污水处理厂改造为初期雨水调蓄池，收集周边排水系统的初期雨水，减少雨水泵站放江，改善周边水系的水环境质量，同时提高地区的排水防涝能力。工程包括 21 万立方米初期雨水调蓄池，管径 1.2～4.5 米、长度 34 公里的初期雨水截流管道，6 座初期雨水提升泵站，工程投资约 75 亿元，于 2022～2024 年陆续建成。工程建成后，可缓解“六厂”区域的初期雨水对周边河道水环境的影响。

龙华排水调蓄管道工程，利用现有隧道建设 7 万立方米的初期雨水调蓄池、初期雨水截流管道（管径 1.2～3 米，长度 7 公里），工程投资约 16 亿元，2023 年建成后，可缓解龙华机场等 5 个排水系统的初期雨水对周边河道水环境的影响。

此外还有一批排水泵站初期雨水调蓄池。按照“成熟一批、建设一批”的原则，结合桃浦科技智慧城、大名、张华浜东、九星、龙阳等雨水泵站实施初期雨水调蓄池建设，这批调蓄池调蓄容积约 8 万立方米，于 2022～2025 年陆续建成；同时，落实《上海市雨水调蓄设施规划建设导则》，加快区级雨水排水规划编制，同步深化研究中心城区约 90 个水环境敏感排水泵站的调蓄设施建设方案，中心城区各区计划每年新建一批调蓄设施，适时启动白龙港区域干线污水调蓄池建设。

最后是推进苏州河深层排水调蓄管道工程建设，深化后续工程前期工作。

戴媛媛：“三厂三线多点”工程实施周期较长，期间会有哪些应急过渡工程及调度方案？

竹园石洞口污水连通管工程作为应急工程，采取多种手段，最大限度地缓解污水溢流长江问题。

一方面是精细实施“两水平衡”。综合平衡泵站放江水质、河道水环境状况以及防汛安全等因素，对防汛泵站实施分类管控：放江水质差的泵站继续严格实行“多截流、少放江”；放江水质较好的泵站调整运行模式，实行“少截流、多放江”，通过源头精细管控，减少污水处理厂的进水量。

另一方面是运行调度，内部挖潜。持续推进排水系统“厂、站、网”一体化运行调度，通过干支线联动、泵站错峰输送、运行实时监测、模型辅助决策等手段实现系统污水平稳输送，结合污水处理厂内部溢流堰改造等技术措施，在确保污水排放达标和安全运行的前提下，进一步挖掘污水处理潜能，实现保质增量，减少溢流。

着眼于生态清洁小流域建设，创建治水新示范

赵贤豹 | 上海市水务局水利管理处副处长

如果说大江大河是生态系统的大动脉，那么小流域就如毛细血管一般，密布在广袤的城镇、乡村，与人民群众的生产生活距离更近、关系更紧密。

小流域面积一般不大于50平方公里，但大多涵盖了山、水、林、田、路、村等相关要素。生态清洁小流域建设是小流域综合治理的深化与发展，对保护涵养水源、复苏河湖生态环境、科学开展大规模国土绿化行动、建设宜居宜业和美乡村具有重要作用。

2023年，水利部会同农业农村部、国家林业和草原局、国家乡村振兴局联合印发《关于加快推进生态清洁小流域建设的指导意见》，提出用5年时间，全国形成推进生态清洁小流域建设的工作格局；用10～15年时间，全国适宜区域建成生态清洁小流域。

生态清洁小流域建设是提升上海城乡生态品质的重要举措。上海市水务局牵头，努力为生态清洁小流域建设提供上海经验、上海方案和上海样本。

松江区小昆山镇现代农业示范区生态清洁小流域示范点
图片来源：松江区水务局

戴媛媛：上海何时开始生态清洁小流域的建设？

2020 年，时任上海市委书记李强在巡视长江时强调，上海治水工作要突出系统观念，着眼水系、水网整体治理，结合落实河长制、湖长制，加强上下游同治、干支流联治，着力抓好村沟宅河治理，抓紧启动生态清洁小流域建设。上海市河长办、市水务局印发了《上海市生态清洁小流域建设总体方案》，主要体现在“四个一”，即制定一项工作方案、研究一套指标体系、编制一个治理规划、建设一批先行试点。

“十四五”期间，上海以生态清洁小流域建设为抓手，按照集中连片、系统治理、区域推进的原则，统筹水系综合整治、水土流失治理、河湖生态修复、面源污染防治和农村人居环境改善，实现水土流失治理、水环境治理和水生态治理“三位一体”，全面提升水土保持治理水平，复苏河湖生态环境，打造幸福河湖，为推动上海绿色城市建设绘制好“蓝网”底色。

戴媛媛：可以具体讲讲上海生态清洁小流域建设的具体工作方案吗？

绘制一幅蓝图。上海明确“河湖通畅、生态健康、清洁美丽、人水和谐”的建设愿景。“河湖通畅”就是河湖连通、河水流通、河岸贯通，让洪涝之水有出路，让爱水之人能亲水；“生态健康”就是指河湖水质良好、生态水位可控、水土平衡稳定、生物丰富多样；“清洁美丽”是感官指标，体现为水清、岸洁、景美、怡人；“人水和谐”就是建设幸福河湖目标，重点体现在防洪保安全、优质水资源、健康水生态、宜居水环境、先进水文化等方面。

设置分期目标。到 2025 年，上海建设涵盖五大新城、45 个街镇和中心城区的“50+X”个生态清洁小流域，面积约 3200 平方公里，占全市总面积的超过 50%；到 2035 年，建成覆盖全市的 151 个生态清洁小流域，为上海建设“生态之城”和社会主义现代化国际大都市作贡献。

明确推进机制。上海充分依托河长制、湖长制，将生态清洁小流域纳入重点工作，由市河长办统筹推进、各成员单位协作配合，结合落实乡村振兴战略以及农村人居环境优化工程同步实施。各区作为责任主体抓好组织实施。

戴媛媛：如何根据上海的水文环境，制定相应的治理规划？

上海属平原河网地区，自然流域边界不明显。从充分发挥河湖长制平台作用的角度考虑，上海市小流域划分主要以镇域行政区划为基础，全市共划分为 151 个小流域；小流域内设置治理单元，中心城区以骨干水系为治理单元、郊区以村落水系为治理单元，全市共划分 1574 个治理单元。

划分建设类型。根据区域主要功能定位，上海市生态清洁小流域分为四类：以涵养水源、水源地周边河道水质保护为重点的水源保护型；以大力发展绿色产业为重点的绿色发展型；以水环境改善与水景观建设为重点的都市宜居型；以保护原生态、水环境提升与乡村振兴为重点的美丽乡村型。

明确建设任务。包含以岸线治理与保护、水系生态治理为重点的河湖治理；以重要水源保护区和自然保护区水土保持、河湖水系水土保持为重点的水土流失综合治理；以城市、农村面源污染防治为重点的污染治理；以生态廊道、农田林网、“四旁”林为重点的生态修复；以农村生活污水、垃圾治理为重点的人居环境改善，共五大类 11 项工作任务。

西虹桥生态清洁小流域
图片来源：青浦区水务局

戴媛媛：生态清洁小流域是否有相应的评价指标体系？

生态清洁小流域评价指标是规划、建设和管理的重要指引和依据。上海在认真学习水利部行业技术导则的基础上，借鉴国内其他省市的先进做法，制定了一套生态清洁小流域建设的指标体系。指标体系按照水源保护型等四个类型设置差异化指标值，评价指标包括水土治理、环境治理、生态治理三大类 11 项评价指标。指标设置立足上海特点，增加了河湖面积达标率、河湖水系生态防护比例两个指标。

戴媛媛：可以列举一至两个典型案例，显示生态清洁小流域建设取得了怎样的治理成效和特色亮点吗？

金山区水库村的生态清洁小流域建设是一个典型案例，2021 年成功创建“国家水土保持示范工程”。水库村位于上海市金山区漕泾镇北侧，境内河网密布纵横，似天然水库，水体面积占到村域总面积的 40%，被誉为“东方羊角村”。

金山区水库村生态清洁小流域的建设过程中总结出如下工作经验。

一是规划引领，高标准推动。树立“山水林田湖草”是生命共同体的系统思维，以编制《漕泾镇郊野单元（村庄）规划》为统领，整合土地整治、河道整治、生活污水治理、“四好农村路”建设、村庄改造等多方专业设计力量，共同绘好乡村振兴“一张图”，实现多规融合，科学布局用地。生态清洁小流域的规划设计方案结合乡村振兴，融入地方特色，统筹水网、绿网、路网、管网建设，着力打造“留得住青山绿水、记得住悠悠乡愁”的新江南田园。

二是生态优先，高水平治理。大力推进生态治理，建成林水复合湿地106亩（约7.1公顷），水雉湿地保育区100亩（约6.7公顷），林、灌、草等植被覆盖面积达314亩（约20.9公顷）。村域内分别建成生态栖息、林水复合、农水复合3处湿地及70多个独岛或半岛，呈现“河中有岛，岛中有湖”的景象。将水库中心河、万担港、长堰中心河等河道岸线改造为生态护岸，实施岸坡绿化，提高河道的水土流失防护能力和生态质量。河道断面形式充分考虑生态性、景观性，结构顶的高程在常水位以下，通过在堤顶、斜坡进行湿生、挺水、沉水等植物的搭配，建设展现自然风貌的生态河道。水位变动较大的区域选择种植挺水植物，减少水流对土壤的冲刷和侵蚀作用。

三是产业融合，高质量发展。以“水”为核心元素，采用“5G”建设理念（Government、Group、Green、Garden、Gold），构建政府主导、协同合作、生态优先、景观优美、生活富裕的建设模式，统筹生产生活生态空间。优化空间布局，打造“水＋园”“水＋岛”“水＋田”3个功能片区，片区之间用水上游线串联。北部片区以品牌农产品种植功能为主，选择性保留原有村落格局，着力打造“溪渠田园”；中部片区以生活休闲功能为主，围绕特色旅游，开发休闲度假、亲子活动、理想乡居、健康养生等项目，着力打造“滩漾百岛”；南部片区以原生文化滋养为主，通过改造闲置厂房，建设“共享办公＋度假”的空间群和文化展馆，着力打造“荷塘聚落”。打造临河景观，进一步彰显“水在村中、村在园中、人在画中”的江南水乡特色韵味。

另一个典型案例是青浦区莲湖村。2021年，莲湖村成功申创国家水

水库村
图片来源：上海市水务局水利管理处

莲湖村
图片来源：上海市水务局水利管理处

土保持示范工程。莲湖村生态清洁小流域建设在制度政策、体制机制、技术创新、规律把握等方面形成了可复制、可推广的模式和经验。一是政府重视，确保水土保持工作常管长效。区委书记挂帅、跨部门联动、建立“一个平台三项机制”，聚合全区资源，充分发挥区级职能部门的条线优势，密集投资建设，全力支持莲湖村生态清洁小流域建设。二是综合防治，将生态优势转化为发展优势。依托生态清洁小流域建设，实现生态系统良性循环，推动郊野公园产业发展，反哺周边居民就业，达到人、环境、产业相互融合。三是科技支撑，创新水土流失防治理念和模式。生态清洁小流域建设涉及的专业种类多，过程中强化科技支撑，加强对水土监测、河湖健康、生态护岸、面源控制等方面的技术研究。

实施示范区水环境综合治理，拂亮“蓝色珠链”

王　兆 | 青浦区水务局计划建设科科员

“蓝色珠链”位于长三角生态绿色一体化发展示范区先行启动区的金泽镇内，其背靠虹桥综合枢纽，面向江浙广阔腹地，是青西地区最优质、最有发展潜力的生态区域。

“蓝色珠链”不是单一河湖，它包含了火泽荡、南白荡、西白荡、大葑漾、小葑漾、大莲湖、任屯湖 7 处湖泊。如果从空中俯瞰，金泽镇这 7 处形状各异的天然湖泊宛如大珠小珠落玉盘，与北横港串联在一起，形成一条天然美丽的“蓝色珠链”。

与其他河湖相比，“蓝色珠链”水域是上海湖泊水系中最具原生态特质的区域，水面积约 8 平方公里，水面率高达 25%，是有大片田畦环绕、水波荡漾的世外桃源。

“蓝色珠链”的特殊性，不仅对其水环境综合治理提出了新挑战，也令市民对治理后的水域产生了新期待。

"蓝色珠链"航拍全景图
图片来源：青浦区水利管理所

邵媛媛："蓝色珠链"水环境综合治理工程是如何开展的？

"蓝色珠链"水环境综合治理工程是长三角生态绿色一体化发展示范区生态保护领域的重点项目之一。"蓝色珠链"核心区拟分二期实施，共整治河道中心线长度 15.5 公里，岸线 56 公里，将充分利用该地区的淀泖湖群资源和独具韵味的江南桥乡文化，采用生态缓冲带、水下森林等生态技术，进一步彩化岸线、改善水质、修复生态、营造景观。

"蓝色珠链"水环境综合治理工程（一期）于2022年6月30日正式开工，整治北横港沿线 4.2 公里，实施范围为临河两侧 15 米，项目主要建设内容包括新（改）建护岸 11 公里、贯通道路 9 公里、桥梁 10 座、驿站 4 座及水生态修复、景观绿化等，重点构建"珠链十二景"，打造示范区最美水花园。

"蓝色珠链"水环境综合治理工程（二期）包括火泽荡、南白荡、西白荡、葑漾荡等约 11.3 公里的河湖及其 15 米陆域范围，将进一步聚焦"水乡客厅"的打造，将"蓝色珠链"打造成蓝绿融合、功能复合的湖荡绿廊，最终形成人水相合、蓝绿相融、水陆相依的美景，二期工程计划于 2024 年启动实施。

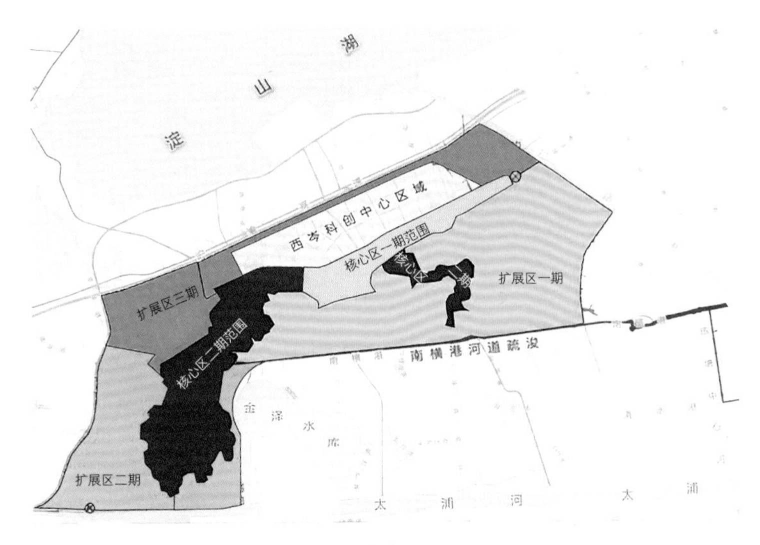

“蓝色珠链”水环境综合治理工程总体布局图
图片来源：青浦区水利管理所

邵媛媛：对“蓝色珠链”的治理主要围绕哪几方面展开？

根据“蓝色珠链”片区水环境综合治理目标，结合区域水环境状况、水生态特征、水系特点等，遵循“山水林田湖草是生命共同体”“绿水青山就是金山银山”的理念，坚持生态优先、保护优先、科学恢复为主，全方位、全领域、全过程开展水环境综合整治工程。

治理主要包括4个方面：全面开展控源截污，严控污染物入河湖；保证区域除涝安全，优化引调水方式；开展生态修复，建设健康的水生态系统；打造滨水景观带，构建长三角一流滨水空间。

具体而言，在深化控源截污的基础上，治理采取以水生态修复为主，同时实施出入湖河道综合整治、活水蓄清、景观岸线及管理维护等工程与非工程措施，聚焦“水乡客厅”的打造，将“蓝色珠链”打造成蓝绿融合、功能复合的湖荡绿廊，最终形成人水相合、蓝绿相融、水陆相依的美景。

火泽荡
图片来源：青浦区水利管理所

邵媛媛：“蓝色珠链”上的步道有何特点？围绕步道的建设，布置了哪些便民设施？

为保证“蓝色珠链”整体景观风貌与周边环境的统一，贯通道路采用黑色和深蓝色沥青路面组合的形式。“蓝色珠链”一期沿线创建集自行车道、慢步道的连续性步道系统，道路宽度分 3.5 米、4.5 米两种类型。步道沿线还布置 4 处驿站，每个驿站内皆布置公共厕所。

“蓝色珠链”二期布置道路宽 7 米，防汛通道兼顾健身步道及自行车道使用，多样的游赏方式打造不同的观赏体验；滨水道路通过练西公路引入淀山湖人流，规划三路引入青西郊野公园人流，金商公路、环湖北路引入金泽古镇人流，打造多元慢行系统，并与淀山湖、元荡、拦路港、太浦河的慢行系统形成闭环。二期设置了 5 处生态驿站，并布置了 10 处自行车站点，为游客提供了极大的便利。

小葑漾

图片来源：青浦区水利管理所

大莲湖

图片来源：青浦区水利管理所

邵媛媛：能否为我们描绘一下"蓝色珠链"工程完成后的画面？相比修复前，会增加哪些值得期待的地方？

"蓝色珠链"水环境综合治理工程通过深度挖掘本地江南村落文化，充分利用该地区的淀泖湖群资源和独具韵味的江南桥乡文化，同时依托周边华为上海青浦研发中心的科创资源、青西郊野公园的旅游资源，重点构建"珠链十二景"，通过建设生态驳岸、慢行绿道、滨水湿地、亲水栈桥、生态驿站等要素打造滨湖景观岸线，形成烟树迷蒙、清澄如镜、鱼翔浅底、百鸟竞飞的生境，打造风景如画、创新无限、生态宜居、古今相辉的乐园。

未来，"蓝色珠链"主要有四大特色值得期待。

特色一，打造蓝绿融合、功能复合的多元慢行系统。环河贯通3.5~5米的慢行道和骑行道，同时结合生态驿站，打造多元慢行系统，与淀山湖、元荡、拦路港、太浦河的慢行系统形成闭环。

特色二，打造"四季分明，季季有景"的郊野景观。营造春看垂柳、迎春，夏看合欢、八仙花，秋看银杏、无患子，冬看腊梅、茶梅的四季景象。本项目新种植乔木64种、灌木42种、地被20种、水生植物13种。

特色三，打造水生态修复示范。对北横港水体进行水生态修复，修复面积约31万平方米，主要结合现状地形研究，采取物理吸污、拦截、滨岸带水下地形再造、植被修复（挺水植物和沉水植物）等生态修复措施，通过湖湾湿地构建、浅水区水下森林构建、生境营造等具体工程措施，改善区域水质，提升河道整体生态效果。

特色四，打造蕴含金泽"桥庙文化"的"一桥一景观"。桥梁总体采用江南风格，融合生态理念。十座桥形态各异，与"珠链十二景"相融。其中位于核心区的映月桥横跨北横港，形成"河中有深潭，明月映水渊"的景致。

邵媛媛：下一阶段，"蓝色珠链"的生态修复和建设计划是什么？

"蓝色珠链"水环境综合治理工程（二期）将更加注重河湖生态修复，本着"因地制宜、科学布局，生态主导、自然恢复，功能与景观结合"

的原则，采用生境塑造、生物多样性恢复，长效管理等措施；结合景观设计，营造以水生植物和水生动物群落为主的健康水生态系统，提升水体自净能力，保障项目区域水体水质长效稳定。

项目分为入湖沉淀区、生态净化区、水源涵养区和生态景观区四大区域。在全食物链自净型水生态系统的构建下，实现水体中固体悬浮物及氮磷污染物的初步净化，并结合现有岸上景观、“蓝色珠链”水环境综合治理工程（一期）、岑卜湿地生态修复工程（一期）等，构建潜流湿地、浅滩湿地、水下森林，丰富“蓝色珠链”片区的滨水景观，提升水生态品质，促进生物多样性恢复。

崇明区推进海塘精细化管理，打造无废新海滩

尹中华 | 崇明区海塘管理所海塘管理科科长

上海地处长江入海口，三面滨江临海，因水而生，依水而兴，但几乎每年汛期都会不同程度地遭受台风、暴雨、海潮和洪涝等灾害的袭击。上海现有主海塘 498.8 公里，“千里海塘”是上海抵御风暴潮灾害的第一道防线，是最重要的安全屏障，对上海市的城市发展和安全发挥着极其重要的作用。

崇明三面环江，一面临海，西接长江，东濒东海，南与浦东新区、宝山区及江苏省太仓市隔水相望，北与海门市、启东市一衣带水，主海塘全长共计 288.1 公里。“百里江堤”是崇明岛赖以生存的生命线、促进发展的生产线及美化环境的生态线，被崇明人戏称为“脚盆箍”，海塘建设对崇明的重要性不言而喻。

河海垃圾的堆积不仅对海塘生态环境造成不可逆转的伤害，还影响到崇明岛的生态形象。为防止反弹，除了清理现有垃圾外，崇明区对海塘违法倾倒垃圾、清漂垃圾等进行实时监控，确保常态监管、精准监管。

除了垃圾清理，崇明海塘还开展了海塘提标改造、滩涂清理整治、景观道生态修复提升等工作，打造安澜海塘建设新方向，守护崇明一方平安。

邵媛媛：请介绍一下崇明海塘。

自 20 世纪 60 年代以来，党和政府高度重视海塘建设，崇明海塘的变迁史可以用几个数字来概括，从“63”海塘向“74”海塘过渡，最后形成“85”海塘，一直延续至 20 世纪末。

当时的崇明岛主海塘，业内人习惯称之为“八五堤”，即堤顶高度 8 米，堤顶路面宽度 5 米，外坡比 1：3，内坡比 1：2，设防标准 50 年一遇。为了满足“85”海塘的防御标准，1975~1977 年，全岛人民对原土大堤进行了裁弯取直、加高加固等措施，共完成土方堆填 590 万立方米。

为了加强堤身安全，提高堤身结构稳定系数，海塘管理部门从 1980 年开始进行锥孔灌浆技术的研究试验工作，同年底开发出了第一台锥孔灌浆机。所谓锥孔灌浆，就是将泥浆通过深入堤身的锥孔输送入堤身内部，以达到增加堤身质量、充实堤身内部空隙、消除海塘安全隐患的目的。

1982 年，性能更加优越的第二代锥孔灌浆机诞生。海塘管理部门组织了一支十多人的专业灌浆队，这支队伍从 20 世纪 80 年代初至 90 年代末近二十年，顶烈日、冒严寒，长年累月辛勤作业在海塘上，完成当时全县 58 公里海塘钻孔灌浆任务，灌浆 100 多万立方米，为崇明岛筑起了第一道钢筋混凝土屏障，也为夯实崇明海塘基础建设作出了巨大贡献。

邵媛媛：对海塘的建设与管理，一般会涉及哪些部门？分工如何？

海塘的建设、岁修和养护实行统一管理与分级负责相结合的原则，公用岸段海塘的建设由市水务局组织实施，但市政府另有规定的除外。公用岸段海塘的岁修和养护，由区水务局组织实施。专用岸段海塘的建设、岁修和养护，由专用单位承担，区水务局负责检查和监督指导。

海塘精细化管理，主要围绕海塘巡查网格化、海塘养护规范化、绿化养护景观化等方面开展，着力打造具有崇明特色的人文海塘、景观海塘、平安海塘。目前已经建设完成的南门海塘滨江段，通过结合崇明的海岛特色、农耕文化、乡野景观，打造出一条以观海、休闲、文旅为特色的生态低碳景观慢行海塘。

邵媛媛：在进行海塘及滩涂区域的垃圾清理方面，河海垃圾一般如何分类，哪些是需要重点清理的？这些垃圾一般是为何出现的？

对于河海垃圾，内河青坎一般以生活垃圾与零星建筑垃圾为主，外海青坎主要是清漂垃圾与浪沿柴两大类。其中，生活垃圾和清漂垃圾为重点清理对象。清漂垃圾多数是因外海潮汐时漂至外青坎（海塘坡脚外20米区域）后留于栅栏板缝隙内，每次清漂垃圾的量都比较大；生活垃圾为大堤内侧及附近村（居）民偷偷倾倒的生活垃圾；零星建筑垃圾被附近或其他地方的拖拉机、卡车偷偷装运至大堤后倾倒；浪沿柴则为外海潮汐时留下。

清漂垃圾大部分为白色垃圾、部分为浪沿柴、小部分为断树断枝等，白色垃圾通过人工清理并装袋，同时联络垃圾处理清运公司清运装袋的垃圾。生活垃圾通过人工清理并联络附近村（居）民委员会，由所在村（居）民委员会清运。其他零星垃圾及建筑垃圾通过人工及载货车装运至指定卸货地点。

对于垃圾的清理，我们会定期开展净滩活动，不定期组织人员对沿线大堤进行现场检查，发现垃圾量较大的地方，通知养护单位对现场进行清理并装运。定期开展净滩活动为每季度1次，不定期检查及清理为每月2～3次。

邵媛媛：垃圾的堆积，对于海塘的生态和管理会造成哪些不利影响？除了清理现有垃圾，还有哪些防治措施？

垃圾堆积对海塘生态环境造成不可逆转的伤害。白色垃圾等不可分解，长期堆积对崇明岛生态影响极大；从海塘的管理方面来讲，也加大了海塘管理的难度，很难有效地规划及落实。

除了清理现有垃圾外，为彻底解决问题、坚决杜绝反弹，崇明区形成了“全流域、全覆盖、无缝隙、无死角”的长效保洁管理网络，由第三方养护单位执行。对海塘违法倾倒的垃圾、清漂垃圾等进行实时监控，确保常态监管、精准监管。

对于清理后的垃圾，一般量小的垃圾由人工清理并联络清运公司装运；体量大的垃圾，由挖掘机铲运到堤塘边，再装进一旁的运输车上，运到垃圾处理中心进行分拣，可回收的进行回收，不可回收的进行无害化处理。

崇明区海塘所的志愿活动
图片来源：崇明区海塘所

邵媛媛：除了垃圾清理，崇明海塘近年来的主要工作有哪些?

一是海塘提标改造。将崇明区本岛海塘防御标准提升到200年一遇，目前已完成的有崇明环岛景观道一期、环岛景观道二期、北沿海塘达标、北湖海塘达标等工程，总长约122公里。

二是滩涂清理整治。近年来，根据中央长江共抓大保护的要求，清理整治滩涂历史遗留问题30多处，目前已全面完成整治目标，确保滩涂资源管理依法合规。

下一阶段，崇明海塘将实施崇明生态岛环岛防汛提标一期工程，涉及堤外滩涂修复工程、堤顶生态系统文化服务工程及堤内植物群落优化工程。其中，堤外滩涂修复工程涵盖2处重要湿地节点、4处工业厂区退岸还滩、7处水系连通通道生境点修复；堤顶生态系统文化服务工程涵盖科普教育中心、驿站、标识系统；堤内植物群落优化工程对全线45公里沿线内坡及内坡向内20米范围内的植物结构品种进行提升。

积极营造爱水护水节水环境，多样化普法宣传

祝瑞康 | 上海市水务局执法总队五支队副支队长

南美洲秘鲁的克丘亚人有一个关于蜂鸟的古老故事。森林发生了火灾，当所有动物竞相逃命时，有一只蜂鸟却在火场里飞来飞去。有动物发问：“你在做什么”？蜂鸟说：“我飞到湖边取水帮助灭火。”动物们嘲笑道：“你扑不灭这场大火！”蜂鸟回答：“我在尽我所能。”

这则故事被分享在联合国“世界水日”官网上，期望以蜂鸟的行动，向人们传达一个理念：欲变世界，先变自身。

3月22日为“世界水日”，3月22～28日为“中国水周”，每年“春江水暖鸭先知”的时节，是水务普法宣传力度最大的时候。水务普法意

在使社会各界广泛关注、了解水利工作，营造亲水、爱水、护水、节水的良好风尚，并鼓励、引导群众积极参与水务治理工作中。

戴媛媛：如何提升水务执法工作者本身的法律素养？

首先，加强系统内执法人员业务培训。一是对全市水务执法人员开展全市执法业务培训，通过每年录制课程开展远程教育培训，聚焦执法重点难点问题，拓宽执法业务培训的覆盖面；二是对执法业务骨干开展有针对性的执法业务培训，内容包括案例评析和案卷评查学习培训、重点难点问题专题培训、执法人员小班化轮训、业务交流研讨等；三是将普法学习纳入水务执法总队体能礼仪培训、青年干部培训计划中，树立重视法治素养和法治能力的用人导向，加大轮岗交流和培养力度，全面提升水务执法工作者的法治素养；四是通过召开宣传工作会议、宣传业务培训，实施信息宣传积分、激励等制度，加强对执法人员的培训指导，提升普法宣传意识和业务能力，激发普法宣传工作热情。

滨河夜景
图片来源：上海市水务局水利管理处

其次，通过学习交流深化普法培训成效。一是结合国家宪法日、宪法宣传周等节点，系统开展普法培训，通过参加专家讲座、参观“庆祝新中国成立70周年宪法主题展”、参与“我与宪法”微视频征集和宪法知识网络答题等活动、旁听案件庭审等方式组织干部职工参加各类宪法宣传活动；二是通过与兄弟单位（部门）开展联学联建、业务交流，深化巩固学习成效，如与人民检察院、长江航运公安局开展多次交流探讨，积极推动非法采砂公益诉讼、两法衔接等工作；组织执法人员赴环保执法总队学习与环保相关的法律法规，落实水污染防治方面的相关要求；三是通过各类技能“比武”，提升执法人员的专项技能水平，在执法人员中掀起了一阵“比武”热潮，充分展现了执法人员的能力和水平。

戴媛媛：对外开展的普法宣传活动一般有哪些形式？

结合“世界水日”“中国水周”等时间节点，聚焦重点执法事项，在水利、供水、排水等各个行业开展全覆盖式法治宣传。据统计，在涉水的重要时间节点，水务执法总队每年共开展50余场法治宣传活动。

开展多形式普法宣传活动。积极开展主题鲜明、形式多样、群众喜闻乐见的法治宣传活动，营造学法、用法、守法的氛围。结合常见违法行为、新法律法规的出台，通过法律法规宣讲、云课堂知识传播、以案释法、公开审理、公开听证等方式促进行政相对人知法守法意识，并积极邀请相关媒体参与报道，在电视、报刊宣传的基础上，运用微信公众号、网站等平台，形成了多层次、全方位的宣传体系，有效扩大了水务执法工作的社会影响。

推广各类行政指导手段。执法监督关口前移，通过推广各种行政指导手段，预防和减少违法行为发生。一是开展行政签约，与相关重点对象签订协议，明确相对人的权利义务以及法律法规常识，通过事前对接，预防和减少违法；二是建立联络员制度，使执法单位与相对人之间建立起一种平等互信的关系，因而对相对人开展的宣传检查要求也更容易为人接受；三是开展行政建议、行政告诫，对于重点领域、隐患问题通过行政建议或者行政告诫的方式进行指导，要求相对人及时整改隐患、改进工作。

针对重点对象开展培训。近两年来，随着对生态环境重视程度的不断加大，对水环境执法工作的力度也有了明显的加强。尤其对排水水质超标的违法行为，在法律依据、执法制度、裁量基准等方面都有了较为明显的变化。针对这种情况，水务执法总队结合《城镇排水与污水处理条例》《上海市排水与污水处理条例》的宣贯，对上海的排水户开展法律法规宣传培训，不断提高排水户的知法守法意识，加大源头治理力度。

加强社会公众普法宣传。结合热线处置工作，执法总队加强对社会公众的普法宣传。一方面，积极探索、拓展和优化水务违法行为的发现方式和手段，充分调动社会公众对水务违法行为举报的积极性，起草《上海市水务海洋违法行为举报奖励办法》，并在市水务局官网上予以公开，对于常见的违法行为予以列举，进一步促进社会公众对于涉水涉海违法行为以及水务法律法规的了解。另一方面，结合市民服务热线、夏令热线等处置工作，针对市民反映的情况和问题，认真做好解释和反馈，积极回应市民关切的问题，细致地宣讲法律和政策，有针对性地做好法治宣传工作。

戴媛媛：相比于公众，一些与水资源利用、污水排放等息息相关的企业单位和个人更需要精准普法，如何有目的地对这类主体进行普法宣传？

我们把普法贯穿到日常执法检查和专项执法行动中，融入行政执法全过程。通过精细管理，在行政执法前、行政执法中、行政执法后对行政相对人进行有针对性的法律法规宣传。

一是结合专项执法行动进行普法。近年来，水务执法总队组织开展填堵河道批后监管检查、河湖水面积变化疑点疑区、“三违一堵”、水土保持、河道清网行动、违法取用水资源、雨污混接整治、非法采砂联合整治月、配合长江岸线清理整治项目整改核验等专项执法行动。在执法中，一方面加大执法力度，体现执法的震慑力，让行政相对人不敢违法；另一方面通过发放宣传告知单、通知通告、宣传教育、提醒整改等方式，促进相关法律法规得到精准普及，让行政相对人不想违法。

二是结合处罚案件办理进行普法。坚持普法在前，主动告知行政执法的执法依据、相关标准、执法程序，同时向相对人解释相关违法行为的情节及裁量基准。告知当事人相关违法行为所需承担的法律后果、陈述申辩或申请听证以及申请行政复议、提起行政诉讼的权利。坚持处罚与教育相结合，为相对人提供服务指导，促进相对人能够快速高效地整改到位。

三是结合执法信息公开进行普法。将行政权力清单、相关法律法规、行政处罚裁量基准、以案释法案例等在市水务局官网进行公开。同时，行政处罚结果的相关信息在市水务局官网上主动公开，并通过信用中国（上海）网站上予以公开。将权力置于公众和社会的监督之下，促进执法工作的公正公平。

戴媛媛：目前，上海有哪些优秀的水务普法宣传作品？

在当前新媒体的环境下，新媒体传播成为主流媒体的重要部分。为了适应新形势新情况，水务执法总队不断加大对新媒体制作的投入力度，推出了短视频、动漫等一系列在宣传内容和传播形式上更为贴合受众需求的作品，取得了良好的宣传效果。2022 年制作的短视频《严查防汛隐患，筑牢安全屏障》观看量近 8000 人次；动漫微视频《家园》获“人・水・法”水利法治短视频一等奖。

常态化多元化宣传清瓶行动，共建节水型社会

邵嫣婷 | 上海市供水管理事务中心科员

早在2016年，《人民日报》就刊文关注过“半瓶水”的浪费问题：“不只是会议、活动现场，在图书馆、体育馆以及人流量大的步行街、游乐场等地，‘半瓶水’也随处可见”。

会议结束后留下的半瓶水
图片来源：戴媛媛 摄

“半瓶水”的浪费有多惊人？据新华社报道，有专家以10%的浪费率保守估计，全国会议场所每年浪费的“半瓶水”在千万瓶以上。瓶装水浪费的背后，是更加惊人的水资源浪费。

我国水资源匮乏，人均占有量远低于世界平均水平，节水从来不是一件小事。随着“光盘行动”的推广，节约粮食的理念深入人心。杜绝“半瓶水”的浪费，也需要落实到日常生活的行动中，不仅要意识到“喝剩半瓶水不管”是一种浪费，更要使“把水喝完、喝不完带走”变成一种习惯。

“清瓶行动”或许只是举手之劳，但也是节约用水环节中一个小小的生动注脚。

戴媛媛：“清瓶行动”由党政机关、事业单位、国有企业带头开展，后面如何面向更多企业和群众推广？

“清瓶行动”注重以点带面，加强示范引领，开展“清瓶行动”常态化宣传。通过开展海报设计评选活动、张贴公益宣传海报，在公交、地铁移动电视和楼宇、商圈、景区电子屏等端口播放“清瓶行动”公益宣传片等方式，充分发挥公益广告宣传阵地的作用，不断扩大“清瓶行动”的影响力和辐射面。

同时，“清瓶行动”强化对不同群体的宣传教育引导，呼吁全社会主动减少“半瓶水”的浪费行为，打造常态化宣传氛围，加大舆论评价监督；适时开展“节水志愿者进现场”活动，增加公众对“清瓶行动”活动的融入感和参与感，积极营造“厉行节约、反对浪费”的浓厚氛围；结合实际工作，通过业务渠道，继续对广大用水户开展“清瓶行动”常态化宣传，让“清瓶行动”理念深入人心、融入社会生活。

戴媛媛：在会议展馆、宾馆酒店、公共交通、赛事演出等瓶装水使用较多且流动性极强的场所，公众的节水意识如何？如何提醒并强化节水意识？有哪些经验可以推广？

现在，公众的节水意识得到明显提高，对“清瓶行动”内在意义有了深入了解。全市组建节水先锋志愿服务队，走进国家会展中心，在场馆、通道、办公场所、保障酒店等周边区域的醒目位置布置“清瓶行动”宣传海报、标语等，打造“清瓶进博”，向来往展商、市民宣传倡导清瓶节水理念，鼓励尽量自带饮用水。

上海市水务局联合市文化和旅游局，向重点宾馆、酒店发起“清瓶行动”的活动倡议，鼓励宾馆行业积极践行“清瓶行动”，充分利用行业优势做好宣传，传播节水理念。宾馆、酒店等会务承办单位身体力行，在前台、会场、客房等地点布置“清瓶行动”标语；多向市民提供小瓶矿泉水和供应热水，及时收集剩余瓶装水，用于日常清洁和花草浇灌等；瓶装水生产企业勇当表率，在包装上设计制作“清瓶行动”创意 logo 标识和节水宣传标语，将“清瓶”理念融入瓶装水的生产、销售、回收全过程。

戴媛媛：在高校举办的“清瓶行动”有哪些特色的活动？

2021 年 9 月，上海市水务局联合上海市教育委员会在全市高校开展“清瓶行动”平面设计大赛，活动共收到上海市多所高校学生 50 余幅形式新颖、富有创意的作品，经线上大众投票和专家评审，评选出10幅优秀宣传海报、2部优秀微视频，引导高校师生养成“拒绝浪费半瓶水”的良好节水习惯，树立绿色新风尚。

2023年“节水宣传周”，上海市水务局联合太湖局、上海市教育委员会走进上海交通大学闵行校区，开展2023年“节水行动进校园”主题宣传活动。活动现场设置了游戏环节、科普环节、科普展示区、成效展示区，现场气氛热烈，活动效果显著。

戴媛媛：除了“清瓶行动”，上海还开展了哪些节水宣传活动？效果如何？

上海每年围绕“世界水日”“中国水周”“全国城市节约用水宣传周”“全国科普日”等节点，聚焦《公民节约用水行为规范》，组织开展丰富多彩的节水科普宣传活动，包括线下走进社区、学校、机关（单位）、企业等，通过设摊咨询、发放宣传册、知识互动问答等，和市民交流日常用水节水经验，宣传倡导节水理念；节水知识“云课堂”带领学生和家长们跟随可爱的节水吉祥物“霖霖”学习节水知识，参与节水实践；“云交流”和“云展示”一批节水（示范）型载体，展示节水成果案例，让优秀节水载体发挥示范引领作用，激励全市用水单位比学赶超，争创节水特色。

经验小结

水务部门作为牵头单位，在河湖长制中责任重大，如何充分发挥牵头作用，不仅关乎其工作态度，也关乎其协调能力。在水污染防治、水环境治理、水资源保护、执法监督、宣传教育等方面，上海市水务部门都起到了牵头作用，并充分发挥科技的力量智慧治水，引导对不同群体的宣传教育，打造常态化宣传氛围，加大舆论评价监督。

在上海226条骨干河道“一河一策”的制定过程中，先后有7家设计单位共同参与，投入两百余名中高级工程师组成多支团队，以行政区为单位分别开展踏勘工作。超前策划、细致安排，积极吸引上海水利行业优质和经验丰富的规划设计单位参与编制工作，如此庞大的工程才能有条不紊地进行。

水质监测为饮用水安全、水功能区纳污总量核定、水资源管理和可持续利用提供科学、准确的决策依据。从河道医生“望闻问切”到通过水质自动监测站“远程看诊”，水环境治理能力需要借助科技的力量。依托水质自动监测站、无人机、无人船等智能终端建设，上海初步建成河道立体巡查监管网络。

随着上海城市的数字化转型，治水也逐步实现数字化。BIM 技术的运用，强化了方案设计全过程项目管理；无人机、红外设备、大数据分析等先进技术，协助建立起区域河网水动力、水质感知模型；数字孪生项目建设持续推进了河湖管护的精细化管理水平。在多元技术的支撑下，治水工作变得事半功倍。

治理成果的考核也是牵头部门的重要责任。上海采用河湖水质监测、预警、综合评价全过程的“巡、盯、管、督”和跟踪考核，结合“周暗访、月通报、季约谈、年考核”等方式，及时通报考核结果和整改情况，作为党政干部年度工作考核依据，不断完善和优化考核内容、考核标准和考核机制。

作为一座超大城市，上海污水治理体系的建立和治理能力的提升，也是河湖长制工作的重要组成部分。上海市水务局牵头的“三厂三线多点”工程总体布局已初显成效，污水处理系统安全保障能力有所提高，精细化管理水平也有所提升。

在生态清洁小流域的建设方面，上海市水务局和河长办也牵头制定了总体建设方案。从金山区水库村的生态清洁小流域建设的典型案例可以看出，规划引领、生态优先和产业融合是生态清洁小流域建设的 3 个重点。生态清洁小流域的建设，也成为上海建设“生态之城”的助力工程。

社会各界关注、了解水利工作，营造亲水、爱水、护水、节水的良好风尚，离不开水务牵头的普法和宣传工作。上海市水务普法从系统内部人员做起，提升水务执法者的法治素养和法治能力。在对外开展多形式的普法宣传活动方面，“清瓶行动”的常态化宣传通过开展海报设计评选活动、张贴公益宣传海报形式开展，在公交、地铁移动电视和楼宇、商圈、景区电子屏等端口播放“清瓶行动”公益宣传片等多元的媒介宣传方式，宣传的影响力和辐射面也在不断扩大。

水务部门在河湖长制中发挥的牵头作用，也为牵头工作如何牵好头提供了一个有益的样本。水务部门对具体的配合部门给予相应的指导和支持，对其工作进行督导和成果的验收，只有牵头部门和参与部门各司其职、相互配合，才能弹好旋律和谐的“协奏曲”。

第三节
Part 3

部门联动　协作治水
Interdepartmental Cooperation

市生态环境局高压严管排污，为绿色发展护航

徐 冰 | 上海市生态环境局水生态环境处

山川秀美，关键在水。水生态文明是生态文明的重要组成和基础保障，也是美丽中国建设的重要内容。

随着工业化、城镇化和现代化的推进，水体污染，水域破坏，导致整个生态环境失衡。生态环境治理成为现代生态城市建设的重要环节。对河湖生态环境进行综合治理，有助于保护和修复河湖生态系统、实现水资源的可持续利用、提高水环境质量、维护人类生存环境，河湖生态治理的重要性不言而喻。

开展并落实生态治理与河流生态整治，构建具有良好循环功能的水生态系统，是未来实现可持续发展的关键。无论是碧波浩淼，还是水清见石，都离不开市生态环境局的保驾护航。

戴媛媛：在水污染防治、水环境治理等方面，市生态环境局主要开展了哪些工作？取得了哪些成效？

坚持清水为民、还岸于民，依托水污染防治行动计划的实施，完善水质考核监督、信息公开机制，全面提升水污染防治基础设施能力。市生态环境局主要开展的工作有以下几个方面：一是控源截污，推进河道周边工业企业整治；二是强化执法，对排污企业持续保持高压态势；三是全面监测，密切跟踪整治河道水质变化；四是以查促改，进一步巩固整治成效。

近年来，上海市水生态环境质量持续改善。长江口青草沙、陈行、东风西沙和黄浦江上游金泽 4 个集中式饮用水水源地，自 2018 年起每月水质均稳定达到或优于Ⅲ类；2017 年底，建成区河道消除黑臭；2018 年底，全市消除黑臭水体；2020 年底，全市基本消除劣Ⅴ类水体；2022 年，全市地表水考核断面中水质优良比例为 95.6%，较 2017 年上升了

72.4 个百分点，并全面消除Ⅴ类和劣Ⅴ类断面。黄浦江、苏州河、淀山湖等重要河湖的水生生物多样性指数与鱼类数量等均呈增长趋势，土著鱼类种群重现，水清岸绿、鱼翔浅底的生态美景再次显现。黄浦江、苏州河中心城区核心段两岸全线贯通，其中苏州河水上旅游航线正式开通，从“工业锈带”变身“生活秀带”，从黑臭河道到水上漫游，“一江一河”已经成为上海最靓丽的一道风景线。

戴媛媛：具体来讲，市生态环境局如何推进河道周边工业企业整治？

2017 年，上海市在 1864 条城乡中小河道综合整治中完成 3135 家直排工业企业的整治；2018 年，完成上海市地方污染物排放标准《污水综合排放标准》的修订，聚焦“苏四期”覆盖的河道范围内 2012 条干支流周边工业企业的全面排查，确定 115 家企业存在环境风险隐患，并于 2019 年内全面完成整治；2019 年，全面开展河道周边工业企业整治，要求各区查漏补缺，结合第二次污染源普查成果、全市河湖消除劣Ⅴ类整治等工作，新增上报 120 家整治企业；2020 年，重点巡查已整治的 3200 家企业，持续推进新增企业的整治工作，有效巩固整治成效，防止污染回潮，同时根据市河长办的要求，发布《上海市生态环境局关于印发 2020 年河道周边直排工业企业污染源分类整治督查督办工作计划的通知》，对直排工业企业整治工作开展专项督查督办工作，推动各区积极整治，彻底解决直排和潜在工业污染源对河道水环境的风险影响。

戴媛媛：在执法方面，市生态环境局如何与其他单位如水务局，联合执法或开展专项执法？

市生态环境局严格落实环保、水务联合执法工作机制，不断深化执法联动和信息互通，根据管辖权限及时移送违法线索，将联合执法与专项执法相结合，始终对涉水违法行为保持高压态势。市生态环境局执法总队积极落实河长制的各项工作任务，主要开展了涉一类污染物排放企业专项检查、港口码头环境综合整治、饮用水水源地执法检查巡查、重点排污企业自动监测设施专项执法、海洋执法、水生态执法等领域的相关工作。

2016 年起，市生态环境局执法总队与市水务局执法总队建立了执法联席会议制度，定期交流协同执法实务；构建了案件移送机制，对日常执法检查中发现的涉及各自执法事项的违法案件或涉嫌违法线索，及时移送对方处理。2020 年以来，市生态环境局执法总队与市水务局执法总队每年对废水纳管企业和中小河道边直排工业企业开展联合专项检查。2022 年，市、区两级环境与水务执法机构开展联合行动，加强对纳管企业的执法监管，出动执法人员 6500 人，检查企业 2968 家，发现环境问题 253 个，对其中 26 家单位实施行政处罚，处罚金额共 224.07 万元；联合开展饮用水水源地执法巡查，保障饮用水水源环境安全，出动执法人员共计 1153 人次，检查饮用水水源地风险企业（含保护区及缓冲区）445 户次，家庭种养结合农场 15 家次，发现环境问题 33 个，实施行政处罚 6 件，处罚金额共 121 万元。

戴媛媛：水质监测方面，市生态环境局主要开展了哪些工作？

市生态环境局在每月对地表水市控断面开展例行监测的基础上，根据市河长办的统一要求，联合水务部门每月对镇管以上河道实施全覆盖监测，对纳入国家名单的已完成整治的 67 条建成区黑臭水体实施每年两次监测，对各区开展的河湖监测情况以及“三查三访”发现的问题河湖等开展抽测、复测，参与起草全市河湖普查方案，在上一年度基础上持续优化制定下一年度全市河湖监测计划。

戴媛媛：整治之后，一些企业边的河湖会出现回潮现象，这该如何巩固治理成效？

市生态环境局对各区整治成效按月开展调度和现场复核，要求各区生态环境部门在落实问题整改的基础上，举一反三，主动全面开展自查自纠工作，动态补充整治范围；安排第三方巡查单位对风险隐患企业进行强化巡查，严防整治企业回潮现象，持续巩固提升水环境综合整治成效。

市生态环境部门开展河道采样监测工作
图片来源：上海市环境监测中心

市房屋管理局整治雨污混接，监督治理常态化

陈杰家 | 上海市房屋管理局物业管理处二级调研员

由于历史建造原因，上海中心城区大多采取雨水污水合流制排水，即雨水和污水合用一条管道。

旱天时，相关部门通过充分发挥设施潜能、合理优化调度方案和多部门协同等管理措施，用相对平稳的方式将污水管里的污水输送至末端污水处理厂。但在雨天时，短时间内的雨量和污水量合计超过了合流制污水系

闵行区浦锦街道河狸社区
图片来源：上海市水务局水利管理处

统的最大承载能力，考虑到防汛排水安全，相关部门不得不进行雨污水放江，从而导致河道污染。因此，这成为沿岸群众反映强烈、迫切需要解决的一个问题。

邵媛媛：在推进河湖长制的工作中，房屋管理局协同水务局推进两轮住宅小区雨污混接整治工作，能否展开讲讲第二轮（新一轮）住宅小区雨污混接整治情况？

此方面的工作措施主要围绕两点展开。

首先，明确工作目标，部署整治任务。针对部分区域雨污混接调查不到位、改造不彻底、混接回潮及长效机制不健全等问题，市河长办、市水务局和房屋管理局会制定相应工作方案，在完成“第一轮雨污混接改造收官战”任务的基础上，深入开展第二轮雨污混接的调查和整改、截流设施评估与改造、已改造混接点“回头看”以及健全雨污混接整治长效机制等相关工作。例如，2022 年，房屋管理局协同市河长办、市水务局联合印发了《关于打赢本市新一轮雨污混接综合整治攻坚战的实施意见》，按照“2022 年底前各区完成 1948 个住宅小区雨污混接点的整治工作”“推进雨污混接治理从专项整治向常态化监督治理转变”的重点目标要求，指导各区明确项目清单，细化时间节点，严格质量管理，强化监督考核，建立长效机制，确保雨污混接整治工作有序推进。

其次，重点督办推进，狠抓工作落实。房屋管理局协同市河长办、市水务局组织召开雨污混接整治推进大会，通报雨污混接整治专项审计自查自纠、新一轮雨污混接整治进展情况，并部署新一轮雨污混接综合整治攻坚战及中期督查工作，督促各区加快推进住宅小区雨污混接整治工作；同时，宣贯了上海居住区排水设施雨污混接监督检查工作要求，指导各区建立健全雨污混接整治长效机制。另外，房屋管理局配合市河长办印发了《关于开展新一轮雨污混接综合整治中期督查的通知》，由市水务、房屋管理两局分管领导带队，对住宅小区雨污混接整治任务较重的浦东新区、金山区等 9 个区开展雨污混接综合整治中期督查，对督查中发现的问题，两局指导督促限期整改。

邵媛媛：在指导各区整改审计问题上，有什么机制方法吗?

一是组织开展自查自纠。房屋管理局协同市水务局印发了《关于开展本市雨污混接综合整治情况专项审计调查问题自查自纠工作的通知》，从完善雨污混接改造后长效管理机制、强化雨污混接改造项目管理与实施、开展市级奖励资金拨付项目核查 3 个方面，指导各区举一反三，全面排查，确保审计问题整改到位。

二是扣减多拨付资金。结合各区自查自纠结果，2022 年 8 月，房屋管理局协同市水务局联合向市发展改革委提交了《关于申请使用 2022 年度本市住宅小区雨污混接改造市级奖励资金的函》，对审计调查及自查自纠发现问题中多申请多拨付的 1.3 亿元市级奖励资金，申请在本轮下拨资金中予以扣减或退回；后续由市发展改革委下达专项资金安排计划，由市财政局通过市、区两级财政资金结算的方式落实。

三是完善监督检查机制。2022 年 3 月，房屋管理局协同市水务局印发了《关于进一步加强本市居住区排水设施雨污混接监督检查工作的通知》，指导各区完善居住区违规雨污混接排放行为日常巡查、发现报告、整治问题的闭环管理机制，同时明确了区水务、房管、属地街镇等相关部门职责，巩固提升居住区雨污混接整治成果。16 个区结合本辖区的实际情况，按照时间节点要求印发与雨污混接常态化监督检查的有关文件并落实工作制度。

邵媛媛：有什么住宅小区雨污分流改造的案例可以分享吗？

2022 年 8 月，嘉定区安亭镇对存在局部或大面积混接、错接的 7 个小区，涉及 48 万平方米的住宅进行雨污混接改造，从源头上解决雨污混接对河道水环境的影响。

例如，安亭镇颂苑小区建于 2005 年，当时的房屋设计将污水管道设置在北面的厨房和卫生间。然而随着居民对南面阳台日常晾晒等的生活需求不断增加，越来越多的住户把洗衣机等生活设施挪至阳台，将生活污水排入雨水管。一开始，混排的生活污水还比较少。随着越来越多的污水排到河道，河道水体开始发臭。

为减少项目施工对居民生活造成的影响，在征询全体业主的意见后，安亭镇人民政府、小区物业、居委会和业委会等多方数次召开专项会议，计划在项目中严格控制施工时间，限制开挖范围，采取“每开挖一段，立即恢复一段”的施工节奏和人工开挖方式，同时保护社区绿化环境免遭破坏。

除了阳台污水接入雨水管道外，排水系统不完善、建筑设计标准制定和更新滞后、养护管理不到位、老旧管道损坏、违法乱接与错接等也是造成雨污混接的重要因素。对此，安亭镇针对不同年限的小区，结合实际情况制定专项改造方案，并同步对基础设施较差的老旧小区实施绿化、道路、停车位等优化升级。

市交通委推进各方联合执法，建设高标准码头

陶家伟　张英杰　童丹英 | 上海市交通委员会一级主任科员

交通委是一个能够“上天入海”无处不在的部门。

在台风天等恶劣天气来袭时，它负责对各交通路线统一协调部署；在海边码头，它需要对船舶污染物接收治理；在市民的生活区，它又会设计商用航线，丰富水上旅游体验。

在部门联动方面，它又是协助各部门处理污染整治的好帮手。生态局、海事局、文旅局、住建委等部门，都曾与交通委牵手，一同推进河湖长制的建设。

苏州河旅游水上航线
图片来源：张呈君 摄

邵媛媛：交通委的主要工作包括船舶污染物的接收与码头环保的综合治理，具体是如何开展的？

在接收船舶污染物方面，上海交通委以不断提升接收能力为目标，在落实全港码头配置船舶污染物接收设施或者委托第三方接收单位提供接收服务，和黄浦江下游经营性内河船舶纳入免费接收范围的基础上，持续强化和提升船舶污染物的接收能力。一是开展船舶污染物接收转运处置能力评估工作，全面掌握船舶和港口污染物接收能力与到港船舶的匹配情况，实现资源合理配置。二是加大船舶污染物接收的宣传告知，全港码头均设置告知牌或发放告知单，相关管理部门制作了微信宣传短视频，并通过船舶进出港短信推送等方式，向入沪船舶推送相关政策信息。三是设立船舶污染物接收调度服务中心，通过热线服务和统一调度，提升船舶污染物接收服务效能。

在深化码头环保综合治理方面，一是常态开展码头环境问题排查。上海交通委持续开展多轮次的环保问题整改“回头看”抽查；针对专项检查中发现的问题，制定工作方案，强化标准要求，检查整改成效，并反馈给各区管理部门。二是推进实施精细化许可管理。全港码头已基本按照《关于规范全市货运码头港区陆域范围的指导意见》要求，落实了港区平面图的制图附载工作。三是全面推进内河港口标准化建设。上海交通委在 2021 年 9 月编制完成《上海市内河港口标准化技术规范》的基础上，全面推进标准化技术规范的应用，引导和督促各区各单位开展内河码头标准化改造，改善内河码头的基础设施、标志标识、内部整洁、景观绿化和污染防治能力。

邵媛媛：如何完善船舶港口污染防治长效管理机制？

一是建立码头环保综合监管机制。在持续推进码头环境综合整治的基础上，上海交通委牵头，会同生态环境、水务、海事等部门制定了《关于建立完善我市码头综合监管长效机制的通知》，建立健全了推进港口、环境、水务、海事等多部门联合执法机制，进一步压实了码头所在地的属地责任。

二是推进码头环保相关标准应用。针对港口码头环保检查标准不统

一、整改要求不明确等问题，组织行业协会制定内河港口技术标准，明确港口码头在生态环境等方面的管理要求，改善码头的基础设施、标志标识、内部整洁、景观绿化和污染治理能力。

三是强化船舶污染防治法治保障。结合长三角区域协同立法，联合上海海事局落实了《上海市船舶污染防治条例》的起草工作，并于 2022 年 12 月立法通过。本次立法覆盖了上海和国家授权管理的全部水域，实现了内河和海域统一规范；提高了船舶污染防治的严格程度，禁排要求全面高于国家标准；设立了众多疏导和公共服务制度，将免费接收政策正式上升为法规；专设了绿色航运示范区的相关条款，体现了上海特点和新形势的要求。

邵媛媛：如何加快推进对岸电设施的建设和使用？

一是推进内河岸电标准化改造。结合低压岸电接插件标准，发布了上海港低压岸电系统技术要求，目前已完成 90% 左右的适用码头改造建设（包括上港集团内支线泊位）。针对大部分 600 吨以下的内河船舶，因其船舶设施老旧无法使用标准化接插件问题，交通委会同船级社、上海港口行业协会发布团标，指导码头增加 220～380V 变压转接箱，推进非标船舶岸电使用。

二是加大岸电使用支持力度。交通委出台新一轮岸电扶持政策《上海市鼓励靠泊船舶使用岸电扶持办法》，政策取消了岸电建设补贴，重点向使用环节倾斜，目前国际集装箱和邮轮船舶在使用岸电时仅需向码头支付 0.3 元 / 千瓦时，电费差价部分由政府补贴相关码头企业。同时，上港集团在 2022 年上半年推出了费率优惠措施，对于靠泊期间使用岸电的外贸船舶，给予靠港船舶停泊费 50% 减免优惠。

三是积极推进岸电使用。上海交通委会同上海海事局印发《上海港提高靠港船舶岸电使用率实施方案（2023 年）》，提出了国际集装箱靠港船舶岸电使用量增长目标，要求邮轮码头、港作拖轮使用岸电实现常态化。通过海事、交通开展联合执法专项行动，试点船案交接单制度，推进本市靠港船舶岸电使用率大幅提升。

邵媛媛：除了对海湖河的污染防治外，交通委在陆域有与河长制相关的工作案例吗？

当然有很多。比如台风来袭时，交通委会指挥各路交通进行停航、停运安排；在暴雨天气时，会关注各河湖的防汛工作，统一协调部署。

邵媛媛：2022 年底，苏州河上的水上航线已经开通，是否能展开讲讲此航线的制定？

市交通委与市文化和旅游局、市住房和城乡建设委员会、市水务局等部门共同建设完成苏州河四处码头——外滩源码头、四行仓库码头、昌化路码头、长风公园码头。

综合考虑苏州河市区段航道窄、桥梁矮、急弯多、水位浅，以及建造周期、运营效率、乘坐体验等因素，首批投入试运营的游船有 10 艘，同时提供两种船型可供选择，配备绿色电动能源、景观灯光造型和移动拆卸座椅。

苏州河的游船为新能源纯电动游船，均通过高标准的国内客船入级检验；常态运行时全船声音可控制在 60 分贝以内；并可通过效果程序管理对灯光进行合理管控。

4 个码头、4 条路线各有特色——以苏州河游览的外滩源码头为起点、覆盖和平饭店与海关大楼等外滩优秀历史建筑群、生动诠释上海的“城市精神”的线路；以四行仓库码头为起点、南京路步行街为终点，回望苏州河两岸民族工商业风云，最能体现上海“民族精神”的水陆联动路线；以昌化路码头为起点，途经福新面粉二厂、申新九厂、信和纱厂等民族工业旧址，见证民族资本家们实业救国，反映“实干精神”的工业遗迹路线等；以及以长风公园码头为起点、中山公园为终点，沿途走过中央制药厂旧址、上海火柴厂旧址、来福士广场等文化地标，表现上海“开拓精神”的行走路线。

2023 年 5 月 1 日起，苏州河又新增中山公园和丹巴路码头两个码头，投入船舶 12 艘。2023 年 8 月起，在原先 30 分钟、60 分钟航线产品的基础上，新增 90 分钟时长的全程航线，受到市民游客欢迎。

同时，交通委致力于将水上游览体验延伸至陆域，打造“一江一河”

文化 IP（知识文化产权）和水陆联动体系——联合码头附近的商户，推出了多款特色下午茶套餐；以“民族精神、城市精神、开拓精神、实干精神”为内涵，开发了多条海派城市考古线路。2023 年 6 月起，交通委还结合中山公园码头，与华东政法大学长宁校区联合推出“思享华政”主题研学；2023 年 7 月推出音乐航班，游客可以沉浸式体验 30 分钟船上乐器演奏，下船后在码头周边的演出场馆享受一场音乐会。

2022 年，“悠游苏州河”水上航线启航
图片来源：澎湃新闻记者邹娟

市农业农村委聚焦绿色农业，加强修复水生态

贺凌倩 | 上海市农业农村委员会四级调研员

河湖水质也许离我们遥远，但餐桌上的蔬果鱼肉却与每个人息息相关。而绿色农业、生态农业与水质的关系却是密不可分的。

在上海市全面推行河湖长制的具体过程中，市农业农村委扮演着重要角色。

在河湖治理方面，市农业农村委主要围绕农业面源污染防治、落实养殖业布局规划、强化内陆水域打击非法捕捞工作、持续开展长江禁捕工作、加强水生态修复等几大方面开展工作。

同时，市农业农村委的工作也离不开与各个部门的联动，与市生态环境局、市长江退捕与禁捕工作领导小组办公室（简称“禁捕办”）、上海海事局等部门积极配合、相互联动，落实责任分工，充分履行职能，加强工作协作，用实干守护上海农业生态环境。

青浦区莲湖村的湖田村落
图片来源：上海市水务局水利管理处

邵媛媛：化肥农药减量是农业面源污染防治的主要内容之一，市农业农村委如何开展这方面工作？

一是持续实施粮田轮作休耕。2017 年，原市农委下发了《关于推进本市粮田季节性轮作休耕养地工作的通知》，从 2017 年秋冬种开始，持续实施粮田耕地轮作休耕制度，明确了绿肥和深耕面积每年不低于 100 万亩（约 666.7 平方公里）的目标任务；强化政策引导，对种植绿肥和冬季深耕实施补贴，推动用地养地相结合，降低耕地使用强度，提高耕地质量，从源头上减少化肥农药的使用。2017～2022年，全市年绿肥深耕面积均超过100万亩（约666.7平方公里），2022年达到122万亩（约813.3平方公里）；同时，在果园上推广生草栽培技术，提高果园园地质量。

二是大力推广绿色生产技术。以水稻、蔬菜等作物为重点，开展绿色生产技术培训，加强技术指导，有序推进有机肥替代化肥、测土配方施肥、缓释肥、病虫害绿色防控技术等化肥农药减量技术的落实。2022年，全市推广商品有机肥29万吨，并在嘉定区、金山区、崇明区和光明食品（集团）有限公司4个区域开展绿色种养循环试点，完成全年粪肥还田面积20万亩（约133.3平方公里）的任务；持续推进绿色生产基地建设，2022年共创建种植业绿色生产基地47万亩（约313.3平方公里），通过绿色生产基地创建，引领上海种植业绿色高质量发展；同时，加强农药、肥料投入品质量监管，推进全市农药实名销售工作，2021～2022年将农药实名销售情况纳入乡村振兴“挂图作战”考核内容。

三是开展农业面源污染对小流域水环境影响监测工作。2019～2022年，崇明、金山、奉贤、青浦等区围绕种植业、畜禽与水产养殖业和农村生活污水设施产排污过程，建立了12个在线监测点位，开展监测工作，通过相关监测评估，为农业面源污染防治工作提供科学依据。

邵媛媛：养殖业与河湖水质也息息相关，市农业农村委是如何落实养殖业布局规划的？

在养殖业的推进方面，市农业农村委的工作主要聚焦在水产养殖尾水治理上，而畜禽养殖业则是集中在推进畜禽粪污资源化利用方面。

在推进水产养殖尾水治理方面，市农业农村委已对照全市水产养殖场尾水治理建设和改造总体目标，扎实推进2021年2.45万亩（约1633.3公顷）尾水项目建设和2022年尾水项目批复。截至2023年9月，2021～2022年尾水治理项目已进入集中验收阶段，2023年尾水治理项目在经过实地勘察、专家评审、方案修改后，即将批复。

在推进畜禽粪便资源化利用方面，近年来市农业农村委贯彻落实《上海市养殖业布局规划（2015-2040 年）》《上海市畜禽养殖废弃物资源化利用实施方案》，指导本市农业部门以种养结合为主要途径，将畜牧生产向粮食主产区和环境容量大的地区转移；支持重点区和企业充分挖掘现有生猪等畜禽养殖场的产能，选择合适的区域，新建、改扩建规模化畜禽养殖场，推动畜禽养殖基地项目建设落地。本市坚决淘汰一批畜牧业落后产能，畜牧业结构布局加快优化，以种定养、以田定畜、农牧循环的格局逐渐形成。

同时，市农业农村委制定了农业绿色生产补贴管理细则、农业机械购置补贴等相关政策，鼓励使用有机肥，并对购买畜禽粪污处理利用装备实行农机购置敞开补贴。通过各项政策落实落地，本市畜禽粪污综合利用能力得到进一步加强，规模化畜禽养殖场粪污处理设施装备配套率达 100%。通过开展绿色种养循环农业试点，积极推动粪肥就近就地还田利用，为本市畜禽粪污资源化利用提供了支撑。

邵媛媛：长江禁捕一直是市农业农村委在水生态修复方面的重点工作内容，市农业农村委是如何开展长江禁捕工作的？

在长江禁捕工作上，市农业农村委全面深入开展“清船、净岸、打非”三大行动，不断建立健全涉渔问题线索大排查长效机制和联合联动执法机制，渔具、网具、矮围以及“三无”船舶动态清零，上海长江禁捕水域处于高度可控状态。

一是将长江禁渔工作纳入乡村振兴、河长制考核体系。市农业农村委明确市相关部门、相关区的责任分工，压实属地管理责任，有效调动各方执法监管力量，有力推进长江上海段的禁捕工作；同时，建立长江禁捕调度工作机制，按月汇总上报各相关部门、相关区长江禁捕工作情况。

二是建立健全长江禁捕网格化管理制度。根据《农业农村部 水利部关于建立长江流域禁捕水域网格化管理体系的通知》的要求，市禁捕办、市河长办联合印发《上海市长江流域禁捕水域网格化管理实施方案》，建立完善了上海长江流域禁捕水域网格化管理体系，提升了禁捕执法监管效能，维护了禁捕水域管理秩序。

三是积极开展长江禁渔联合执法。市农业农村委重点聚焦省际交界、江海交界水域、长江口禁捕管理区，刀鲚、鳗苗、凤鲚等重要鱼汛期，以长三角联动带动部省际联动，会同周边省市以及公安、市场监管、海事、水务等部门，持续开展“使命”系列行动、“商渔共治”专项行动，长三角“三省一市”长江禁渔联合执法和长三角区域水生生物增殖放流活动，始终保持高压严打态势，巩固长江上海段“四清四无”的工作成效。

强化长三角协调联动，形成监管合力

图片来源：上海市农业农村委

邵媛媛：下一阶段，市农业农村委还有哪些工作计划？

在水污染防治方面，持续推进化肥、农药减量增效。市农业农村委推广有机肥替代化肥技术，调优肥料结构，科学精准施肥，提高肥料利用效率；加强农作物病虫害监测预警，集成推广病虫害绿色防控技术；

推广生物农药、高效低毒低残留农药，依法禁止限用农药，继续推进全市农药实名销售。持续开展监测评估和尾水治理，按照农业农村部、国家发展改革委发布的《农业农村减排固碳实施方案》，围绕农业减排固碳目标，在农业源氨监测的基础上增加甲烷、氧化亚氮等温室气体监测指标，完成年度监测任务。

在长江禁渔方面，持续深化打击整治专项行动。市农业农村委继续以“清船、净岸、打非”三大行动为主体，强化省际联动、江海联动、部门联动，坚决对外来船舶、“三无”船舶，以及各类违规渔具、矮围等实行动态清零，坚决防止非法捕捞现象回潮；同时，持续完善长效监管协同机制，深化长效监管机制建设，依托禁捕水域网格化管理体系和长三角禁渔协同监管工作平台，持续健全信息互通、数据共享、资源共用

实施“打非”行动　保持高压姿态
图片来源：上海市农业农村委

等机制，形成执法闭环，彻底斩断非法捕捞、运输、销售长江野生水产品的黑色产业链。持续强化长江禁渔普法宣传，结合“一法一决定一条例”日常宣贯工作，加强对从业人员普法宣传，营造“水上不捕、市场不卖、餐馆不做、群众不吃”的良好氛围，确保长江十年“禁渔令”有效执行，取得扎实成效。

上海海事局加强污染物防治，保驾护航水环境

杨智慧 | 上海海事局危管防污处副处长
孙成杰 | 上海海事局通航管理处副处长

海事局的工作，常常是孤独巡航，或是与港口、船舶污染防治日夜相伴，但也能见到浪漫——随着水环境改善，巡航时偶尔能见到江豚一跃而起。

日常强化船舶和港口污染防治，持续加强船舶污染物接收处置，稳步提高船舶和港口岸电使用率等，是海事局防治水污染的主要工作内容。这些日积月累的工作推进离不开让巡查变得更高效的创新手段，也离不开各部门的协作与联动——水务局、交通委、水上派出所、长江航运公安局等部门都是海事局防治水污染的好伙伴。

创新办法和部门联动，守护着河湖与大海的浪漫。

邵媛媛：船舶和港口污染防治是海事局的重点工作之一，具体是如何开展的？

在强化船舶和港口污染防治上，海事局联合市交通委等部门，聚焦难点痛点，以问题为导向制定整改方案，真抓实干、疏堵结合。

在“疏”方面，2021 年 9 月，海事局联合市交通委、绿化市容局推动市政府以政府购买服务的形式，出台了黄浦江内河船舶污染物免费接收制度，4 条专业接收船在黄浦江上接收船舶污染物；同时，海事局又配套推

出了内河船舶污染物免费接收报告系统，缓解了内河船舶污染物接收申请难、接收费用贵的难题。两年来，海事局还推动建立了黄浦江闵行和杨浦水域两个水上绿色综合服务区，方便船民就近免费送交污染物。目前，上海港黄浦江已建立了以“流动接收为主、固定接收为辅”的船舶水污染物免费接收体系。2022 年，海事局辖区船舶水污染物免费接收量达 15885 立方米。

在“堵”方面，按照市环保领域“开展永不停歇的大检查”“开展永不停歇的大督察”的有关要求，海事局执法人员综合运用示踪剂、铅封、生活污水检测等手段，以进出海事局辖区的内河船和港作船为重点，加强对其现场监管，严惩违法排污行为。海事局每周对下属 9 个分支海事局实施船舶水污染物排放情况检查的数据进行统计和全局通报。近两年，海事局共查处船舶排污案件 1073 起，罚款 5621 万元。此外，为强化联合监管和源头治理，海事局注重违规行为通报，对发现的 290 艘未按规定配备防污设施的船舶，通报码头不予装卸货，对发现的 19 艘防污染设施不达标的船舶，通报其船籍港管理机构，力促各方齐抓共管船舶违法排污。

邵媛媛：在多年的实践中，采取过哪些创新方法?

首先，对生活污水排放的检查上，海事局创新地使用示踪剂辅助生活污水排放检查。2022 年，海事局执法人员开始使用示踪剂辅助生活污水排放检查。示踪剂是一种对环境无害的水溶性红色素粉末，兑水后倒入船上的厕所马桶，通过观察船舷外水面有无红色液体漂浮，以判断船舶是否存在生活污水直排现象。该方法改变了以往通过目测船舶阀门开启状态或拆装管路验证是否排污的通用方法，能够直观地通过江面颜色变化进行偷排取证，船方无可辩驳。截至 2023 年 8 月，海事局利用示踪剂发现船舶隐蔽偷排生活污水行为共计 120 余起，精准打击了船舶违法排放行为。

其次，利用信息化赋能，多方式提醒船舶开展污染物接收处置。海事局开发“船舶水污染物排放在线监测”模块，通过大数据分析，对在上海港航行、停泊、作业且一定期限内未开展过船舶水污染物接收的港作船舶和内河船舶予以提醒，提示执法人员实施重点监管。逐步推动与“长江经

海事局与多部门联动，严厉打击非法采砂行为
图片来源：上海海事局

济带船舶水污染物联合监管与服务信息系统”进行数据对接，为监测系统提供数据支撑。截至 2023 年 8 月，海事局对船舶污染物排放高风险船舶发送提醒短信 6156 条，各分支局 VHF（甚高频）电话提醒 656 艘次。

另外，创新开展船舶水污染物闭环管理工作。海事局聚焦船舶残油、油污水等污染物的后续处置难题，总结提炼前期参与上海市接受国家专项环保审计的经验，积极与沪、苏两地作业单位，以及海事、港口、环保等相关方进行沟通协调，创新管理模式，推动两地实施船舶污染物水上接收转运处置联合监管制度，实现了对船舶污染物转运处置的全过程闭环监管，并在此基础上开发了电子联单，相关软件现已开发完毕并投入使用。海事局积极向交通运输部海事局反映相关问题和解决方案，起草了《交通运输部办公厅 生态环境部办公厅 住建和城乡建设部办公厅关于建立完善船舶水污染物转移处置联合监管制度的指导意见》初稿，并参与三部委现场集中办公，汇报文件起草情况，有力促进了三部委最终以“交办海〔2019〕15 号文”出台了联合指导意见。

海事执法人员对船舶防污染设备进行检查
图片来源：上海海事局

邵媛媛：采砂监管也是海事局的监管范畴之一，具体是如何开展的？

1. 开展“护航长江口”专项整治行动。2020年12月，上海海事局联合市公安局、市交通委、上海海警局、长安航运公安局联合对外发布《关于开展“护航长江口”专项治理行动的通告》，在长江上海段浏河口警戒区段至宝山警戒区段水域设立拦截检查区，明确专艇和专人，24小时全天候保持高压打击态势；禁止无明确航次计划、未持有有效船舶营运证、未持有货物合法来源证明的载货内河船舶进入上海港水域。近三年来，上海海事局对涉海运输砂石料内河船舶采取“零容忍”的态度，坚持“依法治理、综合治理、源头治理、系统治理”的工作机制。目前，长江口出海内河船舶数量基本为零，辖区与内河船舶非法从事海上运输相关的水上交通事故为零，四项指标持续下降100%，通航环境持续改善，水域安全度持续提高。

2. 开展清理取缔“三无”船舶行动。2021年3月，《上海海事局 上海市交通委员会 上海市农业农村委员会 上海市公安局 上海市水务局（上海市海洋局）上海海警局 长江航运公安局上海分局 关于清理取缔“三无”船舶的通告》发布；禁止“三无”船舶在上海港辖区、本市内河航道和河道水域，及滩涂、自然保护区等范围内航行、停泊、作业；依法对“三无”船舶进行通告、登记上缴和统一拆解。通过现场宣贯、劝解走访和重点突破等举措，采取定期上报报表、存量统计上报等形式，不断倒逼相关人员的责任落实，不断推动“三无”船舶在上海港水域“无所遁形”。

3．配合做好非法采砂船舶的现场查处工作。上海海事局根据上海河长办的有关工作要求和通知，加强与地方政府及公安、交通、渔政、工信、市场监管等部门的沟通协调，发挥海事水上动态监管和现场管理中的优势，全面开展日常监管和联合执法工作。对锚地、辖区交界水域等重点水域派遣执法力量，加强现场核查，严格处罚涉事违法船舶，涉及犯罪的移送刑事机关和司法部门，持续形成高压态势。

`邵媛媛：在推进工作方面，哪些地方是需要联动其他部门一起开展的，可以举两个例子吗？

其实海事局的日常工作推进，就离不开其他部门的联动协作。另外，在推进立法和研制相关规定方面，需要和各部门大力配合。

2022年，上海海事局推进船舶污染防治地方立法工作。上海海事局联合市交通委，配合上海市人大启动《上海市船舶污染防治条例（草案）》起草工作，经过起草、调研、论证等环节后，沪、苏两地于2023年3月1日同期出台实施地方船舶污染防治条例。上海海事局推行的内河船舶水污染物免费接收制度、内河船舶生活垃圾和生活污水每五天送交一次强制制度、船舶水污染物接收处理的闭环管理和电子联单制度、长三角区域船舶水污染物接收和处理信息共享制度等举措写入条例，成为共举。此次地方立法对船舶污染物接收转运处置设施的完善、加强港口接收设施与公共转运处置设施衔接、加强码头和船舶使用岸电等也提出要求。

2023年，上海海事局有效落实《上海市船舶污染防治条例》第四十五条要求，深化区域信息互通。上海海事局推进沪、苏船舶污染物接收、转运数据共享，与江苏海事局实现了船舶油污水预处理物跨省转移信息共享，并制定了联合监管举措。与“船E行”App实现船舶污染物五日交投数据互联，消除了船舶污染联合监管盲点，有效地推进了沪、苏船舶污染物接收处置的一体化管理。

邵媛媛：在推进河湖长制的工作过程中，是否发生过哪些令人印象深刻的事情？

2019年初，崇明海事局的同事在一次巡查时，发现东风西沙水库附近江面上有一群“白色精灵”在跃动，数量有近10头。这些“白色精灵”其实是国家一级保护动物、有“江中大熊猫”之誉的长江江豚。这些江豚也被称为长江中的“微笑天使”。目前，整个长江流域仅有1000头左右。该同事说，他们每天在长江口水域来回巡航，江豚也是难得见上一回。

其实在以前，崇明岛的水质量没有那么高，岛域各水厂分散于内河取水，无集中式饮用水水源地，每年长江枯水期咸潮入侵，严重影响供水质量。为进一步提高崇明岛供水质量，东风西沙水库被建设为崇明岛的新饮用水水源地。2014年1月17日，东风西沙水库正式实现了通水，彻底改写崇明“守着长江口、喝不到长江水”的历史局面。

江豚种群在长江口的出现，说明上海有适宜长江江豚栖息的水域，长江生态系统的一系列保护举措取得了成效，特别是长江口水域的生态环境也有了一定改善。

上海机场集团防治面源污染，全力守护围场河

许巨川 | 上海机场（集团）有限公司规划建设部总经理
谢欣昕 | 上海机场（集团）有限公司规划建设部经理

“在浦东机场，一半都是迷路的人”，这句话描述的是浦东机场之大。除了航站楼和飞机跑道，机场周围全长43公里的围场河也是浦东机场的一道景观。机场，不仅连接蓝天和净土，也是一湾碧水的守卫者。

浦东机场机坪
图片来源：陆康平 摄

机场的水环境治理也是一项复杂的工程。机场的驻场单位有很多，有些单位可能存在雨污混排等违规行为；机坪油污泄漏、农药喷洒作业等会造成水污染。因此，围场河面临水污染治理和景观提升改造的问题。

上海机场（集团）有限公司（简称“机场集团”）有着独特的水环境治理方法，围场河作为天然的雨水蓄水池，经过简单物化处理，就可作为回用水源。这不仅能满足 2 号航站区的冲厕用水、宾馆洗车，还能作为能源中心冷却塔的补充用水、景观水池补充用水、道路冲洗压尘及绿化浇灌用水等。

在河湖长制工作的部署中，机场集团也是重要的治理主体之一，贡献着多场景水应用和水治理的经验。

戴媛媛：比起点源污染，面源污染具有的随机性、广泛性、滞后性、模糊性、潜伏性等特点，加大了相应的研究、治理和管理政策制定的难度，机场集团是如何控制面源污染的？

一是针对机坪少量油污泄漏清除后残留废液及除冰作业后残留在收集池内的废液，浦东、虹桥“两场”公司制定了除油污废水回收及处置管理规定和除冰液使用及回收处理管理规定，逐步规范了面源污染管控措施。

二是使用专门的除胶车废水箱暂存除胶废水，委托专业单位定期回收、转运并处置。

三是重点强化飞行区农药使用的管控，减少有机磷、有机氯等对环境影响较大的除草剂、杀虫剂的使用，加强水体农药残留监控；制定《飞行区管理部农药使用管理办法》，进一步规范机坪内农药喷洒作业流程和标准，合规处置使用完后的农药空包装容器，降低飞行区禁区的面源污染风险。

戴媛媛：机场的驻场单位有很多，有些单位可能存在雨污混排等违规行为，机场集团是如何整治的？

机场集团高度重视入河排口清理整治工作，积极推进雨污混排治理。浦东机场完成围场河全河段入河排口统计工作，封堵违规及无主排口 62 个，绘制围场河排口分布图，开展驻场单位雨污混接普查，处置雨污混接点 30 余处；加大雨污混排治理工作的宣传力度，对驻场单位进行雨污混排治理法律法规专项培训，有效提升驻场单位的环境保护意识。虹桥机场严控外源污染，杜绝污染源死灰复燃，采取河道定期低水位检查、雨污混接持续循环检查等方法，主动发现污染隐患点；2019 年共发现疑似污水渗漏点和排污口共计 16 个，通过维修和执法监督，消除沿河排污口，对主干雨水管道排口设置点源水质净化装置，减少初期雨水的污染影响。

戴媛媛：机场围场河的水动力对于机场的运转至关重要，如何提高河道的水循环和水动力？

虹桥机场利用机场飞行区调节水池的调蓄雨水作为南段河道的补水水源，通过将西侧南调节水池调蓄雨水以水泵加压的方式，将水输送到河道最上游，使得整条河道进行全面的水循环，提高河道水动力；北段河道每月 1～2 次通过与长宁区联动、调动外围河道、定期引水的方式进行水循环。浦东机场针对河道内源污染和周边水土流失的问题，组织对围场河实施清淤疏浚，修补受损护坡；为增加围场河整体水动力和区域流动性，利用节制闸由江镇河适度引水，加强机场北部水系沟通；在随塘河沿岸增设

5 个引水口，利用引水装置向河道断头处补充水源，提高水动力。

戴媛媛：排水设施管道养护，对于巩固水治理成效、提升水安全保障水平至关重要，机场集团是如何加强管养的？

浦东机场开展排水设施基础管养工作，累计疏通雨水管道 90 公里，完成 5 处雨水管网破损修复工作，保持雨水管网完好通畅；对东围场河及新薛家泓出海泵闸外河进行清淤，河段长度约 4.3 公里，方量合计约 7 万立方米；开展江镇河节制闸维修，更换闸门并修缮门槽等预埋件，恢复江镇河节制闸的运行能力，确保水闸运行安全；修复溢流坝漏水问题，为稳定并调度随塘河生态水位提供有利条件。虹桥机场在汛期前完成排水设备设施养护工作，对总计 38 公里排水管道、1839 座检查井、851 座收水口进行疏通清捞，对 103 套排水设备进行检查保养。市民用机场地区综合监察支队联合“两场”河道管理部门，加强机场围场河岸线整治保护，结合历年河道管理工作经验，对偷排污水、河边堆物、垃圾散落、违规捕鱼等常见问题开展共同调查、现场取证、协作执法，通过前置管理与末端执法的有机统一，构建联合执法监管“最严一张网”，巩固河道环境治理成效。

戴媛媛：除了为机场提供实用功能，围场河的生态建设和景观改造也很重要。近年来，机场集团有哪些具体的举措？

加强河道水生态建设，一是持续开展常态化河道清淤工作，对浦东机场 8.5 公里围场河、77 公里机坪排水沟等进行清淤，保持排水通道畅通，防止淤泥沉积。二是对河道各处生态浮床进行评估和优化，调整水生植物布局，更充分均匀消纳水中富营养化物质，如总磷、氨氮、有机物等，减轻水体腥臭、富营养化的现象。三是进一步开展河道水生植物种植，在围场河新增生态浮床，种植水生植物 2000 平方米，达到进一步净化水质和提升河道景观效果的作用。四是持续完善水质监测体系，按照适度优化、动态调整、降本增效的原则，优化围场河监测断面，适度增加机场外围水系和内部小微水体的监测覆盖面。

虹桥机场围场河全部河道种植沉水植物，改善水体中、下层光照条件；围场河的试验段设置人工湿地，种植挺水植物，使悬浮物质迅速沉降，通过与其共生的生物群落净化水质；多处河道断面放置生态浮床，投放曝气增氧设备，增强河道自净能力，减轻水体腥臭、富营养化的现象。开展试验段景观提升工作，调整岸上绿植花境，增加灌木植株密度，电缆井盖调整为种植井盖，湿地增加仿真水鸟，尝试投放 60 余尾景观鱼类；河道驳岸加挂绿植，增加了室外藤桌椅和遮阳伞等休闲设施，打造围场河特色景观水岸。

虹桥机场围场河获上海市第三届“最美河道”创建系列“最佳河道整治成果”称号
图片来源：机场集团

上海城投集团加快工程建设，保障城市水安全

杨佳奇 | 城投水务（集团）有限公司建设管理中心主任
蓝　鹏 | 上海城投（集团）有限公司吴淞江项目部工程部项目主管

城市的基础设施建设离不开上海城投（集团）有限公司（简称“城投集团”），水务亦是。

1992 年 7 月 22 日，为解决上海住房紧张、交通拥挤、环境污染三大突出问题，城投集团的前身——上海市城市建设投资开发总公司在上海改革开放的大潮中应运而生，开启了上海城市基础设施建设的历史变革。三十年来，上海城投横跨原水、制水、供水、排水、污水等专业领域，形成完整大水务产业链，成为国内最大水务企业之一。

在保障超大城市供水和防汛安全，提升饮用水质量和水环境治理水平，抵御台风暴雨、高温寒潮，和藻类对城市安全运行带来的影响等方面，城投集团发挥了重要作用。不仅如此，城投集团还申报并承担科研项目，开展研究工作，为建设人民城市、助力美好生活发挥了强有力的支撑作用。

戴媛媛：工程建设一直是城投集团承担河湖长制责任的重头戏，这两年有哪些重大工程在推进？

2021 年，城投集团加紧实施涉及“环保督察整改方案”“长江大保护实施方案”和“环保三年行动计划”共 19 项工程。

其中，黄浦江上游饮用水水源地金泽水库工程于 2017 年建成，其新增的取水泵站及预处理设施工程于 2021 年建成；竹园第一污水处理厂（简称“竹园一厂”）提标改造工程于 2020 年建成；泰和污水处理厂工程于 2019 年建成；大武川防汛排水泵站截污调蓄改造工程于 2020 年建成。

桃浦科技智慧城核心区排水系统工程、竹园石洞口污水连通管工程及五厂初雨调蓄工程中的长桥污水处理厂初雨调蓄工程三项工程均已于

2022 年底基本建成。

竹园污水处理厂四期工程 2023 年 5 月已通过市水务局、市生态环境局开展的现场通水核验，目前正在进行全厂道路及绿化等工程施工；竹园 50 万立方米调蓄池工程开展总平及绿化等扫尾工作；天山等四厂初期雨水调蓄工程、竹园白龙港污水连通管工程、苏州河段深层排水调蓄管道系统工程试验段、大名排水系统提标改造工程、临平排水系统提标改造工程、中央商务区排水系统提标改造工程、合流污水一期复线工程、泰和污水处理厂扩建工程及白龙港污水处理厂扩建三期工程等均已开工，正在全力推进。另有一些工程已具备开工条件，这些工程性项目完成后，将进一步提升上海污水治理能力，加快解决溢流和放江污染问题。

戴媛媛：针对泵站放江导致的水环境问题，城投集团有哪些管理举措?

应做尽做，落实泵站放江综合整治。2021 年 2 月，市水务局印发《上海市防汛泵站放江综合整治工作方案》，对泵站放江引起的部分水体局部返黑返臭问题制定工作方案。围绕泵站放江过程中的水环境问题，城投集团围绕目标与整治任务，坚持长效管理，强化各项措施，落实下属单位企业河长职责，积极开展相关工作。

一是完善全部防汛泵站“一站一策”和初雨调蓄池“一池一策”，细化不同模式下泵站放江工况条件，逐个校核运行水位，增加排口管理、泵站清淤相关要求。

二是确保管道“通一点”。在主汛期到来前，对管理的雨水（合流）管道养护一遍，并持续加强管道巡检工作，确保设施完好。

三是推进井里“捞一点”。防汛泵站从原来的一年两次清捞增加到每季度开展一次清捞。2021 年和 2022 年的清淤总量分别达到 3.17 万立方米和 3.55 万立方米。167 座泵站在集水井安装漂浮垃圾收集装置。

四是实现排口“拦一点”。除有航运要求的河道外，有 103 座泵站安装排口拦截装置，能有效改善泵站放江后漂浮垃圾的扩散影响。

五是助力河面“清一点”。城投水务（集团）有限公司下属排水公司已与各区水务部门建立了沟通协调的联动机制，在防汛泵站放江过程中信息共享，及时提供开停泵工况，提升保障河道整洁效率。

六是开展防汛泵站排口视频监控系统完善工程，170 座泵站安装排口远程监控视频，对每场放江后的河面情况进行拍摄，并探索研究漂浮垃圾智能识别系统。

市区联动清捞保护水环境
图片来源：城投集团

此外，城投集团在水务行业主管部门的牵头下，开展防汛泵站“泵、管、河”上下游联动，拓展一体调度范围，积极推进河道水闸与泵站放江的联动机制，充分发挥截流和调蓄控污功能，改善放江作业对河道的影响。发挥城投集团内部优势，联合下属城投水务（集团）有限公司下属排水公司、上海城投公路汛翔水利工程有限公司，开展桃浦河段泵闸联动课题研究，形成推荐调度方案；结合市排水管理事务中心要求，共同开展“一河五片”泵闸联动方案研究，为进一步加强泵站放江水环境改善奠定基础。

与地区建立联动机制，防汛泵站放江后，由区水务部门提前落实泵站放江后的河道保洁工作。

戴媛媛：在防汛救灾方面，如何建立与超大城市相匹配的防汛救灾体系？

在防汛保障力量上，城投集团下属城投水务排水公司组建有 3 支市级防汛应急抢险队伍和 2 支签约抢险队伍，抢险队员 70 名。此外，各运行管理单位还配备泵机、闸门、电气等设备抢修队伍 12 支，共计约 80 人。

城投水务排水公司还运行 2 座大型防汛应急仓库。其中，上海市防汛物资仓库（谈家桥基地）始建于 2015 年，由市防汛指挥部办公室和市城市排水有限公司共同出资建设，是目前上海中心城区内专业排水应急抢险装备、物资储备最齐全、规模最大的防汛排水专项物资储备仓库。配置大型防汛泵车、大型排水移动单元、发电车、接力泵车、发电机组、特种工器具等防汛装备和常用物资，以及水陆两栖车、冲锋舟、无人机、管道检测等特种装备。配置有全市最大的 2000kVA 大功率应急发电车（含升压设备），能保证一座中大型防汛泵站的失电运行；5 台大型防汛泵车（含水泵方舱）合计排水流量 2700 立方米 / 小时。

排水防汛应急抢险队坚持“入汛即开战”的思想，根据上级部门指令随时投入抢险处置。“十四五”以来，强化落实强台风防御保障任务。同时，在建党百年、进博会保障等重要节点均提供有力支撑。这支队伍近期还获得“排水尖兵”党建品牌、市水务防汛排水优秀突击队等荣誉。

戴媛媛：除了工程项目，城投集团还承担了哪些研究和开发项目？

研究项目主要集中在节约用水和污水资源化利用两个领域。

节约用水方面，为落实新时期“节水优先”的治水思想和要求，解决城镇生活用水效率低下的问题，城投水务（集团）有限公司成功申报并承担了 2021 年国家重点研发计划“长江黄河等重点流域水资源与水环境综合治理”的重点专项“城镇生活节水技术装备研究及集成示范”中的子课题“取产供用全流程节水技术综合示范”的研究工作。

污水资源化利用方面，根据《上海市推进污水资源化利用实施方案》

城投水务（集团）有限公司排水防汛应急抢险队在建党百年活动期间，落实中共一大会址区域防汛保障任务

图片来源：城投集团

的要求，推进中心城区污水处理厂开展“一片一点”污水资源化利用项目。

一是开展污水资源化厂内利用工作，即全面排摸各厂用水情况，完成集团下属各污水处理厂污水资源化利用量统计、自来水用量统计、各厂分质用水信息和自来水被替代情况梳理，结合自来水替代研究课题，推动各厂逐步完成生产环节用自来水的替代工作。

二是开展污水资源化外部利用研究，积极促成污水处理厂尾水再生利用项目。目前，虹桥厂、泰和厂已实现将达标排放尾水供应给市政单位用于道路清扫、城市绿化与公园景观补水。与此同时，城投水务（集团）有限公司下属污水公司在集团与各污水处理厂的配合下，持续推动城市杂用水、生态补水、景观用水、工业用水等再生水利用项目，包括虹桥厂尾水用于前湾地区生态补水、田度垃圾中转站与华漕镇再生资源化利用中心场地冲洗；泰和厂尾水用于泰和厂地上公园生态补水；石洞口厂尾水用于宝山地区宝金刚垃圾焚烧发电厂、宝钢工业基地等工业企业工业用水等。

戴媛媛：最近，城投集团有哪些新的工作动向或成果？

2023 年 5 月，城投集团负责建设的吴淞江工程（上海段）新川沙河段泵闸枢纽工程顺利通过通水阶段验收。2023 年 6 月，新川沙河段泵闸枢纽工程正式实现通水。

该工程于 2020 年 11 月 22 日正式开工。2021 年 12 月 25 日完成泵站底板 4500 立方米大体积混凝土浇筑，2022 年 11 月 13 日提前完成水闸底板 6250 立方米混凝土浇筑，两次刷新上海水利建设史上最大单块底板浇筑纪录。2023 年 5 月 13 日，5 扇水闸工作闸门顺利完成吊装；同年 5 月 18 日，内河过流断面开挖完成，打通水闸通水堵点；5 月 28 日，工程水下结构全部施工完成。

吴淞江工程是国务院常务会议明确的 2022 年重点推进的 55 项重大水利工程之一，吴淞江工程（上海段）新川沙河段泵闸枢纽工程作为吴淞江工程（上海段）的重要入江口门和控制性工程，是吴淞江工程（上海段）在建工程中施工要求最高、难度最大、建设周期最紧、周边环境最复杂的标段之一，也是上海市水利建设史上规模最大的泵闸枢纽工程。

2023 年 6 月，吴淞江工程（上海段）新川沙河段泵闸枢纽工程正式实现通水
图片来源：城投集团

上实集团炼造“东滩模式”，推动滩涂变绿岛

张　浩 | 上海实业东滩投资开发（集团）有限公司园区管理部 / 物业公司　助理总经理

2023 年 4 月 19～21 日，在上海举办的第 24 届中国环博会上，上海实业（集团）有限公司（简称“上实集团”）呈现的“滩涂变绿岛”案例，吸引了中外观众驻足，不少国外游客在来过东滩之后都十分感叹，在上海这样一个高速发展的区域，依然保留了这么好的生态环境。

东滩湿地公园位于崇明岛东端，毗邻上海崇明东滩鸟类国家级自然保护区。对于这样一片净土，早在 1999 年，上海市便建立崇明东滩鸟类自然保护区管理处；2003 年，又发布《上海市崇明东滩鸟类自然保护区管理办法》，对此处的生态环境加强保护。

东滩原本是一片滩涂。上实集团以“都市新农业，高端医康养，生态农文旅”为发展战略，将生态保护放在重要位置，并很早启动了湿地公园的规划与建设。为使“滩涂变绿岛”，上实集团花了 20 多年的时间。

东滩湿地公园的生态风景
图片来源：东滩湿地公园

戴媛媛：东滩湿地公园的生态环境令国内外游客赞叹不已，让他们看到了 ESG（Environment，Social，Governance；环境、社会、政府）实践的“东滩模式”，这其中有什么经验可以分享的吗？

守护东滩的第一项工作就是植树造林。“十三五”期间，东滩湿地公园新增林地面积 1.36 万亩（约 906.7 公顷），截至目前森林的总面积是 3.564 万亩（2376 公顷），大致相当于上海市虹口区的面积。2022 年，东滩湿地公园森林覆盖率达到了 28%，比上海市的平均水平高出近 10 个百分点。造林不仅改善土质、净化水质、保持水土，更形成了东滩区域内连续的生态走廊，为生物多样性奠定了生态基础。

东滩湿地公园是东北亚鹤类、东亚雁鸭类等鸟类迁徙路线的重点“驿站”，每年在东滩湿地栖息或过境的候鸟近百万只次。除了珍贵的鸟类，东滩湿地公园还是国家一级重点保护野生动物扬子鳄的野生种群繁衍地。扬子鳄历史上曾广泛分布于长江流域，现在野外种群数量已不足 200 条。扬子鳄种群在崇明东滩生活了十多年，每年都有野外繁育的记录。如今，整个扬子鳄家族在东滩已从最初的 6 条到现在的 30 多条，整个家族欣欣向荣。每年，东滩湿地公园都会举行植树节、露营节、观鸟节、夜巡扬子鳄等以青少年为主的科普宣教活动，先后被评为国家 4A 级旅游景区、国家生态旅游示范区、国家湿地旅游示范基地、上海市科普教育基地。

扬子鳄
图片来源：东滩湿地公园

戴媛媛：请介绍一下东滩湿地公园内河道的分布情况，以及上实集团近年来的管理经验。

2023 年，东滩湿地公园被纳入河湖管理的河道共有 112 条（村级 108 条、其他河道 4 条），总长度 183.1 公里。2015 年 9 月，东滩湿地公园河道正式纳入政府统一管理体系，为完善河道长效管理养护体系、保障河道设施完整和防汛安全，市水务局对东滩湿地公园河道设立了专项管护资金。2021 年，市级补助上实集团管护经费为 411 万元，同时由全资直属企业上海实业东滩投资开发（集团）有限公司（简称“上实东滩集团”）每年自筹约 114 万元，并以其为主体实施河道疏浚、河道养护保洁等项目。

戴媛媛：东滩湿地公园河道管养护工作主要有哪些？如何实施？

根据市水务局相关文件要求，东滩湿地公园河道管养护由上实东滩集团下属上海上实现代农业开发有限公司（简称“农业公司”）实施。为做好东滩湿地公园河道管养护工作，2019 年，上实集团直属企业上海实业东滩投资开发（集团）有限公司（简称“上实东滩公司”）修订了相关管理制度和考核机制，并通过公开招标投标，落实河道保洁实施主体及河道整治的施工单位。

在河道保洁方面，上海东滩公司根据《上海市河湖长效管理养护工作考核评分细则》的要求，从 2015 年开始委托第三方（市场化运作）进行河道保洁，按照河道管理以水域保洁为主、以陆域保洁为辅的原则，由项目经理统一领导，组长具体组织实施，各片区管理员带领养护工人实施作业，达到全面覆盖、水面洁净；同时，根据崇明区委托第三方（上海仁泓工程咨询有限公司）的检查结果，做好及时整改工作。

在河道疏浚方面，根据市水务局要求，上实东滩园区的河道共计 112 条，总长度为 183.1 公里，通过公开招标投标，落实河道疏浚的施工单位，完成 2019 年度 5 条中小河道轮疏工作，共计 8.336 公里。其中，3 区北横河长度为1. 494 公里，13 区南横河长度为 1.766 公里，1 区南横河长度为 1.248 公里，2 区北横河长度为 1.899 公里，11 区南横河长度为 1.929

公里。

在河道水质方面，首先是加强农业面源污染防治，逐步优化农业种植模式（两茬作物改为一茬，增加绿肥种植面积）和灌溉制度，提高肥料使用效率，减少农药和化肥使用量；采用精准施肥技术，调节施肥量、氮磷钾比例和施肥时期，尽量选用有机肥、有机农药；采用秸秆治磷技术粉碎秸秆、湿润后放置在土壤表层。2019 年，冬播绿肥及休耕深翻面积达到 3.5 万亩（约 2333.3 公顷），投入有机肥料 0.1 万吨，使用专用配方肥 2 万亩（约 1333.3 公顷），缓释肥面积 0.7 万亩（约 466.7 公顷），建设绿色生产示范点 2 个。

最后是加强园区不具备纳管条件的农村生活污水设施维护。2018 年底，东滩湿地公园完成不具备纳管条件的农村生活污水项目建设，处理率达到 100%，处理后出水一级 A 标准。2019 年，为保证设施设备运行的正常和出水水质达标，上实东滩公司委托第三方每年两次抽测评估，建立长效运维管理机制。

东滩园区河道
图片来源：上实东滩公司园区管理部 / 物业公司

戴媛媛：在河道管理的过程中，遇到过哪些困难？

随着东滩湿地公园的发展，河道管理的难度逐年加大。东滩湿地公园处于崇明岛的最东端，与上游水系连通，故东滩水质受上游水质影响较大。东滩湿地公园又是一个开放型园区，企业没有执法权，给日常工作的开展带来了很多困难。

首先，东滩河道上游水生植物流入会影响水质、增加打捞难度。根据区水务局“西引东排”的调水方案，东滩南北水闸只排不进，造成上游水域的水生植物（特别是水葫芦）流入东滩。2023年，水生植物流入量变大，经南北横引河流至团旺河流域，随着风向大部分漂流至横河口和泵站进水口，部分进入排水泯沟与涵洞，造成引排水不畅，增加保洁队伍的工作量。因水葫芦生长较快，影响打捞难度，对水质也带来一定影响。

其次，河道陆域垃圾大多来自外来钓鱼人员的抛弃，且存在安全隐患。东滩湿地公园无常住居民，河道陆域生活垃圾基本不存在，主要为游客钓鱼散落的垃圾。由于东滩湿地公园具有开放性，离上海长江隧桥又较近，地理位置独特，来园区河道钓鱼的市民较多，钓鱼过程中产生的饮料瓶、盒饭、香烟盒、水果壳等垃圾随意乱扔，破坏园区环境。由于上实集团对河道管理无执法权，管理难度较大，只能劝离，若处理不好，钓鱼人员会拨打12345热线投诉；同时，也存在钓鱼人员溺水的安全隐患。

临港新片区合力聚集滴水湖，协同治理水生态

潘丽红 | 中国（上海）自由贸易试验区临港新片区管委会生态处总工程师

滴水湖又名芦潮湖，是迄今为止国内最大的城市景观人工湖。其设计构思来源于最初对临港主城区的规划创意，即一滴来自天上的水滴，落入大海，泛起层层涟漪，水滴落入处形成湖面。以滴水湖为核心，结合“环状与射状”的城市空间布局，河湖水系为“一湖、四涟、七射”的网状布局，现状河湖水面率已近13.6%，科学合理的水系布局和通达灵活的河闸调度体系守护了这座滨海新城的日日安澜。

滴水湖俯瞰
图片来源：中国（上海）自由贸易试验区临港新片区管理委员会（简称“临港新片区管委会”）

因在海滩上填海造陆，从2002年正式开挖起经历了水质盐碱和藻类暴发等问题，滴水湖的治理既是咸水淡化的过程，又是水生态系统人工培育的过程，河湖问题个性非常特殊。在政、企、学、研四方的协同治理下，滴水湖生态日趋向好，水质从波动、改善到稳定。2009年，滴水湖获评“水利部第九批国家水利风景区”；2019年，又获评“长江经济带最美湖泊”。

滴水湖漫长的水生态故事，要从水质监测和生态调查开始讲起。

邵媛媛：滴水湖水环境和水生态监测的必要性是什么？

滴水湖是人工开挖形成的景观湖泊，水土本底呈偏盐碱，同时由于滴水湖核心区地势相对较低，水系是独立圩区，规划控制水位为与其相适应，设计高水位和常水位普遍低于圩区外浦东整体水位40~50厘米，形成相对封闭的水系，水动力严重不足。不仅存在沿海湖泊盐度偏高的问题，也有人工湖泊生态本底贫瘠的问题，水生态系统非常敏感脆弱，这是2007年蓝藻水华和近期水体富营养化的主要原因。

滴水湖的水质改善、水生态系统培育和保护是一件久久为功的事情，新片区成立后，滴水湖湖区水质稳定在河湖Ⅲ类，但是在环湖的“四涟、

水质监测
图片来源：上海城投兴港市政管理有限公司（简称“城投兴港公司”）

七射”水系一带，由于城市建设和人口导入等问题，水环境风险加剧。通过水环境和水生态监测，既可以及时定位局部水污染的点位并及时采取措施，也可以通过系统性的调查和监测，及时掌握水生态系统不断培育过程中对水质的影响。特别是在坚持了多年对鱼类、贝类等水生动物的轮捕轮放和水生植被种植后，需要进一步研究在特殊水文气象条件和人工干预下，滴水湖水生态系统的薄弱点和物种适应性，为后续滴水湖的水体污染防控、水质治理及水生态修复等工作提供宝贵的基础数据及依据。监测与治理的完美结合，使滴水湖的水环境不断向好的方向发展。

邵媛媛：滴水湖的水质监测是如何进行的？

自 2004 年起，负责滴水湖日常维护的上海临港城市运营管理有限公司（简称“港城城运公司”）就先后与上海海洋大学及上海市水文总站合作，坚持每月对滴水湖水域实施水质监测。这样的监测已经持续了 17 年，为了精准地掌握滴水湖的水质情况，港城城运公司与上海海洋大学团队制定了科学细致的采样和监测方案。单是湖面和周边射河、链河的采样点，加起来就有42个；另外，在城区的市政道路、居民区、商业区、公园绿地等处，还有12个雨水排放口监测点，以避免面源污染影响滴水湖。在临港海洋高新园区的水域环境生态上海高校工程研究中心，港城城运公司与上海海洋大学团队对样本进行科学分析和记录，以掌握主城区的水质变化规律。通过多年的监测和治理，滴水湖的水质不断趋于稳定。

2019年，临港新片区成立后，临港新片区管委会高度重视建设过程中水环境保护工作的复杂性和重要性，为建立长期的滴水湖生态本底监测数据，组织养护公司城投兴港公司与上海海洋大学展开合作，通过对滴水湖水系“一湖、四涟、七射”水环境生态状况（水质、底质、浮游植物、水生植物、浮游动物、底栖动物、鱼类和水鸟）的全覆盖调查，结合原始数据的收集统计分析，全面掌握滴水湖水系水质和水生生物多样性资料，为滴水湖水质和生态保障提供重要基础数据。

通过20多年收集的数据分析，临港新片区与滴水湖一同经历了几个阶段性水质状态：2003年蓄水后，湖区水质呈不稳定状态；2012～2013年波动较大，说明滴水湖作为人工湖，其生态系统结构和功能受人类活动影响较大；2020～2023年，滴水湖总体水质达到Ⅲ类（按照河流标准评价）。

邵媛媛：滴水湖曾经进行过哪些重要的水生态修复？

如今看起来碧波荡漾的滴水湖，曾经的水质并不够好，在蓄水刚刚完成后的2007年，还曾经出现过蓝藻水华暴发，使本就水质较差的滴水湖进一步恶化。由于水体富营养化，便可能会出现蓝藻大量繁殖及聚集，并在水面形成一层蓝绿色、有恶臭味的浮沫，此即称为“水华”。

当时，港城城运公司与合作的复旦大学团队利用生态控藻手段，投放滤食性鱼类，再结合生态陷阱控藻工程工艺抑制蓝藻增长。通过快速采取措施，水华在半年内便消失了。此后，滴水湖的水质又经过了3年波动。在蓝藻水华得到有效控制后，为了防止富营养化的湖区再次发生蓝藻水华，团队通过食物链工程技术构建了控藻生态系统，解决鱼、藻分离的现象。

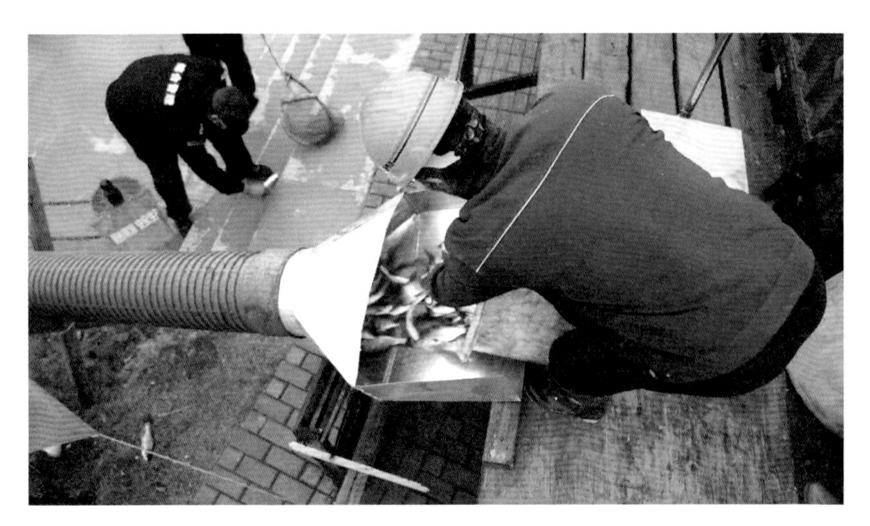

滴水湖滤食性鱼苗投放
图片来源：港城城运公司

例如，通过种植水生植物，减少湖区的氮、磷总量，是另一种常见的水生态维护措施。根据相关文献资料，大茨藻 1 克单位质量植物体内污染物的积累量为氮 0.038 克、磷 0.0025 克。仅 2023 年，滴水湖范围内收割的大茨藻就高达 9820 吨，可以有效减少水体中氮 373.16 吨、磷 24.55 吨。通过上海海洋大学水质监测数据显示，当年 7、8 月份氮和磷指标显著下降，与水草的良性收割完美契合。

2008～2011 年，滴水湖内投放了超过 250 吨的滤食性鱼类及底栖净水生物（软体动物），由此奠定了滴水湖的水生态基础。如今，有计划地投放滤食性鱼类已经变成养护滴水湖的常态行动，2023 年已经完成投放 16.99 万尾滤食性鱼类，未来还将根据水环境监测的数据，考虑其他底栖净水生物（软体动物）的投放。有了初步的水生态基础，滴水湖进入了水质改善期。在此期间，港城城运公司与华东师范大学、复旦大学、上海海洋大学等院校合作，申请了 10 项市、区级科学技术委员会课题，为水质治理及保护工作提供了重要的技术支撑，使得滴水湖净水生态系统不断完善。

邵媛媛：环湖开发建设和常住人口激增，是否对滴水湖水生态系统带来冲击？

2019 年的一份滴水湖生态系统构建报告曾指出，当时滴水湖水系的水质波动增加，主要水质指标有恶化的趋势。报告分析了带来水质波动的三大类问题：因环湖景观带改造工程、管廊工程及新建河道工程的开展，造成水土流失、河道连通性受损，导致净水软体动物死亡、滤食性鱼类逃脱、净水生态系统韧性下降；外围射河、链河水质差于滴水湖，对滴水湖的水质保护形成较大压力；临港新片区的建设发展速度较快，水域周边的建设不断变化，新连通河道由于缺乏净水生态系统，有可能再次出现蓝藻水华现象，将会影响到滴水湖水系的水质。

随着临港新片区的快速发展，核心区 103 和 105 等板块大量建设，滴水湖面临的环境压力也显著增加。面对临港主城区人口的不断导入，除了政府持续推进小区、沿街商铺等雨污分流改造工程之外，还加强了对水环境水质的监测和日常沿河排口的巡查等，对异常点位周边通过遥感和无人机图像解析，动态掌握水体富营养化风险。

从水生态系统构建及综合管理的角度，营造健康的水体生态系统；通过完善调水系统与水体净化系统、生态系统的稳定性和增加水体流动性，有助于提升水体自净能力，最终促使水质不断向好、不断稳定，从传统水质管理走向水体生态综合管理。

邵媛媛：总磷偏高是滴水湖水质改善面临的另一个困境，对此有什么办法去应对吗？

总磷指标偏高一直是滴水湖形成以来的难题，同其他污染物指标不同的是，总磷指标的溯源研究尚未形成清晰的结论，它既不随季节变化，也与生物种群等数量相关。总磷容易随着底泥沉降，滴水湖常年季风作用明显，在风浪搅动下底泥容易悬浮，是滴水湖特有的输移特征。目前，大学和科研机构正协助政府进行一些常态化的水质和土壤监测分析，结合空间排口污染源分析，从面源污染、底泥和地下水等源头上进行排摸，系统性地溯源调查。

在降磷治理方面，临港新片区开展滴水湖净水生态系统修复工作通

水草打捞
图片来源：上海城投兴港市政管理有限公司

过种植水草、固定底泥、恢复生态系统等方式提高河道自净能力；加大软体动物的投放量，修复净水生态系统。就 2022 年、2023 年两年的水质指标比对，滴水湖的总磷含量有明显下降，这是个意外惊喜。同时，2023 年是滴水湖水草长势最为迅猛的一年，这给养护公司增加了打捞清理的工作量，但与此同时，湖心区域总磷指标却有所改善，那么这一年水草的生境又发生了什么样的变化？水草生长和总磷下降两者是否相关？这些都还有待进一步监测和研究。

邵媛媛：滴水湖在立法保护方面作了哪些考虑？

2022 年 7 月 29 日，浦东新区七届人大常委会第四次会议上表决通过了《浦东新区加强滴水湖水域保护和滨水公共空间建设管理若干规定》（简称《若干规定》），并于 2022 年 8 月 15 日召开发布会后正式施行。《若干规定》主要围绕明确立法目标定位、从河湖保护立法范围、完善管理体制机制、守牢生态安全底线、引导多元复合功能规划、创新建设发展路径和构建共享共治格局等方面，创新性地提出了城市河湖保护的新理念、新思路和新举措。

《若干规定》深入贯彻落实习近平生态文明思想，主要基于保障水环境品质和水生态安全、实现滨水公共空间资源可持续利用、建设一流滨水活力空间三方面考虑，既要解决短期实践中的痛点和难点，又要为远期发展预留空间，主要亮点有以下几方面。一是树立水陆统筹理念。扩大流域立法的适用范围，从水域拓展至滨水公共空间，将智慧、低碳、韧性城市建设理念贯穿于水陆两域。二是加强水生态环境保护。科学投入定量的滤食性鱼类、河蚬等水生动植物，构建稳定的底栖生态系统和良性食物链，将滴水湖水质保持在Ⅲ类水及以上。三是实现水资源智慧调度。加强清水廊道建设管理，发挥景区水利闸控系统功能，实现滴水湖与外围水系的引排水。四是统筹滨水公共空间利用。以滨水公共空间为重要承载，打造滴水湖 IP（知识产权），建设滴水湖未来交通创新生态圈，建成一流滨水区和环湖国际旅游度假区。五是坚持共享共治。践行“人民城市人民建，人民城市为人民”重要理念，坚持开放共享，鼓励社会共治，重大事项公示公开，建立志愿者服务长效机制，设立专家咨询委员会。

滴水湖环湖景观带
图片来源：港城城运公司

《若干规定》不仅学习了“一江一河”条例关于滨水公共空间共享共治和亲水岸线可持续利用等重要理念，同时考虑到南汇新城建设集中、人口激增等特殊历史发展阶段中的问题，强调了水域保护的重要性，将水环境保护和水质提升双重并举，把加强生态环境保护和实现水资源智慧调度纳入重要管理措施。

为贯彻落实《若干规定》的相关要求，2023年起，临港新片区管委会联合城投兴港公司、上海海洋大学和上海市水利工程设计研究院等深化完善了水资源调度方案，在原东引河引清廊道建设的基础上，又研究了绿丽港至芦潮引河的定向调度体系。在生态治理方面，启动了“总磷溯源调查和治理”“健康河湖指标体系研究”和“外来物种治理”等多项基础性课题研究。围绕水污染防治、水环境治理、水资源调度、水域岸线管理保护、水生态修复、执法监管等方面的主要任务，全面推进新一轮水环境保护和水质提升工作，致力于将滴水湖打造成为流域清洁、亲水宜人、智慧生态、韧性低碳的一流滨水区和旅游度假区。

邵媛媛：在滴水湖水质趋于稳定之后，如何更好地维护和提升滴水湖的水生态系统？

目前，滴水湖的水质趋于稳定，工作重点也变成了对净水生态系统的维护。为此，政府会同养护公司构建了全面的管理体系，主要体现在3个方面。

首先，在滴水湖水系实行“抓大放小、轮捕轮放”的工作机制，每年根据水环境监测数据，有计划地投放滤食性鱼类等进行水生态治理。为了保护投放的鱼类、防控污染源，加强对滴水湖水域的日常管理，城投兴港公司专门成立一支滴水湖禁钓小组，对滴水湖水域进行24小时巡查管理，加强偷捕、偷钓管控，防控面源污染。

其次，持续对水生植物进行良性收割，有效减少水体中氮、磷含量。针对水生植物生长泛滥的情况，一是调整收割策略，采用“大部队网格化推进、小分队重点区域保障”的措施进行收割；二是引进最新的自动割草船，研发改进现有收割船，使其更适用于现场；三是采取抽稀的方式，从根源上控制水生植物的大量泛滥，使其良性生长；最后考虑逐步更换养护量更低的枯草类水生植物。

另外，加强对河道改造、桥梁建设、湖边景观等临水工程的巡查，尤其对排放口的巡查工作，“发现即制止，发现即上报”，从根源上杜绝污染源进入滴水湖水域。为了更好地依法治湖，负责滴水湖的养护公司会配合政府部门，希望从市级层面制定滴水湖水域的保护与管理条例，从立法层面上为保护滴水湖生态环境提供保障。

值得注意的是，临港新片区成为海绵城市试点，也对滴水湖的水质净化带来了利好。海绵城市，顾名思义是指城市能够像海绵一样，在适应环境变化和应对自然灾害等方面具有良好的“弹性”，下雨时吸水、蓄水、渗水、净水，需要时将蓄存的水释放并加以利用。通过海绵城市建设，达到“小雨不积水、大雨不内涝、水体不黑臭、热岛有缓解”的目标。

总而言之，临港新片区将会一直像保护自己的眼睛一样保护滴水湖水质，通过在水质监测、水生态治理、污染源防控、水域常态化巡查、政企联动、智能化信息管理平台等领域加大管理力度，进一步提升滴水湖水质管理水平，争取将滴水湖总体水质提升并稳定在Ⅲ类及以上，成为新片区一张靓丽的名片。

虹口区和平公园雨水调蓄改造，实现提标控污

邱俊杰 | 虹口区建设和管理委员会水务科科员

和平公园是上海市民心中的一座宝藏公园，承载着三代人的美好回忆。2020 年底，和平公园改造启动。和平公园的雨水调蓄改造项目是上海排水系统的典型绿色设施建设案例。根据全市雨水排水规划，虹口区探索公园绿地、民防设施雨水调蓄改造利用，实施和平公园雨水调蓄改造，和平公园践行“平战结合”“海绵城市”“源头滞蓄”等理念，实现“提

标 + 控污”双重效益。

公园调蓄改造需与景观主体项目结合，既要满足实用功能，又要满足美观要求。经过改造，除了作为平时大家休憩娱乐的场所外，如今的和平公园还是遭遇大暴雨时能化身保障区域排水安全的卫士。

邵媛媛：和平公园的水域情况与排水系统有何特点？和平公园雨水调蓄改造项目的背景是什么？

和平公园位于阜新路、大连路、新港路、天宝路围合的地块内，占地面积 264 亩（17.6 公顷），园内水域面积约 43.5 亩（2.9 公顷），园内湖体为内湖。公园所在位置属于临平排水系统，排水体制为合流制，该系统目前排水能力为 1 年一遇，后期将通过管网设施扩容改建，提标至 5 年一遇。

公园于 2020 年 12 月 30 日闭园进行改造工作，主要对景观以及游乐设施进行升级。改造方案保留园内现有排水管网，补充下凹式绿地溢流出水口，新建下沉式景观步道排水。公园改建过程中，适逢市级雨水规划发布，为推进绿色源头削峰、落实源头绿色设施建设，虹口区研究利用公园天然地理优势进行雨水调蓄改造。

邵媛媛：本次雨水调蓄改造项目是如何展开的？联动了哪些部门？各部门的工作职责分别是什么？

和平公园雨水调蓄改造项目建设由区水务局牵头，联合区园林局、公园管理处、区人防办等多个部门群策群力，共同完成。区水务局牵头，组织设计单位、咨询单位、专家完成调蓄方案设计；区园林局落实原改造方案调整及施工组织；区人防办积极配合现有设施相关资料调查及现场查验。

邵媛媛：改造项目进行了哪些改造、哪些保留？为何进行这样的设计？

改造方案保留园内现有排水管网，补充下凹式绿地溢流出水口，新建下沉式景观步道排水。除保留现有排水设施及湖体外，公园还保留了历史遗留的废弃地下防空通道及地上弹药仓库。

在此基础上，结合公园景观高程建设行泄通道，容纳周边地块超量

调蓄设施
图片来源：邱俊杰 摄

雨水；通过灵活调整湖体溢流水位，提高湖体调蓄规模；同时，利用防空设施，将现有地下民防通道改建为调蓄管，作为湖体调蓄的补充；将现有地上弹药仓库加固改建后，作为防汛设施仓库使用。

改造后的和平公园可服务周边约 540 亩（36 公顷）区域，将超量雨水蓄存，提升周边管网排水能力至 5 年一遇。

邵媛媛：此次的雨水调蓄改造项目，将会在“两水平衡”上发挥哪些具体作用？

在水环境方面，通过植被绿化径流削减及湖体生态设施削减径流，达到园内初雨 100% 控制率，有效控制径流污染。

在水安全方面，和平公园位于临平排水系统上游位置，公园湖体调蓄可服务于周边约 540 亩（36 公顷）区域的超量雨水蓄存，提升周边管网排水能力至 5 年一遇，可辅助降低周边地区的积水危害。

邵媛媛：本次改造项目中，是如何体现“平战结合”“海绵城市”“源头滞蓄”这些理念的？

在“平战结合”方面，目前方案公园景观湖常水位 2.5 米，在极端气候下，应急溢流水位提升至 3.1 米。应急方案体现以下两点。一是保证“内水不出”。利用园内防空洞储存临时活动围堰、沙袋等足量防汛器材，极端降雨发生前，在园区内地势低点搭建好临时围挡设施并及时撤离人员。二是当极端降雨发生、降雨超出市政排水系统负荷能力时，启动强排措施，将公园外积水排入公园湖体蓄存。

在海绵城市方面，经过改造，公园内部雨水径流路径为：降雨→路面 / 屋面→绿地 / 下凹式绿地→湖体，初期雨水产生的径流污染已被植被截流净化及湖体自净消纳。

在“源头滞蓄”理念的贯彻方面，和平公园位于整个临平排水系统的上游。临平排水系统的现状排水重现期为 1 年一遇，大大减轻对下游管网的排水压力。

邵媛媛：改造后，和平公园的蓄水和排水能力得到了怎么样的提升？

通过改造，湖体调蓄容积可达 8700 立方米，应急调蓄容积可达 17400 立方米，调蓄管容积新增 150 立方米，公园内雨水实现 5 年一遇不外排。

对公园内的水域生态来说，雨季蓄水减少了旱季补水量，在水资源利用上具有正向作用。

邵媛媛：本次整治工作中的难点集中在哪里？主要的收获与经验总结是什么？

公园调蓄改造需与景观主体项目结合，既要满足实用功能，又要满足美观要求，且公园原有乔木和建筑保留利用的也比较多，对新建设施的布局造成较大的挑战。通过多部门和各参建单位的努力，调蓄工程建设最终完成，与景观结合度较为理想，为今后类似项目的建设提供了较好的参考素材，从方案理念到建设方式都有较好的指导意义。

目前，公园调蓄改造工程已竣工运行，设施运行良好，园内道路雨水排放顺畅，周边道路尚未发生严重的积水情况，更大的考验留待台风气候验证。

邵媛媛：现在对和平公园水域的日常维护是怎么展开的？

首先，除了常规的水面保洁，还要做好水位监测设施、调水设施的维护管理。现场水位监测与远程平台数据互为验证，确保设施平稳运行。

其次，完善公园应急管理方案。公园运营方组织专门人员负责应急处置，并进行相应培训，以确保响应速度。

最后，现有地上弹药库作为防汛设施仓库，做好日常巡查、物料管理。

金山区“金平嘉”水事议事堂，建治水新平台

宣亚红 | 金山区水务局副局长

山塘河上山塘桥，山塘桥边两山塘。

在上海市与浙江省的交界处，一条山塘河将山塘村分成南北两片，它也是金山区廊下镇山塘村和嘉兴市广陈镇山塘村的分界线。一河两地，跨省而治，长三角地区首个水事议事堂就坐落于此。

从 2019 年成立至今，“金平嘉”水事议事堂已成立 4 年有余。每隔一段时间，金山与平湖、嘉善的水务（水利）部门就各自带着议题，相聚于山塘村，推进“水务事、三地议、三地理”，把议事堂建成三地水务部门合作共赢、联动治水的“主阵地”，河长治水的“连心桥”，以赛促干的“新平台”。

邵媛媛：“金平嘉”水事议事堂是什么，能简单介绍一下吗？

“金平嘉”是上海市金山区、嘉兴市平湖市和嘉善县三地的简称。2019 年，“金平嘉”水事议事堂成立，成为三地治水部门针对涉水事宜的一个沟通平台。

作为长三角地区首个水事议事堂，“金平嘉”水事议事堂确定固定场所，制订议事规则，明确每次议事轮值负责人，并将之纳入三地联动治

水年度工作目标计划，开启了“金平嘉”联动治水的新模式。

在原则上，秉承“参与共治，联动互赢”原则；在议题上，涵盖防汛防台、水文测报、水利建设、水系规划、执法监管等区域水域联动治水事宜。

邵媛媛：为何“金平嘉”能被视为打造联动治水的“主阵地”？

水具有区域性和流动性，金山区地处杭州湾北岸、黄浦江上游、杭嘉湖下游，与浙江省平湖、嘉善交界河道共有60条，总计68公里，以及72个交界河口，这就决定了治水工作不仅要靠上游区域，也要靠下游区域，需要边界区域水环境联防联治、上下游联动、左右岸同治。

邵媛媛：成立4年多来，“金平嘉”水事议事堂每年都做了哪些大动作？

2019年，金山区水务局牵头绘制了“金山、平湖、嘉善三地水系图”，将三地60条（段）边界河道无缝衔接，将“金平嘉”三地治水合并成“一图治水”，实现三地水系规划“一张图、一盘棋”。2020年，金山区在推进双圩塔港圩改造工程时，将一座界河的节制闸建设在平湖市的土地上，填补当地150亩（10公顷）圩区空白，提高防洪除涝能力。2023年，金山区与平湖市就黄姑塘水闸初步达成浙沪共管意见，项目建成后既可以填补浦南东片片区缺口，也能防止突发性水污染的进一步扩散，20余年的历史问题终于迎来解决的曙光。

邵媛媛：双圩塔港圩改造工程是一个跨省市的水利工程，需要协调的事情非常多，具体是如何分配联动的？

双圩塔港圩改造工程总面积3.59平方公里，将翻建和新建闸站8座，界河节制闸是其中新建的一座，拟选址于新仓镇杉青港村境内，这样既可以让金山区在项目建设上少翻建1座节制闸，也可以让平湖区未纳入圩区的150亩（10公顷）土地得到防汛安全保障，可谓一举两得。

因为是跨省市的水利工程，这个工程靠单方是推不动的，需要两边政府单位出面协调。这就需要平湖区协调强电工程、永久用电和临时用

金山区水务局、平湖市水利局踏看界河节制闸拟建现场
图片来源：周杰 摄

电，还有进场道路、占用土地等事宜。

为此，金山区水务局与平湖市水利局在“金平嘉”水事议事堂召开联席会议，就水闸建设标准、临时用电申请、后续管理维护等事宜展开讨论，协调解决水闸跨区域建设的一系列问题。两个行政交界村——新仓镇杉青港村和金山卫镇塔港村也全程参与工程对接。

邵媛媛：“金平嘉”水事议事堂的劳动和技能竞赛很有特色，此竞赛能够如何提升联动治水能力呢?

依托“毗邻党建”，引领区域联动发展，金山区联合嘉兴市总工会、治水办等单位开展为期 3 年的“吴根越角・一衣带水——金嘉毗邻碧水保卫战”劳动和技能竞赛，时间跨度从 2019～2021 年，明确以基层组织共建、资源信息共享、党建活动共联、业务工作共促、干部人才共育等方式，定期开展党建联建活动，将联建活动常态化、制度化，高位推动联动发展。通过开展技能比武，以赛促创新，以赛促进度，以赛促成效，努力营造

第一届“金平嘉”水上作业技能比武竞赛
图片来源：周杰 摄

“比学赶超”三地联动的浓厚氛围，有力提升三地联动治水能力。

例如，在“金嘉毗邻水闸技能比武”竞赛活动中，金山区、平湖市、嘉善县三地各选派 10 名水闸职工组成参赛队伍，在龙泉港出海闸进行水准点测量、闸瓦拆装、动滑轮拆装等技能比武，进一步提高水闸运行管理水平，实现水闸管理从定性到定量、从粗放到精细的转变。

另外，“金平嘉”水上作业技能比武竞赛也是其中一项重要组成部分，作为每年长三角水域环境生态治理的常规事项。水葫芦打捞工作在过去由区域各地分头整治，往往上下游形不成合力，但在区域一体化的背景下，如今情况已有改变。依托水事议事堂的联动平台，金山、平湖、嘉善通过签署“界河保洁合作备忘录”，商讨合力筑牢水葫芦打捞拦截防线的措施，尽量防止水葫芦流出本辖区，缓解“上游对下游、支流对干流”的水葫芦蔓延暴发压力。

邵媛媛：可以举例分享几个“金平嘉”水事议事堂的联动案例吗？

2019 年 7 月，平湖市广陈镇龙萌村党总支副书记张建平与金山区廊下镇副镇长、河长办主任顾保根等人搭乘“沪海巡 169 号”，一同巡查了两地边界河道六里塘。巡河过程中，张建平嘴里一直念念有词：“斜河水质基本稳定在Ⅲ类水，但反弹压力大；杨树港闸站口布满水葫芦，得及时打捞，不然影响水流通……”，并把想到的问题都一一作了记录。这次巡河正是水事议事堂成立后，建立起“跨界一条河、河长共巡河”的联动新常态。

2023 年，水利部太湖流域管理局苏州局、上海市水务局、金山区河长办、平湖市治水办就上海塘—胥浦塘—掘石港河道进行联合检查，重点检查省际边界河湖日常管养、非法矮围清理整治、涉河建设项目、码头防汛安全、沿河企业排污整治等情况。金山区吕巷镇蔷薇村和平湖市新埭镇联合成立边界河道巡查整治队伍，每季度开展一次共同巡河行动，对于巡查中发现的问题及时召开协调会，共同协商解决。

通过水事议事堂，三地互换河长信息，让异地河长不再“眼睛只顾自己的一亩三分地”，把巡河视界拓展到边界河道的整体状况，为河长治水架起“连心桥”，一起探索治水的新思路，共同追寻联动治水的新未来。

松江区九亭打通九条断头河，构建河湖新水网

袁　潮 | 松江区水务管理所九里亭水务站副站长

由于没有外河水源的补充和交换，断头河的水体流通性差，水动力不足。一旦有污水或者各种垃圾进入河道，河道内藻类大量繁殖聚集，很难实现自我恢复、自我净化的生态功能，如此一来就会打破水体水质的平衡和稳定，造成水环境恶化。因此，断头河整治是水环境治理“补短板”的重要举措之一。

如今的西罗浜（9条打通的断头河之一）
图片来源：王智郅 摄

断头河打通是一项系统工程，不仅要新开河道，还要新建桥梁、护岸、栏杆、绿化等。工程难点在于土地空间问题，前期腾地投入巨大，为了实现河道打通，需要协调清拆沿河企业厂房，搬迁电力、通信、自来水、燃气等各类管线也需要投入极大的成本。但是，断头河打通工程畅活城市毛细血管，不仅提升河道水质的自净能力，还提升河道的蓄水能力，对于在汛期防止城市内涝有着积极作用。

在松江区九亭镇，曾经被拦腰截断的多条河道，如今“活”了起来，水体流通，河水不再黑臭，河岸两侧新建生态护岸，河畔种上郁郁葱葱的植物，成了周边居民休闲散步的好去处。

邵媛媛：什么是断头河？断头河会对水域造成哪些危害？

断头河的第一种情况是一端断头，另一端与其他水体连通；第二种情况是两端都断头，成为一个“封闭水体”；第三种情况是河道两端都与其他水体连通，但是中间存在阻断，比如市政道路、拦河坝基等。断头河的主要问题是水体流通不畅，没有外河水源的补充和交换，往往是靠降雨，又缺乏水动力，长期处于“静止死水”状态，自我恢复、自我净化的生态功能较弱，垃圾、落叶、污染物质比较容易聚集沉淀，一旦超过水体环境承载量，就会造成河道水质恶化且不易恢复。同时，断头河由于缺乏流通性，暴雨期间行洪排涝的能力也被大大削减，给城市防汛安全带来较大压力。

邵媛媛：过去九亭镇的这些河流不流通的原因主要有哪些？

这些河流其中一些是自然形成的小河流，处于河平原网的末梢，本身就是断头河，如过去农村宅基边的村沟宅河。其他大部分都是早期城镇开发建设过程中造成的，如为了获得更多土地资源用于房产小区、企业厂房建设，人为对河流水面进行填堵；又如为了节省资金，早期许多市政道路建设时跨河没有新建桥梁，而是采取涵管或者直接坝基拦断；还有一些居民小区、企事业单位为了景观需求，人工新建一些景观水体，大部分也是与外面的河道不连通的。

邵媛媛：为何会下决心一次打通九条断头河？

2016 年，上海全面推行河长制，打响了黑臭河道整治攻坚战。在黑臭水体排摸、调查和原因分析的过程中发现，绝大部分断头河都存在黑臭问题，而且长期以来是反复治理、反复回潮，严重影响河道生态环境和周边居民的正常生产生活。反观那些自然流通的河道，虽然也有岸上污染，但是整体水质感观就好很多，这便是"流水不腐"的道理。此外，许多断头河往往还存在行洪排涝和区域积水的问题，成为防汛工作的薄弱点和安全隐患。

根据市水务局要求，松江区于 2017 年制定《松江区断头河整治三年行动计划（2017-2019 年）》，结合本区实际，计划用 3 年时间打通断头河 222 条（段），进一步畅活城市毛细血管，提升水环境治理。作为断头河问题相对突出集中的九亭镇，为了彻底解决城市生态和安全隐患，下决心启动断头河打通工程。

邵媛媛：能否举例讲讲具体是如何打通断头河的？

断头河打通是一项系统工程，工程内容其实并不复杂，主要是新开河道，新建桥梁、护岸、栏杆、绿化等。但是为了实现河道打通，项目前期需要做一些准备工作，以西罗浜的打通为例，前期共清拆企业厂房

渣家港
图片来源：王智郅 摄

2.2 万平方米、搬迁通信管线 2 根、保护加固污水总管 1 根，花费较大的代价。这在已经打通的断头河道中，还算是相对简单的。

更为艰难复杂的是湛泾港河道打通，在 2 条市政道路上新建 1 座桥梁、1 座双孔箱涵，在断头处新开河道 100 米，跨越 2 家企业新建 150 米通水箱涵，在项目前期还需要搬迁电力、通信、自来水、燃气各类管线 11 处，协调沿河企业 4 家，前前后后花费 2 年时间，才最终实现河道贯通。

邵媛媛：除了打通断头河之外，为改善水质、增加河道水生态功能，松江区还要做哪些配套工作？

在打通断头河之外，我们还通过岸上控源截污、河道底泥疏浚、上下游活水畅流调度、构建岸坡绿植缓冲带、栽植水生植物等综合配套措施，进一步消减入河污染量，逐步构建和恢复水生态功能，改善河道水质。

九条断头河打通以来，九亭的河网水系脉络被进一步理顺通畅，在河长制综合施策的持续发力下，原来的“死水”“臭水”转变成了如今的“活水”“清水”，河湖生态效益逐年显现，两岸居民与河流的关系从过去捂着鼻子渐行渐远，到如今自由漫步滨河、感受河风徐徐，成为断头河治理的亲眼见证者和真实受益者。

邵媛媛：断头河整治工作的难点主要集中在哪里？给我们的启发和经验是什么？

断头河的打通难点主要还是土地空间问题，由于前期腾地投入巨大，目前九亭镇仍有部分河道还是断头的。“事难成而易败，名难立而易废”，过去我们因为城镇化建设的粗放短视，人为填埋了许多河流，如今要再去纠正它，付出的代价将是百倍千倍。所以我们现在要做的就是严格落实河湖保护和水面积管控，坚决杜绝和避免断头河新增，同时从规划层面合理布局河网水系，积极创造条件，持续推进断头河治理。

邵媛媛：现在对这些河流的日常维护是怎么展开的？

围绕河湖“污水无直排、两岸无违建、水域无垃圾、河底无淤积、绿化无损毁、水质无恶化”的工作目标，九亭镇通过市场化方式，择优选择了专业的养护队伍负责辖区内的河道长效管理养护工作，并按照行业要求严格落实养护单位“养护巡查、水质维护、问题处置、情况报告”四项责任，常态化做好河道日常养护工作。例如，水面保洁工作常规情况一天开展一次，有的河道所属区域为重点区域，九亭镇也会落实保洁人员，增加保洁频次，确保水面干净整洁；遇到特殊情况，如在绿萍等水生植物暴发的时节，九亭镇集合全镇保洁力量进行集中清捞，全力维护好良好的水环境面貌。

青浦区推动雪落漾共保联治，重塑河湖新面貌

王璐瑶 | 青浦区金泽镇河长制办公室副主任
王怡雯 | 青浦区金泽水务管理所科员

站在上海市青浦区金泽镇的最西端，放眼望去，蓝天白云下，稻田金黄、水清岸绿，路边繁花盛开，一片生机勃勃；西北侧最大的一片水域是雪落漾，它的西面是江苏省苏州市吴江区汾湖高新技术产业开发区

雪落漾整治前
图片来源：金泽镇水务管理所

雪落漾整治后
图片来源：金泽镇水务管理所

（简称“汾湖高新区”）；南面不远处，是浙江省嘉兴市嘉善县西塘镇。

曾经的雪落漾是典型的“三不管”地带。由于地处两地交界之处，行政边界权责不清，造成养护标准不一、养护力量分散，治理工作推进困难。2020 年 8 月，针对长期盘踞在雪落漾湖面上 60 多亩（4 公顷以上）

的非法围网养殖及岸上违章建筑，青浦金泽镇河长办、金泽镇水务管理所组织相关部门对此进行集中清理整治。

千百年来，祖祖辈辈信守着“靠山吃山，靠水吃水”的生活方式，老百姓认为在湖泊里养殖天经地义，对于整治不理解、配合度不高，这成了雪落漾治理工作的难点。然而，水土养人，更需人养，农耕时代的观念也需要随着社会发展的进步而改变。

如今，雪落漾干净清澈，若是在冬日寒流的作用下，湖面结一层薄薄的冰，反射着太阳光，一闪一闪别有风韵。

邵媛媛：雪落漾在金泽水域中处于什么位置，有何特点？

雪落漾是金泽镇的镇管湖泊，北接淀山湖（元荡湖），南通流域骨干河道太浦河，是青浦区金泽镇和苏州市吴江区汾湖高新区交界处的界湖，位于长三角生态绿色一体化发展示范区先行启动区的地理中心，位于两省一市交界处的“水乡客厅”的中心位置，是核心中的核心。

雪落漾总面积 2900 亩（约 193.3 公顷），相当于西湖面积的 1/3 不到，岸线长度 12.2 公里，其中青浦区域 1400 亩（约 93.3 公顷），岸线 6.3 公里；吴江区域 1500 亩（100 公顷），岸线 5.9 公里，基本上青浦和吴江各一半。

邵媛媛：在清理整治前，雪落漾湖面有哪些问题？

由于地处两地交界，雪落漾曾是典型的“三不管”地带，这就带来了行政边界权责不清、养护标准不一的治理困难。湖泊长期存在大量围网养殖和违章建筑，水葫芦等水草蔓延问题持续发酵，导致水环境质量持续恶化，影响了邻近村庄的人居环境和生产生活。

邵媛媛：2020 年 8 月，各相关职能部门开展了对雪落漾的清理整治工作，工作主要从几方面入手？

针对雪落漾湖面上 60 多亩（4 公顷以上）历史遗留的非法围网养殖及岸上违章建筑，金泽镇河长办、金泽镇水务管理所于 2020 年 8 月 25 日 ~9 月 3 日，组织镇农业中心、网络中心、城管、三大整治办、拆违办等相关职能部门以及新池村委会，进行集中清理整治。整治主要从非法围网养殖设施设备和水、陆域的违章建筑等方面入手，涉水违法建筑 60.47 亩（约 4.0 公顷）、围网 1240 米、湖岸违章建筑 27 间房。

邵媛媛：60 多亩的非法围网养殖，对雪落漾主要造成了什么污染？相关部门是如何与居民沟通的？成功清退的关键点在哪里？

得天独厚的水资源优势为当地渔民和渔业养殖提供了便利，可随着非法围网养殖现象泛滥，雪落漾的原生态水环境遭受到破坏，无节制地投喂饲料让水体富营养化，水质受到一定程度的污染。2020 年 7 月 15～20 日，由镇河长办、水务管理所、属地村民委员会等相关部门和单位组成联合工作组，上门入户，对涉及的 6 家非法养殖户讲解相关的法律法规，积极引导并责令他们于 2020 年 8 月 3 日前，自行将自家的非法围网养殖设施设备拆除、清理；对拒不听规劝、未在规定期限内按要求自行清理的养殖户，相关执法部门将限期进行强制拆除。

源头治理后，镇相关部门加强“回头看”，避免问题“返潮”，同时加大湖泊水面、岸线常态保洁养护力度，水质、水环境得到明显改善。

邵媛媛：本次整治工作中的难点集中在哪里？主要的收获与经验总结是什么？

整治的难点和堵点主要在跨区养殖和老百姓不理解两个方面。当时养殖户是吴江区汾湖高新区的，而水面却是青浦区金泽镇的，跨区整治需协调和联合多部门，存在一定的难度；当时老百姓也不理解，还秉持着“靠山吃山，靠水吃水”的观念，认为在湖泊里养殖是天经地义的，配合的意愿不高。集中整治需要两地相关部门共同支持、配合实施。

雪落漾的集中整治，让往昔的非法围网养殖所搭建的水上走廊、岸边临时住所、餐饮店等违章设施“不见踪影”，重要水质指标提高了约 50%，对改善河湖水环境面貌、提升水环境质量起着关键性作用。此次整治不仅加强了各职能部门的横向联动，还为雪落漾“联保共治”打下了基础。

邵媛媛：现在，对雪落漾的河流日常维护是怎么开展的？

2021年，金泽镇和黎里镇签订《雪落漾一体共治备忘录》，探索确立“四同”原则——同一个养护标准、同一个资金标准、同一个管养单位、同一把尺子监督考核，从根本上解决各自责任难厘清、保洁养护标准不一等问题。

雪落漾日常养护工作主要围绕水域保洁、陆域保洁、设施维护三方面开展。水域保洁的作业方式分为水面（巡回）人工打捞作业、自动船与半自动船打捞作业和拦截漂浮物打捞作业三种，保洁工作按照常态三天一次的频率开展，水葫芦、蓝藻暴发期间按照一天一次的频率开展；陆域保洁侧重河湖管理范围内的暴露垃圾清运，包括但不限于废弃物、堆积物、悬挂物等，清运的垃圾通过规范渠道及时清理处置，同时确保河湖管理范围内无杂草丛生现象，无二次污染点，按照一天一次的频率开展；设施维护按照年度维修计划，对护岸、栏杆、防汛通道等附属设施开展有序修复工作。

邵媛媛：下一阶段，雪落漾是否将有其他修复计划？

修复计划主要分两部分。

一是聚焦推进跨界河湖联保共治。继2020年雪落漾集中整治之后，金泽镇、黎里镇秉持“一体化、一家亲”发展的理念，突破行政壁垒，于2021年在雪落漾开展一体共治试点，成效显著；2023年，增加与吴江交界的吴天贞荡、道田江、华士江，推广复制新的“两河两湖一体化联保共治项目”。

二是聚焦深化水生态协同治理。一方面，联合华东师范大学，成立与院校机构合作的“健康河湖专家工作站”，通过院校机构合作的方式，保护和修复河道生态，加强“水十条”和生态文明建设的有效衔接，为区域水环境与水资源管理工作提供技术方法和管理手段。另一方面，研究野生水鸟栖息地营建及水生植物打捞技术，研究制定《湖荡区水鸟栖息地营建及水生植物精细养护技术研究》课题方案；同时，借助“两河两湖”一体共治契机，拟建成两个鸟栖息地及水生植物精细养护示范工程，以此营造野生鸟类生存生境，助力水生态环境提升。

奉贤区推进韩村港沿河截污，协作打造清水湾

褚　楚　孙铭浩 | 奉贤区奉浦街道社区管理办（河长制办公室）工作人员

从“黑臭河道”到“清水湾”，奉贤区韩村港成功走上了蜕变之路。

韩村港位于奉贤区奉浦街道，因为污染严重，一度被列入住房和城乡建设部挂牌督办的重污染黑臭河道之一。从 2016 年开始，韩村港踏上了截污整治的道路。尤其在 2018 年，通过关停 9 家沿河环保排放不达标企业、整改 22 个沿河餐饮企业私接排污口、增加 8 台自动曝气装置、建设一座滨河公园、修建一条东西贯穿的健身步道，韩村港荣获“上海市首届最美河道‘最佳整治成果’奖”，获评奉贤区最美河道和二星级河道。

无论是拆除两岸违章建筑、关闭河道上游污水未纳管企业，还是建

2021 年 6 月，韩村港完成植物浮床的布设
图片来源：陈屏 摄

设小区雨污分流工程，都需要加强部门间的联合执法和联动协作。此外，多功能无人船、雨水井移位监测等设备的使用，结合“6 公里 5G 长廊”等智慧化项目，将全自动采样的数据同步接入一网统管平台，实现水质监测实时化、精准化、可视化，韩村港的截污整治之路成为奉贤区智慧水务的样本之一。

邵媛媛：韩村港是一条什么样的河流？当时为何会将韩村港列入 2016 年奉贤区生态综合整治行动中？

韩村港全长 1638 米，河口宽 14 米，水面积 21294 平方米，属镇管河道。韩村港西起南横泾，东至奉浦河，沿线有聚贤煌都、景怡佳苑、商宝公寓、奉浦二村 4 个小区，北侧有上海商学院，南侧有多家商铺。由于是住房和城乡建设部挂牌督办的重污染黑臭河道之一，区里和街道十分重视，为切实以最坚决的态度、最有力的行动治理好韩村港，故而将韩村港列入 2016 年奉贤区生态综合整治行动中。

2018 年 7 月，在韩村港完成太阳能曝气装置的布设
图片来源：陈屏 摄

邵媛媛：在河流整治方面，各部门是如何联动协作的？

河道整治方面，我们拥有街道河长办日常监管、第三方专职巡查、专业化河道管护3支队伍，再加上城管执法中队的助力，确保护河治水长效。依托“6公里5G长廊”“一网统管”和微信群交流平台，形成“发现、响应、处置、监管”四位一体的河道管理工作闭环，实现“全方位覆盖、无缝隙对接、一体化管理”。

邵媛媛：韩村港从“黑臭河道”到“清水湾”的蜕变之路，是从2016年开始逐步进行的，是否能将整治节奏展开讲讲？

5年前的韩村港原为住房和城乡建设部挂牌督办的重污染黑臭河道及181河道之一，韩村港整治前有两个主要问题：一是韩村港沿线存在局部污水管渗漏现象，污水通过雨水排放口进入河道；二是河道水体基本处于不流动的状态，水流不畅，水体自净功能弱化，水体污染程度加重。

经过2016年水环境综合整治行动，我们拆除了韩村港南侧沿岸87家小餐饮及其他商铺3060平方米的违章建筑；2017年，根据“一河一策”的整治方案，针对污水入河、水动力差、淤积严重等河道黑臭主要原因开展了一系列治理，包括新建护岸120米、地面绿化540平方米、截污纳管8.2米，栏杆改建1025米、太阳能曝气浮岛6套，完成雨污混接管道改造1处等；2018年，关停9家沿河环保排放不达标企业，整改22个沿河餐饮企业私接排污口，增加8台自动曝气装置，建设一座滨河公园，修建一条东西贯穿的健身步道。

2018年底，韩村港消黑消劣工作完成，被评为“上海市首届最美河道‘最佳整治成果’奖”；2019年，创建为奉贤区最美河道及二星级河道；2020年，韩村港年平均水质已达到Ⅳ类及以上标准。2022年，韩村港完成第一期的“水质透明度提升项目”，现水质已达到地表Ⅲ类水，河面洁净，两岸绿植参差错落、生机盎然。

邵媛媛：整改排污口后，韩村港增加 8 台自动曝气装置。请问自动曝气装置对河道有什么作用？

一是加速水体复氧过程，使水体的自净过程始终处于好氧状态，提高好氧微生物的活力；二是充入的溶解氧可以迅速氧化有机物厌氧降解时产生的硫化氢、甲硫醇及硫化亚铁等致黑致臭物质，有效改善水体的黑臭状况；三是增强河流水体的流动，有利于氧的传递、扩散以及液体的混合；四是减缓底泥释放磷的速度。

曝气装置是通过曝气设备搅动污水、加快空气中的氧气转移到污水中的速率，从而提升污水中氧气的成分，氧化、溶解污水中的有机物。曝气是水处理工作的关键方式之一，是提升水处理工作质量和效率的合理对策。

邵媛媛：本次整治工作中的难点集中在哪里？

整治工作的难点在于群众工作。由于韩村港位于居民生活圈，周边有 4 个小区以及多家商铺，实施整治工程会对周边居民造成一定影响。因此在动工前，街道河长办细心对周边小区居民、商铺等相关人员进行宣传讲解，让居民能够充分了解动工的必要性和可行性，得到了居民的支持。通过一系列河道综合治理，韩村港的水质有了明显改善，2017 年 11 月，溶氧、氨氮、总磷等指标全部达标，成功消除了河道黑臭及劣Ⅴ类水质。如今，韩村港河面清洁、鸟鸣鱼游、两岸整洁、绿意盎然，滨河公园逐渐成为周边居民休憩的一个新去处，沿河小区的居民对韩村港的整治成效表示满意。

邵媛媛：韩村港五年多的整治旅程，主要的收获与经验总结是什么？

首先是领导重视、启动及时。韩村港作为住房和城乡建设部挂牌督办的重污染河道，街道领导非常重视，由街道党工委副书记、办事处主任亲自担任河长。早在 2016 年底，街道已经将韩村港列入奉贤区生态综合整治行动，率先开展了拆除沿河违建、油烟排放治理等行动，彻底拆除韩村港南侧沿岸 87 家小餐饮及其他商铺的 3060 平方米违章建筑。

其次是组织完善、执行有力。街道制定《奉浦街道关于推行“河长制”的实施方案》及《奉浦街道关于进一步深化完善河长制落实湖泊湖长制的实施方案》，成立并完善“河湖长制”办公室，落实专人负责河道管理和养护工作。2017 年，奉浦街道根据河道实际情况制定了“一河一策”整治方案，针对污水入河、水动力差等河道黑臭的主要原因，有力开展了治理工作。

最后是监督管理、市场管养。为更好地监管韩村港，街道河长办固化河长巡河制度，通过河长办、各级河长、巡河员、各级护河队加强巡查，发现问题立即整改；及时督办群众来信、来电、来访的问题，明确责任人，及时向群众反馈办理情况，接受群众监督；向社会公开择优选择日常养护单位，对河道的水域保洁、陆域保洁、绿化、护岸、栏杆等设施实行市场化养护；聘请有资质的水质优化单位，对韩村港开展水质检测，全面、及时掌握河道水质变化，对水质进行动态监测和维护。

邵媛媛：下一阶段，韩村港将会进行什么样的生态修复？

首先针对韩村港已布设的水质提升养护及生物列阵末端拦截措施，通过设置绿植浮岛，运用河床原位生态修复改良技术、生物列阵技术、固化微生物净水技术等科技支撑，既优化河道水质，又起到防患于未然的效果。

其次是实施“水质透明度提升及自然生态修复项目”试点，通过安装净水集成装置及柔性拦截装置，结合三步底泥改良法，奋力打造韩村港水下森林，攻克治水顽疾，进一步提升河道的自净修复能力。

最后还会依托多功能无人船、视频监控、光谱分析、雨水井移位监测等设备，结合智慧节点、“6 公里 5G 长廊”等智慧化项目，将全自动采样的水质数据和流速流量等数据同步接入一网统管平台，实现水质监测实时化、精准化、可视化，进一步优化奉浦智慧水务布局。

2021 年 8 月，韩村港增加水上增氧机
图片来源：陈屏 摄

经验小结

2017 年元旦，习近平总书记在新年贺词中发出"每条河流要有'河长'了"的号令，开启治水新时代。对于河湖长制，习近平总书记强调，地方各级党委和政府主要领导是本行政区域生态环境保护的第一责任人，各相关部门要履行好生态环境保护职责，使各部门守土有责、守土尽责，分工协作、共同发力。

协作，顾名思义为协同合作。河湖长制由党政领导担任河长，依法依规落实地方主体责任，协调整合各方力量，实现水岸同治、系统治理，克服了传统水环境治理缺乏系统性、部门缺乏联动性的弊端。在上海河湖长制的推行过程中，防汛薄弱环节、污水处理厂溢流、河湖水质反复等问题，都是在多部门的通力合作下，实现有效处理，加快人民幸福河湖的建设。

即使是一条小小河道的治理，也离不开各方部门的联动建设。例如，上海长宁区曾经脏乱荒芜的午潮港，经过生态清洁小流域的建设中的生态治理，如今摇身一变，成了新泾居民休闲娱乐的好去处。在午潮港的治理过程中，长宁区水务局加强部门协作联动，通过与区生态环境部门建立月度联席会商机制、与区检察机关建立检察公益诉讼协作机制、与区城管执法部门建立季度联合检查机制，加强联络交流和信息共享，形成合力，实现全方位、全覆盖的管理。

如午潮港中各部门积极协作联动的案例，在上海河湖长制的建设中无处不在。在河湖治理中，不同水域责任主体之间需要合作治理，不同水域制度之间也需要统筹。河道治理不仅关乎河湖，也需要其他部门的参与和协助，如河岸边的养殖污染和违章建筑，就涉及与农业中心、城管、整治办、拆违办等多部门的协同工作。

实现河湖长制的常态长效运作，需发挥河湖长制在协同治水、联动治水方面的优势，建立市区联动、水岸联动、上下游联动、干支流联动、水安全水环境水生态联动的工作机制，确保河湖得到良好治理和保护。

在具体协作时，河湖长应有效统筹，各相关部门合理分工。从经验上看，横向上，建立河长制会议制度，注重解决跨部门的重大问题和政策性的共性问题，推进和监督各部门落实治理责任；纵向上，对具体河道实施分级分段河长责任制，设立一级河长、二级河长，上下分工合作，确保各项工作任务顺利开展。

2023 年，上海市河长办在 2017 年发文的基础上，结合新形势、新要求，优化完善相关工作措施，下发《上海市河长制办公室关于加强上海市河湖面积管理工作的通知》，加大河湖面积变化动态监测和疑点疑区核查力度，河湖面积变化疑点疑区督查由一年一次调整为一年四次，进一步提高对擅自填堵河道的查处力度。由市水利管理事务中心牵头开展核查工作，将核查疑似违法问题点位移交水务执法总队开展专项督查，进一步提高了管理—发现—执法闭合回路的有效链接，实现了市区联手、管执联动、条块联合的成效。

保护水资源、防治水污染、改善水环境、修复水生态，需要国际社会进一步凝聚共识，探索适合各自国情的道路和方法。全面推行河湖长制，完全符合我国国情、水情，是河湖保护治理领域根本性、开创性的重大举措。河湖长制在我国水资源环境上的有效治理，也体现了我国治理现代化制度的优势与能效。

第四节
Part 4

社会参与　共治共享
A Shared Effort

民间河长：巡河时发现没问题就是最大的收获

张宇洁 | 嘉定区菊园新区民间河长

成为一名民间河长后，张宇洁养成了每日在河边散步巡视河道的习惯。她认为，巡河时没有收获，反而是最大的收获，这说明了河湖长制的工作发挥了作用，让河道清澈洁净，让人民生活幸福。

民间河长参与河湖巡查、环保宣传、环境治理，也被称为百姓河长、河长助手。同时，民间河长也能引导、鼓励和带动更多的群众参与河道治理，与村镇河长形成配合，各取所长，达到珠联璧合的作用。

张宇洁认为，民间河长的力量虽然微小，但所谓“功成不必在我，但功成必定有我”。水清、岸绿的成果，来自于专业治水人的孜孜不倦，来自于专职河长的尽心尽责，也来自于民间河长的坚持和奉献。

嘉定环城河初春沿河风貌
图片来源：戴婷 摄

邵媛媛：您是如何当选民间河长的？当时为什么想要做社会河长？

我是看到“菊园新区”公众号上公开招募民间河长，所以主动报名参加的。想做河长源于我自己的成长经历，我从小在嘉定环城河边长大，环城河南侧为嘉定老城区，北侧即为菊园新区。作为上海唯一保存完好且依旧具备实用功能的古代护城河道，6.5 公里长的嘉定环城河如今已成一处文化标志水岸，串联起了沿岸公园绿地。

因为成长的点滴中一直有柳岸河清的陪伴，所以现在我希望能够参与到河道保护志愿者队伍中，为身边美丽河道的建设尽一份力。

邵媛媛：作为民间河长，您的工作内容有哪些？

我的工作内容主要是利用闲暇时间巡视河道，查看是否有向河道乱倒渣土垃圾、毁坏沿河环境等不文明现象，及时阻止或上报相关部门；查看河道是否有严重污染等情况；向广大居民宣传河道治理及河道保护知识，提升公众爱河、护河意识。

邵媛媛：自从做了河长，对您产生了什么影响？做民间河长需要具备哪些特质？

首先，做了河长对自身的行为规范更多一份约束，也多一份责任，必须自身正，才能以身作则去引导他人。其次，要多与沿河居民沟通，了解居民对河道建设意见，做好居民与行政管理部门之间沟通的桥梁纽带。民间河长要有敏锐的观察力，学习河道治理知识的主动性以及善于沟通宣传的表达能力。

邵媛媛：您认为民间河长与其他河长不一样的地方在哪里？

民间河长更亲民，因为是从群众中来的，更能代表和直观表达民众对河道治理的态度和希望。作为一名志愿者，不是从工作出发去爱河、护河，而是怀着一种情怀去参与河道治理工作，更具有人文气息。

对于河道治理，民间河长不可能像专家一样从专业治理的角度作出巨大贡献，我们仅仅是做一些锦上添花的辅助工作，作用虽小，但也希望能够尽自己一份力。

邵媛媛：是否能讲讲您经历过的清理、整治河道的工作事项？

有赖于菊园新区对河道治理的重视，我巡河时并没有发现严重的情况。对于我而言，我并不希望发现很多问题，反而每次巡河没有收获才是最大的收获，这就说明我们每天都能生活在清风拂面、杨柳依依的河边，看着清澈的河面，生活也觉得很幸福。

我对菊园新区的生态清洁小流域治理印象深刻。永胜村是上海市示范案例，它结合自身特点、因地制宜，围绕河湖水系治理、面源污染防治等五大任务推进生态清洁小流域治理，提升水环境，打造水景观。项目完成河道综合整治 8 条，新建生态护岸 2.45 公里，种植护坡绿化和水生植物 2.24 万平方米，完成 4 个小区雨污混接综合改造，完成 35 亩（约 2.3 公顷）养殖尾水治理，实现区域水质达到Ⅳ类及以上，水土流失综合治理程度大于 90%，生活污水处理率大于 95% 等。

同时，根据城市高品质建设的目标，融合高品质社区生活圈、人水和谐生态建设，永胜村还建成了星级河道嘉罗泾、八字塘，打造美丽河道北水湾，形成环城河—紫藤文化园紫云廊、盘坨子公园以及横沥河—陈家山公园、北水湾体育公园等亲水打卡点。

邵媛媛：您认为，河湖长制工作的最大难点在什么地方？

一是在于个人角色作用的发挥和对集体的影响力上。虽然河湖长制是把责任落在少数人身上，但是河道保护、美丽河道建设不是几个人的事情，是一个人带动一群人、一群人带动全社会的事情，领头人要把握方向，大方阵要齐心协力，才能上下一心。目前阶段，我觉得在群众意识上还有待提高，很多人依然觉得河湖长制就是少数人参与河道治理，和自身并没有太大关系，这个观念需要转变。二是延续性。有关生态建设的事情都不是短短十几年的事情，而是几十、几百年持之以恒的努力坚持，是一代又一代人传承坚守的事情，一旦有丝毫懈怠，可能之前的努力都功亏一篑了，因此如何一以贯之地坚持也是难点。

邵媛媛：对于普通市民而言，如果在对周边河湖进行观察时也想留个心眼，都有哪些角度呢？您有什么建议吗？

常见的是往河道里扔饮料瓶、倒生活废水和破坏沿河绿化等行为，市民见到了应该及时制止。观察河道水生态情况，若发现有大量死鱼或者有大量蓝、绿藻等情况，应及时向河道管理部门反映等。此外，平时可以多向沿河居民了解情况，听听他们对河道环境建设有什么意见与建议。

企业河长：当好管理入河排污口的第一责任人

刘淑平 | 光明食品（集团）有限公司粮农中心高级经理

企业河长，也是河湖长制中的重要角色。企业在自身发展的同时，也在努力尽一份社会责任。

企业河长一般为企业法人代表或相关负责人，并实行属地化管理。其中，市级单位和企业（集团）的相关党政领导履行本单位辖区的总河长职责，协同所属行政区总河长共同对辖区内的河湖长制工作负总责。从“旁观治水”转向“责任治水”，2021年，上海基本实现了已知沿河湖水体有排污口的相关企业河长全覆盖。

光明食品（集团）有限公司（简称“光明食品集团”）履行本单位辖区的总河长职责，下设有企业各级河长共59名，均为一级。在企业河长的工作中，光明食品集团在“政企联动”“场区联动”工作机制的基础上，在所属辖区中起到了河湖卫士的作用。

邵媛媛：企业河长是企业沿河湖水体排污口管理第一责任人，具体职责包括哪些？

一是落实排污口管理及问题处置。企业河长对排污口水质监测、问题处置、运行维护等方面负责。

二是巡查责任排污口。企业河长每周巡查责任排污口，巡查范围重点为企业排污口管理范围，排污口对河道影响较大的应扩大巡河范围，并形成巡检记录，记录汇总发现的问题及处置情况，并及时上报责任河长或属地相应的河长办。

三是保障排污口正常运行。企业河长要落实专人负责每天检查排污口相关的污水处理设施和截污设施的运行情况并记录，同时作好设施运行维护管理，充分发挥设施作用。排污口设施要服从行业监管要求，已安装运行的水处理设施不得随意关停、取消，并保障排污口达标排放。

四是配合开展河湖长制工作。企业河长配合做好河长及河长办关于河道整治的相关工作，配合属地河长办对沿河湖排污口进行登记造册；设置企业河长标识牌，公示企业河长信息，接受公众监督；积极参加由属地河长办召开的相关工作联席会议，强化与河长办相关职能部门的沟通联系，全面畅通与各部门间的协作配合渠道，促进信息互通互享，共商治水难题。

五是积极宣传河湖长制工作理念。企业河长要发挥熟悉周边环境的优势，收集反馈社会各界对于治水的意见和建议，搭建起政府与企业间的沟通桥梁。

邵媛媛：一般企业河长在巡河时，主要关注哪些问题？

企业河长在巡河时发现的主要问题有：河面漂浮水草、杂物，岸边出现生活垃圾，河道沿岸有鸡棚、鸭舍等乱搭乱建现象等。通过即查即改，积极协调联合政府相关部门及时拆除，各类问题都得以及时处置、整改完成，巡河成效显著。

在奉贤、崇明区、镇两级河长办的监督下，全面梳理、巡查自管河道，加快河道整治工程建设和沿线面源污染整治等工作。

邵媛媛：2022 年，光明食品集团在围绕所属农场全域河湖长制的工作中取得很大效果，您能否展开讲讲？

第一，加强农业面源污染防治，持续提升水环境质量。光明食品集团按市政府要求，完成“粮食生产”“菜篮子”工程等生产任务的同时，进

水草打捞
图片来源：光明食品集团

一步加强种养循环农业的建设力度，提升养殖业粪污资源化利用、水产养殖尾水处理设施配套、农作物秸秆等废弃物资源化利用的水平，水陆联动，科学降低化肥投入，持续农业面源污染的防控，不断提升水环境质量。

第二，加强水环境综合治理，助力长三角一体化高质量发展。光明食品集团落实市郊水环境整治基本盘的同时，加大区域外农场水系、河湖管护补齐短板的力度，进一步提升集团所属农场全域河湖长制的工作实效。

第三，加强河湖水域岸线空间管护，努力建设殷实农场。在“政企联动”“场区联动”工作机制的基础上，持续整治陆上违规搭建和接水接电等行为，确保河湖安全隐患消除措施落实到位。河湖管护全面贯彻光明食品集团“产业先进、环境优美、生活优越”殷实农场的建设目标，结合农场农、林、牧、渔等产业生产，做好水环境协同管护。

邵媛媛：作为河湖长制体系中的企业河长，如何提高河长的组织协调能力？

一是全面完成河道信息核查上报。光明食品集团组织完成域内、域外农场河道湖泊信息的全面核查、更新，申报纳入市、区、镇和域外农场属地河道监管范围的河道，河湖基础梳理更新工作阶段性完成，并获得市水务局、市财政局支持，得到全域河湖长效管护资金补助。

航拍万亩良田
图片来源：上海市水务局水利管理处

二是按党政河湖长设置要求，域内农场自管河道的河长信息全部更新，单设“一级河长”，报送所在区、镇河长办备案，河长铭牌信息及时更新到位。同时，奉贤区河长办在光明食品集团所属的五四公司范围内，设立两处河长工作站，“政企联动”从“有名”到“有实”。

三是按照市委、市政府的相关要求，进一步夯实域外农场主副食品供应的底板功能；光明食品集团所属的苏北地区上海农场在市水务局的见证下，与盐城市大丰区水利局签订区域水环境共建协议，在实践中充分利用“场区联动”、长三角一体化的河湖长制功能，助力农场农业产业发展和区域水环境达标矛盾的化解。

邵媛媛：2021 年，光明食品集团的一个工作重点是围绕“第十届中国花卉博览会”等重大活动召开的环境要求，加快推进崇明区域自管河道治理和花博园区生态水系治理项目建设，对此集团是如何开展河湖长制工作的？

2021 年，光明食品集团围绕“第十届中国花卉博览会”等重大活动召开的环境要求，加快推进崇明区域自管河道治理和花博园区生态水系治

花博水系整治——梅湖
图片来源：光明食品集团

理项目（简称“水系治理项目”）建设，保障了主园区和周边区域河道水体的岸线整洁、河道通畅、水质达标等水环境需求。以“花开中国梦”为主题，以水系为纽带，营造“水草悠悠，河水钟灵”的水域景观，绘制一幅完整的“岛上花海”图。

水系治理项目通过设置可开可合的水质控制区，统筹兼顾解决区域水安全和水环境问题；优化水系布局，提高花博园水系的调蓄能力和景观效果，打造生态水系整治精品；活水畅流，区域排涝与引调水的有机结合，既节约用地，又便于管理；数值模拟研究提出高效的水资源调度方案；水岸联动实现蓝绿融合，截留过滤面源污染；林水复合促进生态修复，探索林水共存之道；优选可调控溢流式水闸，形成跌水景观；构建“水下森林”净化系统，高效保障水质。

在参建各方的共同努力下，该工程获得“2020 年度上海市水务局文明工地”“2020 年度上海市文明工地”“2021 年度上海品质工程”等诸多奖项，工程质量核定为优良等级；水系治理项目呈现“水下森林”“鱼翔浅底”的独特景观，具有良好的生态环境效益。

浦东新区外籍志愿者：积极参与社区护水行动

张　波 | 浦东新区金桥镇副镇长

浦东新区金桥镇碧云社区是上海最具代表性的国际化社区，外籍人士非常热情，愿意融入社区生活，一起进行社区建设和管理。

2022 年 10 月初，在金桥镇河长办的牵头下，一支富有活力、具有碧云特色的"外籍河长护河团"组建起来。

外籍河长的家乡在快速工业化的过程中，可能走过弯路，但也积累了治水、护水的经验，有许多值得借鉴和警示的地方。党员河长也通过中英双语的形式为外籍河长讲述河道的起源、整治、发展、展望等方面的故事，展现了河流的文化内涵。通过河长制交流议事平台，"外籍河长护河团"开展了巡河、护河宣传活动，劝阻不文明的抛物行为，交流保护河湖的"金点子"，一起守护社区的碧水清流。

外籍河长彼得（Peter）
图片来源：张捷 摄

邵媛媛：为何会想到聘用外籍人士担任民间河长？

金桥镇碧云社区作为上海最具代表性的国际化社区，共有 22 个国际型小区，两所国际学校，外籍人士近 3800 人，他们来自 60 多个国家和地区。虽然外籍人士与本地居民居住在同一个社区，但相互之间缺少沟通纽带。不过，外籍人士非常热情，愿意融入社区生活，一起进行社区的建设和管理。从 2022 年起，金桥镇利用创建"特色河长工作站"的机会，在浦东新区河长办的指导下，立足村（居）文化和理念，充分挖掘代表国际社区的亮点，通过党建引领，充分调动热衷于环保事业的外籍人士的积极性，让这些外国人走出家门，走进社区。2022 年 10 月初，在镇级河长办的牵头下，在碧云社区党委、第一居民区党支部的组织带领下，通过搭建开放的交流议事平台，短时间内组建起了一支富有活力、独具碧云特色的“外籍河长护河团”。

邵媛媛：能否简单介绍一下本次聘请的外籍河长的身份背景？包括来自哪里以及本身职业与水的关系等。

本次聘请的外籍河长共有 19 名，他们分别来自美国、德国、法国、意大利、新加坡等国家，年龄在 21～58 岁，大多来自高精尖企业的 CEO、国际学校教授、留学生、餐饮店店主等。其中约 1/3 的外国人具有一定的环保从业经验。例如，一名来自德国的彼得（Peter）先生毕业于迈阿密大学的工程与应用科学学院，他结合自己专业上的优势，对河道和桥梁在色彩搭配上提出了自己独到的见解。他表示桥梁的色彩搭配常常与所在地域的城市风俗人情相结合，使之成为城市景观的标志性建筑。各地的桥，每一座桥都不一样，每一座桥的故事也各不相同。这对我很有启发，金桥镇的河道景观效应提升日益凸显，但钢筋水泥的灰色桥梁就显得有些突兀，如何把河道和桥梁设施景观结合起来，是我们下一步要思考的方向。

邵媛媛：金桥镇的河湖有什么特点？需要民间河长进行哪些配合？

外籍河长护河团
图片来源：张捷 摄

金桥镇的河湖数量并不多，但碧云社区的住宅区内景观河湖却不少。这类水体属于住宅区内部专属的景观水体，是当时开发商配套建设的景观设施，至今已经有二十余年，存在部件老化等问题。但是，政府的公共经费是不能直接投入住宅区内部的河湖项目的，这对社区治理是一个不小的考验。金桥镇探索设置多元化河长的工作体系，包括企业河长（由物业公司负责人担任）、党员河长（由行政河长兼任）、外籍河长。在三方交叉互补式的管理构架中，打造多个主体共同参与、相互协调配合的护水体系。外籍民间河长通过社区河长工作站平台，开展巡河护河宣传活动，劝阻不文明的抛物行为，交流保护河湖的“金点子”等，用志愿行动为住宅区管理助力，一起为守护社区的碧水清流而努力。

邵媛媛：当选外籍河长需要哪些条件？本批外籍河长的工作内容包括哪些？外籍河长是否有他们独有的优势？

当选外籍河长需要年满 18 周岁，能够定期抽出一定时间投身于河湖管理的志愿服务工作，有环保学科背景的优先。本次外籍河长的工作主要包括 3 个方面。一是开展实践型技能操作。外籍河长上岗后统一穿着志愿者服装，派发相关养护工具，在专业养护人员的带领下进行捡拾垃圾、修剪花草等简单性的护河劳作。二是开展互动宣传活动。例如，在巡河过程中劝阻践踏草坪、垂钓、乱扔烟头等不文明行为，并向市民发送宣传小册子。三是开展交流议事活动。以张家浜生态清洁小流域建设为例，党员河长通过中英双语的形式，为外籍河长讲述河道的起源、整治、发展、展望等方面的故事，展现了张家浜的文化内涵；外籍河长们饶有兴致地听取工作人员介绍的同时，群策群力，在河湖管理中引入许多国外的先进理念。

金桥镇的外籍河长在履职方面有着独有的优势。曾有一位外籍河长和我分享起了他们国家的水治理故事：20 世纪初，欧洲莱茵河因为工农业生产导致生态环境破坏严重，河流沿线的瑞士、德国、法国、荷兰等国家都饱受困扰。1986 年发生的莱茵河污染事件令他记忆犹新。他的家就在莱茵河畔，小时候是没办法去河里游泳的。那时企业把废水排到河里，污染了河水。后来，莱茵河流域的各个国家都吸取教训，共同制定治理目标，并联合开展有效行动。历经数十年的努力，莱茵河又清澈了。

如今，他的孩子们可以换上游泳服，在莱茵河里游泳嬉戏。他在巡查金桥镇张家浜的时候，看到清澈的河水时，便问我，这么棒的河水能不能下去游泳？他想要为我们展示一下自己矫健的泳姿。在分享的过程中，又有一名外籍河长加入了进来，他所从事的职业是专业游泳教练，提出想在张家浜河道上举办一场游泳或者龙舟比赛。听着这些故事、建议，作为副总河长的我非常高兴，这也从侧面反映了外籍河长们对河道管理还是比较认可的，河长制交流议事平台的搭建也非常成功。

金桥镇外籍河长的聘任仪式
图片来源：张捷 摄

静安区“清清护河”志愿者服务队：共建幸福河湖

杨逸君 | 静安区河道水政管理所科员

志愿者是这样一群人：他们本可不为，却选择倾尽全力，无怨无悔。微光成炬，他们用榜样的力量催生更多的益行善举。在上海河湖长制的实践中，志愿者是一股温暖、磅礴的力量。

静安区的“清清护河”志愿者服务队诞生于 2011 年，截至 2023 年 8 月已有 54 支志愿者队伍、800 余名志愿者，其中党员人数超过半数，实现区域 9 个涉河街（镇）全覆盖，是区域水环境治理保护的重要民间力量。他们管理高效、分工明确，主要职责是做好“五大员”，即巡查员、宣传员、监督员、示范员、联络员。

如今，在广大“清清护河”志愿者的共同努力下，静安区每一条河道都愈加洁净美丽、生态宜人，焕发着勃勃生机。例如，中扬湖经过岸

2021 年 5 月，“清清护河”志愿者服务队前往闵行区参观兰香湖生态水环境治理项目
图片来源：静安区河道水政管理所

线和水域生境的修复，河道水质、周边环境都得到了改善，在第一届上海“最美河道”系列创评活动中被评为“最美河道”。

邵媛媛：“清清护河”志愿者服务队是一个什么样的志愿者团队？

静安区“清清护河”志愿者服务队是一个以协助河道治理和水环境保护为主要任务，由市民自愿参加、自发组建的自律性群众组织。它早在 2004 年就已经萌芽，彼时老闸北区河道整治工作初见成效，夏长浦与徐家宅河边的居民为保护这来之不易的治理成果，自发地走到一起，组建了闸北市民义务护河队。

2011 年中央一号文件指出，水是生命之源、生态之基、生产之要。水利行业迎来改革发展新机遇，区河道水政管理所以此为契机，积极动员、组织 6 个沿河居民委员会，成立了志愿者队伍。大家怀揣着“凝聚众人之力共护河道，还城市水环境清澈洁美”的朴素愿望，将其命名为“清清护河”志愿者服务队。

随着河湖长制工作的全面推行，越来越多的市民加入“清清护河”的大家庭。面对新形势，“清清护河”志愿者服务队工作站于 2018 年成立。从此，“清清护河”有了主心骨，服务队规模扩大更加有序、志愿者管理更加科学、服务内涵更加丰富。如今，“清清护河”已有 54 支志愿者队伍、800 余名志愿者，实现静安区 9 个涉河街镇全覆盖，是一股助推区域水环境治理和保护、助力幸福河湖建设的重要民间力量。

邵媛媛：在志愿者团队的管理上，有没有什么经验总结？

以“人民城市”理念为指引，坚持“党建引领，服务先行，培育特色”的管理思路，不断提高“清清护河”志愿者服务队的战斗力、凝聚力和创造力。

一是坚持党建引领。充分发挥“清清党群服务站”的阵地功能，会同各服务队和共建单位开展水陆域巡河、福寿螺共治、普法宣传、水环境知识科普、河道文史研究等党建活动。联合各街镇河长办探索“清清护河志愿者党员联盟”建设，深化党建共建，形成治水合力，充分发挥党员志愿者的先锋模范作用。

二是坚持服务先行。成立“清清护河”志愿者服务队工作站（简称“工作站”），为志愿者提供服务。工作站修订完善组织章程和巡河台账，制定服务队季度例会制度；定期组织开展志愿者培训、“水之旅”学习参观活动；在“学雷锋日”“世界水日”“世界环境日”“国际志愿者日”等重要节点，动员各服务队开展主题宣传和志愿服务；定期开展志愿者优秀集体和个人选树工作，推动“清清护河”志愿者工作逐步走向规范化、多元化、专业化。

三是坚持培育特色。工作站实施志愿服务项目化管理，对各服务队申报的志愿服务项目进行审核、跟踪、指导和评价，根据项目完成情况分批拨付项目经费补助，鼓励各服务队充分发挥优势，积极开拓探索，形成富有自身特色的志愿服务项目。

清清党群服务站
图片来源：静安区河道水政管理所

邵媛媛：“清清护河”志愿者服务队主要做哪些关于河水、湖水的环保工作？有哪些分工？

每一名“清清护河”志愿者都肩负着巡查员、宣传员、示范员、监督员、联络员“五大员”的职责。

巡查员：负责巡查辖区内的河道，并做好巡查台账记录，在发现河道水质异常、涉水违法违章、设施安全隐患等情况时，及时向河道管理部门反映。

宣传员：在“学雷锋日”“世界水日”“世界环境日”“国际志愿者日”等重要节点，开展志愿服务或主题宣传，或在日常志愿服务中向市民科普水环境治理知识、宣传涉河法律政策。

示范员：积极开展护水行动，及时制止、劝阻破坏水利设施、影响河道环境、具有安全风险的不文明行为。

监督员：在巡河过程中监督河道水域保洁、沿岸陆域保洁、河道设施及绿化养护等工作的开展情况，发现问题并及时向河道管理部门反映。

联络员：及时向河道管理部门反映市民的诉求，做好市民与河道管理部门的沟通桥梁。

邵媛媛：有哪几条河因为“清清护河”志愿者服务队的努力而变得更清澈了？

在广大“清清护河”志愿者的共同努力下，静安区每一条河道都愈加洁净美丽、生态宜人，焕发着勃勃生机。其中，中扬湖、蚂蚁浜和彭越浦已经成为市民游玩、赏景的网红打卡点，成为家门口的幸福河湖。

中扬湖位于静安区市北高新技术服务业园区内，全长约 0.78 公里，东西走向。经过岸线和水域生境的修复，河道水质、周边环境得到改善，2016 年完成“三星级”河道的创建。如今的中扬湖内放养天鹅、鸳鸯等

彭越浦（汶水路—江场西路段）的线性廊道
图片来源：静安区河道水政管理所

水禽，构成“树绿花香铺大道，鸳鸯天鹅唱新歌”的美丽画卷，在第一届上海“最美河道”系列创评活动中，被评为“最美河道”。

蚂蚁浜位于大宁路街道辖区内，河道总长约0.58公里。随着水生态的修复，河水清澈，水生植物丰富，河道内鱼儿往来穿梭、生机勃勃，优美的滨水空间提升了河道两岸居民的获得感。夜晚的蚂蚁浜更加迷人，滨河步道在景观灯的衬托下化身成一条发光的玉带，与不远处蚂蚁浜泵站的夜景遥相呼应，美丽的夜景吸引不少市民来此休闲漫步。

彭越浦（汶水路—江场西路段）两岸河道陆域管理范围涉及岸线长度约1527米。该段以“连接·流动·共享”三大线性廊道为空间设计理念，发掘滨水廊道景观及社会价值，打通了原来割裂的陆域空间，将场地的劣势转换成优势，滨水廊道以架空栈道的形式，串联悬挑亲水平台及下沉式绿地，从而建成一个线性廊道，形成良好的绿意游赏体验。通过最大化地发挥滨水优势，切实增强人民群众对滨水空间释放和水环境改善的获得感，建设家门口的幸福河湖。

邵媛媛：这么多志愿者中，有没有特别值得推广让大家知道的人？他们是什么样的？

习近平总书记指出，“中国好人”最可贵的地方就是在平凡工作中创造不平凡的业绩。“清清护河”志愿者们正是在长期的志愿服务中不断书写着凡人故事。有17支分队获得“上海市最美护河志愿服务组织”，37名志愿者获得“上海市最美护河志愿者”称号。其中，王庄妹和吴全英两位同志是最美志愿者的典型代表。

王庄妹是“清清护河”志愿者服务队工作站的站长，秉承一名党员的初心使命，凭借着对河道水环境的热爱，致力于为静安区河道和全体“清清护河”志愿者服务，为“清清护河”志愿服务的长足发展作出突出贡献，受到广大志愿者和各级政府部门的认可，荣获中央文明办、生态环境部“2022年百名最美生态环境志愿者”称号。

吴全英是上海幸福实业有限公司党支部书记，同时也是徐家宅河的民间河长。她坚持“经济利益让步生态效益”的准则，积极配合河道管理部门推进徐家宅河水环境综合整治工作，组建企业清清护河志愿者服务队，为徐家宅河的长治久清持续贡献力量，荣获水利部、全国总工会、全国妇联“第二届全国百名最美河湖卫士”称号。

闵行区社会监督团：做河长与市民的桥梁纽带

李佳欢　王宇征 | 闵行区水利管理所河道科

社会监督是现代社会不可或缺的公共力量，具有很强的制约作用。2017 年 10 月，为了让更多的市民参与到水务工作，也作为对河长制履职监督考核的补充，闵行区首创“河长制社会监督团”的监管模式。

河长制监督员是各级河长和人民群众互相沟通的桥梁和纽带，主要承担着对于河道的日常巡查，一旦发现河道问题，即可联系河长、督促整改；及时将老百姓反映的问题传递给河长，同时监督河长，加强水务

“河长制社会监督团”巡查兰香湖
图片来源：闵行区吴泾镇水务管理站

部门与市民之间的沟通联系。

闵行区“河长制社会监督团”在面临着资源资金缺乏、沟通协调困难、管理和培训不足等问题的情况下，依然充分发挥了群众主体作用，健全完善河湖长制治理长效管理机制，取得了丰富的成果。

邵媛媛：成立“河长制社会监督团”的背景和想法是什么？

加强水务部门与市民之间的沟通联系，作为对河长履职监督考核的补充，构建起一套完善有效的工作机制。不断壮大社会监督力量，让更多的市民参与到监督河长制的工作中，更好地把落实河长制工作置于人民群众和社会的监督之下，营造社会监督、全民参与的良好氛围。让河长制不流于形式，让公众参与监督、回应群众关切、引导群众参与。

邵媛媛：“河长制社会监督团”由哪些人组成？

首批聘请的12位闵行区“河长制社会监督员”都是原闵行区市民巡访团成员，多为退休的老干部，具有丰富的社会活动经验和调研协调能力，以及强烈的社会责任感和志愿服务精神。

邵媛媛：“河长制社会监督团”的工作内容有哪些？

“河长制社会监督团”工作座谈会
图片来源：闵行区水利管理所

巡查和监督河湖管理情况，报告监督过程中发现的河湖管理保护问题，及时举报污染水环境、危害水安全、损害水生态的各种违法违规行为。

收集周边群众发现的问题，通过河长办工作平台，让河长与“河长制社会监督员”面对面交流，传递社情民意，监督河长履职，推进河长制工作的开展。

积极宣传河流管理保护的有关法律法规、政策知识及新理念新要求，向周边群众正向引导、提高人民群众参与河流保护的意识。

积极参与水务各项志愿活动，列席相关河长制培训会议，了解河湖整治“一河一策”方案，及时掌握河湖管理的各项措施与计划，对此提出建议意见。

参与上海市“最美护河志愿者”“最美护河志愿服务组织”等河长制先进个人、河长制先进集体评选活动，增强工作参与感和工作积极性。

邵媛媛：“河长制社会监督团”是如何与河长形成配合的？

沟通协调：“河长制社会监督团”与河长进行沟通协调，了解河道治理的实际情况和目标，明确各方责任和任务，基于共同的目标，配合开展工作。

监督支持：“河长制社会监督团”积极监督河道治理工作的进展，对于发现的问题要及时向河长反映，对各项工作提出建设性的意见和建议，为河长的决策提供参考。

志愿服务：“河长制社会监督团”可以组织周边群众参与河湖管理监督工作，如就河湖保洁、绿化养护、设施养护、水体水质等方面进行评价，发现问题，为河长提供力所能及的帮助。

宣传推广：“河长制社会监督团”可通过各种途径，宣传和推广河长制的政策和理念，引导公众积极参与河道治理，增强社会共治意识。

邵媛媛：“河长制社会监督团”能够通过哪些方法对河长形成监督？

可以查阅河长履职台账记录，通过河湖实际管护情况与履职台账进行比对，以此监督河长履职。可以通过关注“上海水务海洋”公众号，获取相关工作信息推送，了解河长履职工作内容。对河道治理不力、对污染问题放任不管的河长，“河长制社会监督团”可以通过媒体向公众曝光的方式，促使河长改进工作。

邵媛媛：成立至今，“河长制社会监督团”取得了哪些工作成果？

“河长制社会监督团”成员刘洪祥、何携长期关注古美路街道的河湖，及时与社区居委会书记（村级河长）、古美路街道水务站站长沟通，反映了多处河湖水质问题。对此，闵行区通过一系列工程措施（南新泾泵闸工程、市管河道滨水空间维护工程等）、调水措施（优化区域调水方案，畅通死水区域），改善区域水环境，使得整体水质保持在良好水平。

“河长制社会监督团”成员王修文关注七宝镇的河湖，反映了闵行区体育公园、文化公园部分水体的水质问题。由于公园河湖为自管水体，对此，七宝镇河长办积极与园区管理单位沟通，督促其加强养护。目前，区绿化和市容管理局正实施对应河湖的完善工程，通过工程措施提高公园河湖景观，做到还水于民。以上案例都体现了“河长制社会监督团”对闵行河湖长制工作的积极作用。

邵媛媛：“河长制社会监督团”的工作难点在哪里？

首先是活动资源资金问题。“河长制社会监督团”通常由志愿者组成，缺乏专门的经费支持，未设置部门预算，人员奖励、车辆安排往往通过其他社会企业等渠道解决，甚至由志愿者自行承担，打击了他们的参与积极性。

其次是沟通协调难度问题。“河长制社会监督团”需要与群众、政府部门沟通和协调，由于涉及的群众诉求不一，往往无法让所有人满意，因此“河长制社会监督团”成员需要开展大量工作，协调难度较大。

最后是管理和培训问题。“河长制社会监督团”在人员不断扩大的过程中，需要对志愿者进行合理的管理与培训，这是一个需要时间和精力的过程。目前由水务部门主导培训工作，团队内尚未形成专门的规章制度与培训方案，此项工作需要加强。

邵媛媛：多年来的“河长 +‘河长制社会监督团’”工作协作机制，形成了哪些经验总结？

“河长制社会监督团”是河湖长制的重要组成部分之一，能通过公众参与，监督河湖长履行职责，推动河湖治理工作的开展。一方面，河湖长制可以通过制定河湖保护规划、开展河湖巡查等方式，确保河湖的生态环境得到有效保护。另一方面，“河长制社会监督团”可以通过反映社情民意、举报违法行为等方式，促进河湖长履行职责，推动河湖治理工作的开展。

河湖长制与“河长制社会监督团”的搭配取得了一定的成效，已经推动了多项河湖治理工作的开展，包括河湖水质监测、河湖保洁、河湖生态修复等。总的来说，河湖长制与“河长制社会监督团”的搭配是一种有效的河湖管理模式，可以有效保护河湖的生态环境。

“河小青”服务队：为孩子创造快乐的讲解员

刘默尧 | 上海市水务局团委书记

为缓解全市小学生暑期“看护难”的问题，引导和帮助小学生度过一个安全、快乐、有意义的假期，共青团上海市委员会（简称“团市委”）牵头创办了上海市为民办实事项目——爱心暑托班。2018 年起，市水务局团委联合市团委共同发起“河小青”爱心暑托班青年志愿服务行动。

这支服务队以水务行业青年为宣讲主力军，每年发动市、区两级水务系统的企事业单位和相关高校等 30 余个团组织，招募 340 余名青年志愿者，在全市 500 余个爱心暑托班教学点，宣讲超过 1000 余节水务公益课程，服务小学生 1.4 万余人次，辐射带动全市 3 万余名青少年加入水环境保护行动。

2022 年 10 月，“河小青”爱心暑托班青年志愿服务队荣获“上海市青年五四奖章集体”称号，此前，“河小青”已先后荣获共青团中央、水利部等部门授予的多项荣誉。荣誉的背后，是“青春沪水人”蓬勃向上的力量。

“青春沪水人”爱心暑托班启动仪式
图片来源：上海市水务局团委

邵媛媛：“河小青”爱心暑托班青年志愿服务队的名字朗朗上口，也符合受众是小学生的定位，这个名字是怎么来的？

2018 年 6 月，市水务局团委在部分小学和爱心暑托班中开展“爱水护水”河长制青年志愿宣讲试点。2019 年，团市委联合市水务局启动首届“保护水环境，争做‘河小青’”爱心暑托班青年志愿宣讲活动。“河小青”既囊括宣讲的主题“河”，凸显了行业背景，又包含了志愿主题“青”，寓意青年志愿服务队，由此得名“河小青”。

邵媛媛：为孩子们讲解的水务公益课程主要围绕哪些方面？孩子们的反响如何？

为孩子们讲解的水务公益课程主要有 3 个方面。

第一个是保护水环境，争做“河小青”。该课程围绕环保展开，向小朋友们介绍长江大保护、上海市河道水环境现状、河湖长制、河湖保护等知识，让小朋友们更加深入地了解河湖管理保护的重要性和必要性，牢固树立起“河湖保护从我做起”的理念，号召大家积极投身于保护美丽河湖、爱护生态环境、共建美好家园的生活实践中。

第二个是珍惜小水滴，城市更美丽。该课程围绕节水展开，向小朋友们宣传“节约用水”的理念，让小朋友们知道珍惜水资源的必要性，牢固树立了“节约用水，从我做起”的意识，让节水成为每一个小朋友的自觉行动，营造积极向上的社会氛围。

第三个是爱蓝色海洋，绘美丽中国。该课程围绕保护海洋展开，通过科普海洋知识，进一步增强小朋友们的海洋意识，激发他们对蓝色海洋的探索欲望，提高保护海洋生物多样性的认识，树立践行海洋命运共同体的理念，坚持人与自然和谐共生，共同保护我们的蓝色家园。

2021 年，上海市水务局首次成为爱心暑托班的主办单位之一，联合团市委发动市、区两级水务部门，重点走进五个新城和水网密布的郊区，用一堂堂精彩的节水、爱水公开课，为参加爱心暑托班的小朋友们介绍了我国水资源保护和利用的现状，传播节水、爱水、护海的理念，获得了活动主办单位和小朋友们的一致好评。

“爱蓝色海洋，绘美丽中国”活动图

图片来源：上海市水务局团委

邵媛媛：这些公益课程是如何设置的？活动机制又是如何推进的？

自项目启动以来，市水务局团委统一组织业务培训，围绕相关内容进行专门设计，牵头制作了授课教案和PPT，定制志愿者统一的标识服装和宣传物料，邀请团市委青年志愿专家从授课内容、语言表达、互动环节设计等方面提升授课效果。

上海市水务局联合团市委、上海青年志愿者协会成立志愿宣讲联络组，建立沟通协商机制，在活动期间每日开展工作交流，通报工作和授课情况，促进暑托班宣讲工作的推进和督导。

项目开展期间，恰逢夏季高温，百余名青年志愿者充分发扬志愿服务精神，克服路程遥远、天气炎热等困难，奔赴在全市500多个爱心暑托班教学点进行授课宣讲，配合设计辅助教具，如宣传折页、游戏道具等，通过现场讲解、互动问答、游戏等环节，以活泼的形式和简洁明了、通俗易懂的语言帮助广大青少年建立保护水环境的意识。宣讲课程受到了办班教学点师生的一致好评。

邵媛媛：除了公益课程，“河小青”还开展过哪些活动类型？

除了线下活动，“河小青”还开展了线上模式授课，“世界水日＆中国水周的来历”“节水那些事儿”“生活中写的排水小常识”“‘小水滴’的奇妙旅行”以及“海洋灾害那些事儿”等线上动画课程，被“学习强国”平台、“团中央社会联络部”微信公众号和《中国水利报》等媒体转发。

上海市水务局以习近平生态文明思想为指引，聚焦长三角生态绿色一体化发展、“一江一河”综合治理、水务重大工程，发挥“河小青”志愿服务品牌作用，广泛开展“河小青”志愿服务“三大行动”。

“珍惜小水滴，城市更美丽”活动图
图片来源：上海市水务局团委

行动一：每年启动上海水务

海洋“3.5 学雷锋，‘河小青’志愿服务月”，组织“河小青”志愿者参加长三角生态文明教育论坛暨上海青年志愿者绿色营，开展巡河护堤、爱水宣传、护河净滩、普法宣传等志愿公益活动，传播爱水护水理念。

行动二：聚焦黄浦江、苏州河综合治理，“河小青”志愿者参与滨水空间的共建共治共享为滨水社区提供便民服务、爱心义诊、环保宣传以及涉水民生问题解答等各类现场志愿服务，助力“一江一河”品质提升。

行动三：用好水务重大工程团建联盟平台，发动“河小青”志愿者做腾地搬迁的金牌调解员、爱水护水的文化宣传员、水利风景的青春讲解员，讲好水利故事，传播青年声音。

邵媛媛：“河小青”的工作已经开展了五年多，有什么活动经验做法值得学习？

5 年来的河小青工作的特色亮点和突出成效主要有 3 个方面：

一是提升志愿服务站位。坚持以习近平生态文明思想为指导，以“十六字”治水思路为引领，落实海洋强国战略。“河长制”宣讲项目充分利用爱心暑托班，发动全市 3 万余名青少年加入水环境保护行动，营造全社会共同参与爱水护水的良好氛围。

二是规范志愿服务活动。依托“志愿汇”App，上海做到了志愿者全员注册，每日从发布课程、活动签到、志愿授课全流程信息化管理，并建立了办班点和志愿者双向测评机制。

三是整合青年志愿力量。首次将市、区两级水务系统的企事业单位和相关高校等 30 余个团组织联合起来，招募组建了包含 340 余名青年志愿者的宣讲团队，有效整合扩充了水务青年志愿力量。

有奖举报小程序：数字搭建全民共治便捷途径

秦　佳 | 上海市水务局执法总队执法科二级主办

“发现涉水（海）违法行为，发现河湖养护问题，拍一拍，传一传，轻松上报，查证属实，还有奖励可以拿！”为此“上海水务有奖举报小程序”上线，给老百姓提供了一条参与依法治水重要且便捷的途径。

2023 年 1 月，“上海水务有奖举报小程序”（简称“小程序”）2.0 版本上线。升级后的小程序颇受市民欢迎，周浏览量基本保持在 3000 人次以上。小程序已完成市民积分兑换奖品近 800 件，价值近 5 万元。违法涉河施工、违法取用河道水、工地泥浆排入市政管道等问题，都是市民尤其关心的。

小程序不仅吸引市民参与到共同监督中来，丰富了违法发现机制，同时也起到了积极的普法宣传作用。这种积极的参与促进了城市的社会凝聚力和公民意识，让每个人都成为水环境治理的参与者和受益者。

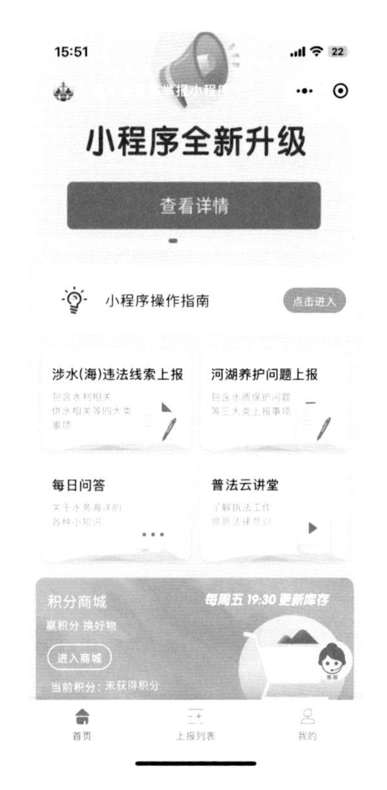

“上海水务有奖举报小程序”首页的四大板块和积分商城
图片来源：邵媛媛

邵媛媛：这个小程序有哪些功能？能起到什么作用？

现在升级后的小程序有四大板块和 1 个积分商城。其中，在“涉水（海）违法线索上报”板块，市民可以反映身边水利、供水、排水、海洋四大相关行业的违法行为，接到上报后，水务执法总队将核实、查处相关线索，对于举报属实且有行政处罚的违法线索，市民可以获得相应的举报奖金；在“河湖养护问题上报”板块，市民可以反映身边的河湖问题，接到上报后，市水利管理事务中心将负责完成相关信息的核实和问题整改，并对属实的信息给予相应的奖励；“每日问答”板块，每天随机发布 3 道与水务、海洋相关的法律法规题目，市民答对即可获得相应的积分。“普法云讲堂”板块，市民可以阅读水务、海洋相关的普法信息，阅读后即可获得相应的积分。

四大板块的所有积分，市民都可以通过积分商城，将其兑换成相应的奖品。小程序通过升级，丰富了违法发现机制，同时也起到了积极的普法宣传作用。

邵媛媛：小程序上线后，经历过哪些修改和迭代，都是基于什么原因进行完善的？

2021 年 8 月，为了更好地发展水务海洋事业，吸引市民参与共同监督，小程序 1.0 版本选择了便于市民发现的 4 个违法事项上线。2023 年 1 月，2.0 版本在 1.0 版本 4 个违法事项的基础上增加到四大行业 20 个事项——在水利行业，有违法填堵河道，违法河道施工等 7 个事项；在供水行业，有违法取用河道水、打深井取水等 5 个事项；在排水行业，有汽车修理店、洗车店、医疗活动、建筑活动无证排水和雨污混排等 5 个事项；在海洋行业，有违法占用海域或者违法围填海等 3 个事项。

小程序 2.0 版本同步开设四大板块，其中，“河湖养护问题上报”板块开启了执法和管理相融合的线上平台。“河湖养护问题上报”板块分为三大类 10 个事项，其中水质保护问题包括水体疑似黑臭、水体颜色、气味异常，和晴天排口排水或污水直排两类；河面清护问题包括水面垃圾聚集、水面蓝藻、绿萍、水葫芦等有害水生植物聚集和河道内存在沉没的废弃船只或其他阻水障碍物三类；岸线管护问题包括陆域垃圾堆积和河道沿岸违章搭建、河道沿岸或侵占水域养殖家禽牲畜、堤防护岸结构损坏或坍塌以及河道附属设施（如护栏、标牌等）存在损坏等。

小程序 2.0 版本还开设“每日问答”和“普法云讲堂”板块，将普法与举报相融合；同时，增加积分商城，通过现金奖励和好物兑换两方面，加大了举报奖励力度。市民通过“涉水（海）违法线索上报”板块上报的违法线索经查证属实并进行处罚的，根据《上海市水务海洋违法行为举报奖励办法》可获得相应的奖金奖励，最低不少于 500 元，最高不超过 5 万元；市民通过“河湖养护问题上报”板块上报的问题线索，经核查属实的，根据《上海市河湖管理养护问题有奖举报实施办法（试行）》可获得相应的奖金奖励。同时，市民通过登录小程序、上传违法线索、上传问题线索、每日答题、浏览信息等方式可以获取相应积分，获得的积分可以在积分商城兑换各种好物，如彩色铅笔、水笔、大米、食用油、腾讯视频会员、芒果 TV 会员、爱奇艺会员等，从而鼓励市民更多地使用小程序、传播小程序，增加小程序的举报推广力度。

邵媛媛：小程序上线以来，共接到多少起举报？有哪些举报并解决了的案例可以分享吗？

小程序2.0版本自2023年1月18日上线以来，在违法线索收集方面，2023 年共收到了涉及违法取用河道水、违法填堵河道、向排水管道排放施工泥浆、打深井取水、违法涉河施工、危害海塘滩涂安全等违法线索共 190 余件。经过执法人员的实地核查，已经立案的有近 60 件，发出举报奖励近 4 万元。据统计，2023 年度接到举报后立案近 70 件，发出举报奖励近 5 万元，全年举报受理量较 2022 年同期大幅增加，执法部门通过小程序查处了违法行为，推进落实了相关整改工作，对城市的水环境保护起到了积极作用。

以上海某建设工程公司违法取水案为例。2023 年 2 月 15 日，小程序接到市民举报，反映嘉定区一工地存在违法取用河道水的行为。水务执法总队人员立即与举报人取得联系，并前往现场调查。调查发现，该工地为某新能源汽车配套零部件生产基地，施工单位为上海品臻建设工程有限公司，该单位取用顾泾地表水，主要用于桩基施工、搅拌泥浆。根据规定，取用地表水应当办理《取水许可证》，但该施工单位未取得取水许可，违反了《水法》的规定。据此，水务执法总队对该施工单位处以 3.6 万元的罚款。同时，根据《上海市水务海洋违法行为举报奖励办法》规定，向举报人发放奖金720元。

在河湖养护问题收集方面，共受理举报1400余件，核查属实近1300件，发出奖励4万余元。其中，河面清护等方面的问题相对比较集中。

从用户黏性度来看，小程序上线以来近3个月的浏览数已经达到3.2万余人次，目前的周浏览量基本保持在3000人次以上。有很多市民对小程序非常关注。有的热心市民多次举报违法涉河施工、有的市民提供多条违法取用河道水的相关线索，也有市民对工地泥浆排入市政管道特别关心。“上海水务海洋”公众号上也收到很多市民的留言，关心“每日问答”板块的答案等，这些都体现了大家对小程序的关注。

邵媛媛：根据小程序收到的举报内容，哪些问题是比较普遍的？哪些问题是意料之外但又值得关注的？

比较普遍的问题是违法取用河道水、向排水管道排放施工泥浆、违法填堵河道等，这些也是市民关心的焦点。相对于举报比较少或者零举报的违法类别，水务执法总队将进一步加大宣传力度，以短视频、漫画等市民喜闻乐见的形式，进一步走进社区，让更多的市民能够了解和辨别这些违法行为，参与到城市的监督和管理中来。

邵媛媛：小程序除了举报的功能，还有哪些功能是市民喜欢用的？

根据后台的统计显示，“每日问答”是市民停留时间最多的板块，在这里市民可以通过答题的方式，既增长了法律知识，还可以获取相应的积分，并在积分商城换取需要的奖品。在后台留言区，还有市民来积极讨论题目的答案。

经验小结

社会参与，是上海河湖长制实现共治共享的主要形式，也正是有了多元多样社会力量的加入，河湖长制的工作才能够更深入这座城市，得到更多人的理解与协作。河湖长制的建设管理，通过顶层统筹、有序组织、发动群众，让普通市民也成为助推区域水环境治理和保护的重要力量。

多方社会参与、实现共治共享的过程中，不仅展现了多元主体的参与对河湖长制所增加的益处，也增加了市民参与共建爱水、护水、节水型社会的多条途径，同时在多种社会组织的参与过程中，沉淀出了多个发动群众进行文明实践的宝贵经验。

首先，多元主体参与，为河湖长制的建设提供了更多视角与力量。除了官方河长之外，民间河长也是河湖长制中重要的参与力量。民间河长的组成形式多元，有懂水、爱水的普通居民，有公司位于沿河湖水体的企业负责人，也有定居上海、深爱上海的外籍人士等。

除了做河湖长之外，普通市民还有多种途径可以参与到河湖长制的建设中。例如，由普通市民组成的“河长制社会监督团”，通过对河道的日常巡查、发现问题，可联系河长督促整改，及时将老百姓反映的问题传递给河长，建立传递社情民意的桥梁和纽带；2011 年成立的“清清护河”志愿者服务队至 2023 年已有 54 支志愿者队伍、800 余名志愿者，实现静安区 9 个涉河街镇全覆盖，志愿者们通过做好“五大员”——巡查员、宣传员、监督员、示范员、联络员，让不少河湖已成为游玩、赏景的网红打卡点；还有面向小学生爱心暑托班的青年志愿者服务队——“河小青”，以水务行业青年为宣讲主力军，同时发动市、区两级水务系统的企事业单位和相关高校等 30 余个团组织，辐射带动全市 3 万余名青少年加入水环境保护的行动。

除了线下渠道，线上渠道“有奖举报小程序”也已完成 2.0 版本的升级迭代，成为一条老百姓可随时随地参与治水的便捷途径。2023 年小程序上举报的受理量较 2022 年相比有了大幅增加。因为小程序的存在，使得线上线下监督与整改实现了联动。执法部门通过小程序查处违法行为，推进落实了相关整改工作，对城市的水环境保护起到了积极的作用。以上提及的参与途径，只是众多方式中的几个典型代表。

众多社会组织的推动，也有相当多的宝贵经验。例如，“清清护河”志愿者服务队以坚持“党建引领，服务先行，培育特色”的管理思路，不断提高清清护河志愿者服务队的战斗力、凝聚力和创造力，推动“清清护河”逐步走向规范化、多元化、专业化。“河长制社会监督团”则在多年的推动下，提出了在活动资源资金、沟通协调、管理培训三方面加强管理，以进一步维护民间力量的积极性与能动性。

河湖长制的建设，离不开党政机关的主导，离不开官方河长们的一线努力，离不开民间河长们的全力协作，也离不开居民的主人翁意识，各主体力量形成合力，提升了河湖治理的水平和效率。总的来看，在对河湖长制的统筹规划下，上海市河湖长制的建设不仅局限在水务体系与官方部门之中，也深入市民群众当中，从根本上实现了河湖从“没人管”“管不好”到“有人管”“管得好”的转变。

第四章 Chapter 4

未来之『河』：上海河湖长制工作展望

The Future of Shanghai's Waterways

水环境治理成效，除了数据成绩之外，更应关注市民们的体验。

水是他们在桥上驻足时，眼前一道亮丽的风景，水边的跑道是他们在习习江风中挥洒汗水、收获健康的场地；是他们心里对一座城市的乡愁。

人的体验是水治理成效的衡量尺度之一。水环境治理的评价指标越来越注重市民的感受。例如，浦东新区的生态清洁小流域评价指标，从建设幸福河湖、美丽人居环境出发，在 11 项市级指标的基础上，结合群众满意度调查测评，增设幸福指标和特色指标，其中幸福指标包含水体透明度、乐水亲水岸线比例、生物多样性、群众满意度 4 个维度。

总的来看，上海将推动滨水空间开放作为贯彻人水和谐理念的重要举措，以“一江一河”为引领，全市已开放河湖滨水空间累计达 167 条（段）、800 余公里。还水于民，还岸于民，着力打造造福人民的幸福河湖。

未来，上海的河湖长制将如何推进?

新的发展理念也为水系统治理指明了方向，国家战略为水务海洋创新发展明确了新任务，上海城市发展为水务海洋建设提出了新要求，人民美好生活也对水务海洋发展提出新期望。

《上海水系统治理“十四五”规划》（简称《规划》）提出水治理的总体目标：水，安全畅活；人，亲水幸福。《规划》还提出 15 项指标，包括水安全指标 4 项、水环境指标 4 项、水资源指标 5 项、水管理指标 2 项；在延续《规划》主要指标的基础上，新增了 7 项新的指标。同时，为达到以上目标，“十四五”期间，上海水系统治理将从五方面任务推进工作。

在此基础上，我们还能对上海水系统治理进行何种想象?

上海的目标是建立起与上海具有世界影响力的社会主义现代化国际大都市相适应的水系统治理体系——稳固的水安全保障体系、完善的水环境治理体系、优质的水资源配置体系、智慧的水行业服务体系，基本建成更高能级的全球海洋中心城市，基本达成陆海统筹、城水相依、人水和谐的幸福愿景。

可见，这座临江向海、河湖星罗棋布的城市，将在水波荡漾、奔流不息中，持续践行河湖长制的初衷。

We've seen the numbers, but what do residents think about their city's rivers and lakes?

They're the beautiful scenery stretching out from under Shanghai's bridges, the backdrop to sweaty morning runs, and one of the first things residents think about when they remember their home.

Residents' experiences are a key measuring stick for any governance policy, and Shanghai's water quality indicators increasingly reflect this. In the Pudong New Area, ecological indicators start by asking what is needed for happy lakes and rivers, and for a beautiful lived environment. Based on 11 citywide indicators and taking into account people's subjective feelings of satisfaction, they add indicators for happiness and special characteristics, the first of which covers the clarity of water, water levels, biological diversity and resident satisfaction.

Overall, Shanghai continues to view opening up waterside spaces as crucial to the development of a harmonious balance between man and nature. The city has already opened a total of 167 river and lake-side spaces totaling some 800 kilometers. Shanghai is returning the waters and the water banks to the people and working hard to make people's lives more fulfilling, and local rivers and lakes more beautiful.

What does that mean for the future of the river and lake chief system?

New development ideas are pointing the way to new governance directions, while national strategies are clarifying the missions of the country's water and maritime officials. Just as Shanghai is laying out new goals for water management and construction, the lives of its residents point to new hopes for its future.

The city's recent 14th Five-Year Plan for water systems governance summarized its goals thusly: Water should flow safely and smoothly; people should feel close to the water and enriched by it. The plan laid out 15 key indicators, covering everything from water safety to the environment, water resources and water management. On this basis, the city has added seven new indicators and wants to tackle the plan's goals through five distinct missions.

Moving forward, what more can we expect from Shanghai's water management efforts?

The city's goal is to establish an internationally influential, modern system for water management — one befitting Shanghai's status as a global metropolis. That means a stable system for guaranteeing water safety, a complete water environment governance system, a high-quality water resources allocation system, a smart water industry service system. All this will basically transform Shanghai into a more capable global maritime metropolis, unify its land and sea resources, and unite the city with the sea and man with nature.

A coastal city dotted with rivers and lakes, Shanghai is ready to meet whatever the rising tides hold in store as it works to fulfill its vision of the future.

第一节
Part 1

市民心中的幸福河湖
Building the Rivers and Lakes in Residents' Dreams

上海河湖长制推行以来，上海坚持“绿水青山就是金山银山”“人民城市人民建，人民城市为人民”的重要理念，以超大城市水系统治理现代化需求为发展导向，强化生态环境共保共治，营造更加积极的绿色人居环境，提升人民群众的获得感、幸福感、安全感，打造安全生态、美丽宜居的幸福河湖。

当水质得到了改善，市民更愿意进行亲水活动。无论是日常散步，还是周末游玩，水都为市民提供了更多亲近自然的空间。上海以“一江一河”为引领，开放河湖滨水空间累计达 167 条（段）、800 余公里，更多市民被吸引到水边。

水给予生活以滋养，市民也深知水重返清澈的不易。他们是水环境治理最直接的观察者和体验者，用行动细心呵护身边的美景，回馈自然。

有了河湖长制后，上海的水环境面貌焕然一新

宁　波 | 上海海洋大学档案馆馆长

上海是摩登之都，也是一座富有自然生态气息的城市。我爱好观察和拍摄鸟类，临港新片区和崇明区水环境优美，是观鸟爱好者的好去处。观鸟，也给了我一个和自然接触和对话的机会。

水环境的改善离不开河湖长制的推行，上海整体的水环境面貌发生了天翻地覆的变化。我工作的地方在上海海洋大学，居住的地方距离黄浦江和复兴岛运河都很近。近几年来，我直观地感受到水质和河道周边环境的改善。河道已不仅仅是河道，水清景美，可以让市民亲近自然，滨河区域也成了市民朋友休闲的好地方。

在我居住的临港新片区，滴水湖是一个了不起的壮举，它不仅改善了周边的环境，也为上海增添了一个漂亮的景观带。滴水湖的周边岸线形成了一个非常有活力的旅游圈、经济圈和科技产业圈，将自然的野趣

滴水湖畔的朵云书院
图片来源：薛松 摄

和现代文明完美融合在了一起。

2022 年春天，滴水湖投放了第一批鱼苗，不仅控制水体藻类的过度繁殖，调节水质，也提升了滴水湖景观的观赏体验。水里有鱼，不再是死水一潭，整个湖都活了起来，水鸟种类也越来越多。仅在上海海洋大学校园内，我们拍摄到的鸟类已经达到了 140 多种，临港新片区鸟的种类还要更多。

湖泊的建设和管理是一个长期的过程。在武汉的东湖生态旅游风景区，刘建康院士用 50 多年的时间持续跟踪研究与养护，水需要不断的监测和养护，人与湖的关系也处于动态的平衡之中。

上海背靠长江、面临东海，是一座因水而繁荣的城市。上海的水文化历史悠久，内容丰富，并不是一个小渔村在一百年间蜕变成一座国际化大都市那么简单的叙事，几千年前生活在这一带的居民就开始依海而生。早在西方列强入侵以来，青龙港就已是江南著名的贸易大港。未来，希望上海的水文化可以得到更多普及和推广，让更多市民了解到灿烂的水文化。

水环境得到改善，上海记录到的鸟类越来越多

[德]付　恺 | 鸟类摄影爱好者

18 年前，我从德国来到上海，从事化工行业的管理咨询工作。我虽然是化学博士，但对鸟类有着特殊的爱好。上海处于东亚—澳大利亚的鸟类迁徙路径和北亚鸟类繁殖的主要路线上，是一个观鸟的好地方。与澳大利亚、东南亚其他国家相比，途经上海的鸟类变化更多、种类更丰富，所以在这里能够创作出更多精彩的鸟类摄影作品。

一开始我只是远远地看着它们，但是它们行动特别快。为了更好地观鸟，我开始用摄影定格它们，使用的设备也在不断升级。

中国的观鸟者普遍年龄偏大，近年来随着越来越多年轻观鸟者的加入，观鸟氛围有所改善。年轻观鸟者通常都对大自然和鸟类本身更感兴趣，这是我很欣赏和赞赏的态度。

在上海生活的 18 年里，我总共拍摄了 370 多种鸟类，并收录在《上海南汇鸟类图集》中，这是我 500 多次前往南汇区的摄影成果。鸟儿们的千姿百态都被定格在一张张照片中。这本图集完全由我自费出版，虽然销量不高，但我全然不在意，反而乐在其中。对我来说，让人们发现身边的美好，更了解人与自然如何和谐共处，这是我从事鸟类摄影更重要的意义。除了出版图集，我还在自己居住小区的科普栏里办展览，展示在小区里拍摄的鸟类照片。很多居民驻足观赏，当他们知道这些鸟类都来自于自己所居住的小区时，无不惊叹。

随着这些年城市的发展，鸟儿的生存空间越来越受到挑战。但越来越多公园和绿地的建成，也为鸟儿提供了更多的栖息空间。我身处化工

付恺展示《上海南汇鸟类图集》
图片来源：嘉定区融媒体中心

行业，所以对自然环境的变化尤为关注。每次观鸟活动结束，我都会自觉地把地上的垃圾清理干净。

我们要像保护眼睛一样保护自然和生态环境，我相信上海未来的自然和生态环境会越来越好！

河畔喜见大闸蟹，苏州河恢复“青春”的模样

俞远明 | 上海市野生动植物保护协会理事

我家住在苏州河畔、近江宁路桥的一个小区。从我房间的窗口望出去，就是碧绿的苏州河。

小区门对面就是苏州河南岸的步行道，往东是两座小山般的“当代巴比伦空中花园”——天安千树购物中心，往西直通武宁路桥、长风公园。

步道边种满了美丽的花树，搭配风格迥异的座椅、路灯。夏夜漫步其中，一边是波光粼粼的河水，一边是曲径深幽的花园，河边凉风阵阵，虫鸣花香，真是惬意、梦幻般的享受。

我经常夜晚沿着步道从苏州河中段的江宁路桥堍漫步到武宁路桥堍，再返回到江宁路，来回大约 4 公里的路程。我不只是为了散步健身、享受美景，也是为了观看钓鱼者的渔获。

有次晚饭后偶然走到那里，我见到一位老者拿着手电和网兜，在河堤的石阶上捞东西。我凑上前一看，哇！石阶上爬的全是小螃蟹！自此，到那儿看螃蟹，就成了我夜晚散步的余兴节目。

发现螃蟹后，我拿着相机，借助闪光灯，拍了几张螃蟹照片，兴奋地发给我的好友、华东师范大学动物学专业的老师看。他答复我，这是大闸蟹，还说："这么多呀！"我回复说："如果苏州河有野生大闸蟹，说明水质、生态又提升了吧？"他表示认同。

之后，我把这个喜讯告诉了我的小学同学、老邻居们，他们从小与我一起在苏州河畔的弄堂里长大，共同见过苏州河的黑臭历史。如今，我们又共同见证了苏州河的返绿、水中的鱼虾，河岸边逮鱼的夜鹭、白

大闸蟹幼蟹在苏州河堤的石缝中生长
图片来源：俞远明 摄

鹭和垂钓者，想想苏州河中下游竟然还能出产大闸蟹，真叫人开心无比、感慨万分。

苏州河全域在20世纪初之前都是这个生机勃勃的样子。在我们短短一代人的眼里，黑臭苏州河又恢复了青春的模样。

从去黑臭到返绿，从无鱼到有鱼，从有鱼到有虾蟹，在感恩城市建设者作出伟大贡献的同时，我们每位市民都要珍惜来之不易的今天，在观赏、享受今日苏州河美景的同时，大家都要自觉地保护母亲河，让这个魔都生态文明的“新名片”更加秀美。

最爱去滨江跑步，我在上海有了新的生活方式

张婧儒 | 户外玩家

我一直喜欢户外运动。2020年，为了爬雪山进行体能训练，我开始每周跑步三次，这个习惯便一直坚持了下来。我最喜欢在滨江跑，江边没有红绿灯，节奏可以自己掌控，跨江大桥是个重要的地标，可以作为跑步过程中的打卡点。

年轻人的夜生活一般是烧烤和啤酒，而夜跑是跑步者独特的夜生活方式。夏日在滨江夜跑是绝佳的体验，侧面吹来的习习江风十分凉爽。滨江的跑道有起伏变化，脚感体验也会更丰富。我会把沿途重要的公共设施记录下来发在社交平台上，给其他跑友一些温馨的提示，比如哪里有存包柜、起点处是否方便停车、沿途卫生间是否干净、滨江驿站是否可以补水、哪一段路灯光较暗等。

这些年来，随着水质提升和滨江公共服务设施的完善，徐汇滨江越来越热闹，这一带是著名的宠物友好区域，遛狗的人越来越多，也有很多年轻人聚集在这里玩滑板。相比之下，浦东滨江人较少，更适合跑步，滨江驿站也维护得很好，方便跑友们补水。从梅赛德斯－奔驰文化中心

黄浦江岸的跑步者
图片来源：张婧儒 摄

开始，一路向南，跑到南墙再折返，这一段路被我称为“撞南墙”。

“流汗不留憾”“见人不如健身”是爱运动的人挂在嘴边的宣言，但是一起流汗的跑友是我健身过程中想见的人。网上也会有一些“云跑”的朋友，和他们分享跑步的体验，让我感受到了更多的陪伴和支持。

跑步者不惧风雨，下雨天我也会去滨江跑步，那是另一番风景。江面上腾起雾气，对岸的建筑变得朦胧，尽显魔都气质。身上的汗水和雨水交织在一起，酣畅淋漓！

正是这一江绿水、这一条跑道，让夜跑者无论春夏秋冬，都能畅快地奔跑！

第二节
Part 2

展望：以水系统治理体系现代化，建设造福人民的幸福河湖

Modernizing River Governance and Building Better Waterways for the People

全面推行河湖长制，加强河湖管理保护，是以习近平同志为核心的党中央立足解决我国复杂水问题、保障国家水安全，从生态文明建设和经济社会发展全局出发作出的重大决策。

党的十八大以来，习近平总书记站在实现中华民族永续发展的战略高度，以马克思主义政治家、思想家、战略家的深邃洞察力、敏锐判断力、理论创造力，亲自擘画、亲自部署、亲自推动治水事业，提出了一系列新理念、新思想、新战略。习近平总书记关于治水的重要论述，基于历史、立足当下、着眼未来，立意高远、内涵丰富、思想深邃，以“节水优先、空间均衡、系统治理、两手发力”的治水思路为核心，形成了科学严谨、逻辑严密、系统完备的理论体系，明确了新时代治水工作的根本保证、重大原则、治水思路、目标任务、政策举措，为新时代我国水利事业描绘了宏伟蓝图，指明了前进方向，提供了根本遵循。

随着河湖长制的全面建立，各级河湖长队伍不断壮大，从“总指挥”到“最前哨”，各级河湖长一级抓一级，层层促攻坚，治理资源不断聚集，治理手段更加多元，水系统治理体系和治理效能日益提升。

上海将认真学习贯彻习近平生态文明思想、习近平总书记考察上海重要讲话精神和在深入推进长三角一体化发展座谈会上的重要讲话精神，深入践行“人民城市”重要理念，紧紧围绕生态文明建设，加强水系统综合治理能力，不断开创水生态文明的新局面。在长江经济带、长三角区域一体化发展、国家水网等国家重大战略的引导下，上海将加强长三角区域的共保联治，深化推广“五个联合”政策，推进跨界河湖治理保护，以实现生态环境整体改善和区域协同发展，推进生态文明理念与高质量发展不断融合。上海以超大城市水系统治理现代化需求为发展导向，以河湖长制为抓手，以“补短板、强监管、提品质、升能级”为发展主线，更好统筹发展和安全，聚焦于韧性城市建设，切实提升极端气候条件下城市水安全保障能力，并改善水环境质量，提升饮用水品质，推进海洋高质量发展，提高人民群众的获得感、幸福感和安全感。

至 2025 年，上海基本建成与全市经济社会发展相适应的现代水系统治理体系，基本实现防御能力增强，安全底线坚固；水体水质提升，江河湖海美丽；供给保障有力，资源利用集约；行业管理精细，系统智能高效。

简单来说，上海水系统发展的“十四五”总体目标就是：水，安全畅活；人，亲水幸福。具体而言，《上海水系统治理“十四五”规划》（简称《规划》）在15项指标上有新的发展提升，包括水安全方面指标4项、水环境方面指标4项、水资源方面指标5项、水管理方面指标2项。

水安全指标方面，主要体现水系统韧性，保证城市运行安全。例如，为落实新一轮雨水排水规划和防洪除涝规划的近期目标，规划将“中心城区城镇雨水排水能力达3～5年一遇面积占比”目标值设定为35%左右；另外，对新增河湖面积、防洪堤防达标率等指标也提出了要求。

水环境指标方面，注重提高人民群众的获得感、幸福感。例如，水质指标从“十三五”消除劣水提升到追求好水，规划提出“十四五”地表水达到或好于Ⅲ类水体比例要达到60%以上。

水资源指标方面，总体突出资源节约高效利用。例如，“十四五”时期万元GDP用水量较“十三五”末期下降16%，达16.8立方米，公共供水管网漏损率≤9%。前者体现节水要求和用水效率，后者体现城市公共供水管网的运行效率。

水管理指标方面，体现“强监管”要求。例如，重要河湖水域岸线监管率的目标值为≥90%，这是指划定了河湖管理范围、明确了岸线功能分区和管理要求的重要河湖数量占重要河湖数量的比例要达到90%及以上。

为了达到以上目标，“十四五”期间，上海水系统治理从5个方面的任务着手推进工作。

第一，守牢安全底线，增强水系统灾害防御韧性。主要涉及防洪除涝、城镇排水、存量设施提质增效、灾害防治4个维度。具体如下：

落实国家水网战略，实施约300公里骨干河湖综合整治工程，进一步畅通水系主脉络；

推进大名等16个中心城区、月浦等7个郊区雨水排水系统建设，新增约330立方米/秒排水能力；

水系统治理“十四五”规划主要指标

序号	类别	指标名称	指标属性	2020 年现状值	2025 年目标值	指标来源	与“十三五”相比
1	水安全	中心城区城镇雨水排水能力达 3~5 年一遇面积占比	预期性	16%	35% 左右	上海特色	延续
2	水安全	新增河湖面积	预期性	“十三五”新增 2441 公顷	≥ 1500 公顷	上海特色	新增
3	水安全	防洪堤防达标率	预期性	80.3%	≥ 90%	水利部	新增
4	水安全	水利片外围除涝泵站实施率	预期性	44%	≥ 65%	上海特色	新增
5	水环境	地表水达到或好于Ⅲ类水体比例	约束性	—	＞ 60%	上海特色	新增
6	水环境	城镇污水处理率	约束性	97%（预估）	≥ 99%	住房和城乡建设部	延续
7	水环境	农村生活污水处理率	预期性	88%	≥ 90%	上海特色	延续
8	水环境	大陆自然岸线保有率	约束性	12%	≥ 12%	自然资源部	延续
9	水资源	用水总量	约束性	72.62 亿立方米	≤ 131.4 亿立方米	水利部	延续
10	水资源	万元 GDP 用水量下降	约束性	较“十二五”末下降 38.7%（达 19 立方米）	较“十三五”末下降 16%（达 16.8 立方米）	水利部	延续
11	水资源	供水水质综合合格率（国标）	约束性	99.8%	≥ 99%	住房和城乡建设部	延续
12	水资源	水厂深度处理率	预期性	64.7%	≥ 90%	上海特色	新增
13	水资源	公共供水管网漏损率	约束性	9.3%	≤ 9%	住房和城乡建设部	延续
14	水管理	重要河湖水域岸线监管率	约束性	56%	≥ 90%	水利部	新增
15	水管理	海洋生产总值	预期性	9707 亿元（初核）	15000 亿元左右	上海特色	新增

持续开展排水管道周期性检测及维修改造工作，重点检测约 1.3 万公里排水主管，对其中约 1500 公里排水主管进行修复或改造，基本完成现状管龄超 10 年以上排水主管的检测、修复或改造，更好地发挥存量设施效能；

完善水文监测站网布局，新增水文监测站 10 处，提升功能约 50 处，完成基本水文监测站标准化建设等。

第二，巩固治理成效，建设健康美丽幸福水生态空间。主要涉及污水收集、污泥处置、河道水环境 3 个维度。具体如下：

推进郊区 14 座污水处理厂扩建工程，基本解决郊区污水处理能力缺口问题，全市新增污水处理规模 280 万立方米 / 日左右；

推进约 7 座通沟污泥处理设施建设，建成后可新增通沟污泥处理设施规模约 10.5 万吨 / 年；

重点推进 50 个生态清洁小流域建设，覆盖全市面积 50% 左右，为市民打造连续贯通、水清岸绿、生态宜人的滨水开放空间。

第三，提升供给品质，推进资源节约集约高效利用。主要涉及水资源保障、水系统管控、全领域节水、水土保持、集约利用资源 5 个维度。具体如下：

完成金泽水库完善提升工程，增设取水泵站和预处理设施，提升黄浦江上游水源地应急保障能力；

推进杨树浦等 10 座长江水源水厂深度处理改造工程，全市水厂深度处理率达到 90% 以上。

落实国家和上海市节水行动方案，加强水资源和节水监督考核；

持续推动水土流失专项治理，沿河两侧建设水土保持和涵养林带，打造生态河湖岸线，提升复合生态效应；

实施海岸线分级分类管控等。

第四，支撑重点区域建设，推动水系统治理新突破。这涉及五个重点区域的相关建设工作，具体如下。

一是陆海统筹，支撑中国（上海）自由贸易试验区临港新片区更高水平开放。包括发挥浦东新区海洋经济创新发展示范城市建设的驱动效应，助推蓝色产业集群发展；配合做好小洋山北侧综合开发，进一步提升洋山深水港能级等。

二是共保联治，支撑长三角生态绿色一体化发展示范区绿色发展。包括结合元荡和淀山湖岸线综合整治，实施岸线贯通和堤防达标；推动示范区原水及供水主干管网互联互通等。

三是提质升能，支撑虹桥商务区建设更高水平国际开放枢纽。包括实施新槎浦水利片外围泵闸、华江雨水泵站等建设，增强区域防汛排涝能力；实施长桥水厂深度处理改造工程，提升区域供水品质等。

四是安全为先，支撑崇明世界级生态岛建设。包括结合崇明景观大道建设实施主海塘达标改造，进一步提升防御风暴潮的能力；协同推进崇明（长兴岛）海洋经济发展示范区建设，加强海洋工程装备产业发展模式和海洋产业投融资体制创新等。

五是品质提升，支撑5个新城高水平建设。包括新城35%左右区域达到3~5年一遇排水能力；实施骨干河湖水系治理和生态清洁小流域建设等。

第五，强化管理效能，提高水系统治理现代化水平。这方面主要是管理能级的提升。

持续完善水务地方性法规规章体系，提升管理“法治化”水平；

进一步完善水务标准体系，增加标准有效供给，提高行业“标准化”推广；

依托“一网通办”，实施政务服务流程革命性再造，优化服务“社会化”效率；

建设水务智能应用系统，提升管理“智能化”水平。

展望未来，再经过10年的努力，上海将总体建立起与具有世界影响力的社会主义现代化国际大都市相适应的水系统治理体系，即稳固的水安全保障体系、完善的水环境治理体系、优质的水资源配置体系、智慧的水行业服务体系，基本实现陆海统筹、城水相依、人水和谐的幸福愿景。

后记

2023年3月,《每条河流要有“河长”了！ 河湖长制卷》全面启动编写，历经收集材料、开展对接与采访、明确大纲、编写初稿、开展多轮会议评议与修改工作，9月底提交“世界城市日”的会议样书，12月完成定稿，共计15万字。本书从上海河湖长制的推行背景、创新与成效、举措与经验、工作展望等维度徐徐铺展，较为全面地总结上海河湖长制的经验。本书编写工作呈现领导重视、案例鲜活、图文并茂、多方支持四大特点。

领导高度重视本书的编写工作。上海市水务局史家明局长对编写工作多有批示和关心，阮仁良副局长、马维忠二级巡视员多次参与重要编写节点会议，全程指导推进工作。上海市水务局河长处作为编写牵头处室，全程协调收集资料、联络、组稿、统稿，对本书内容反复研究、修改完善，处领导组织专班会议、线上讨论，甚至深夜讨论细节。例如，上海河湖长制的组织体系、工作制度、创新成效等部分内容的修编工作，由上海市水务局河长处与办公室、科信处（宣传处）、水资源处、水利处，上海市水利管理事务中心、上海市排水管理事务中心等相关负责人积极参与，最终联合编撰团队、相关专家共同完成。

以案例方式呈现治理经验是本书的最大亮点，让内容更生动有趣、可读性强。本书共遴选43个案例，既有对全市各行各业投身治水事业一线工作人员的采访，也有对市民群众的采访。市民看待河湖的视角是多元的，本书有学者的视角，也有业余爱好者的视角。在采访对象上，本书兼顾市民的年龄、性别，有年轻人、有老年人，有男性、有女性。在河湖的分布上，不局限于“一江一河”，还涉及五个新城的河湖。总的来看，本书挑选生活在苏州河边的散步老人、黄浦江边的女性跑步爱好者、工作与滴水湖息息相关的学者、用摄影记录水域生态的外国友人，作为代表性市民穿插采访，以案例和讲小故事的形式，提升作品的生动性和可读性。

本书以图文并茂的方式使读者更容易理解和记忆。例如，对上海近年水质变化、污水处理能力、雨污混接改造等数据进行可视化处理，形成4页成效数据展示专页；还通过上海城市形象资源共享平台“IP SHANG-HAI”、各区及委办局收集并采购版权清楚的图片，为每篇文章配图，做到每个案例、每一小节文章至少有一张图片，向读者生动地展现上海河湖长制工作的方方面面，使内容更加生动有趣。

本书的编写得到多方支持，是团结编书、集体智慧的结晶。感谢上海市生态环境局、上海市住房和城乡建设管理委员会、上海市交通委员会、上海市农业农村委员会、上海市房屋管理局、上海海事局、中国（上海）自由贸易试验区临港新片区管理委员会、光明食品（集团）有限公司、上海机场（集团）有限公司、上海城投（集团）有限公司、上海实业（集团）有限公司，上海市浦东新区水务局、黄浦区水务局、静安区水务局、徐汇区水务局、长宁区水务局、虹口区水务局、普陀区水务局、杨浦区水务局、闵行区水务局、宝山区水务局、嘉定区水务局、金山区水务局、松江区水务局、青浦区水务局、奉贤区水务局、崇明区水务局。要特别感谢合作方澎湃新闻澎湃研究所，组建专业团队，负责搭建书卷大纲、开展采访、收集材料、撰写与编辑书卷内容，聘请专业翻译人员，接洽数位摄影师推进工作，付出了大量的心血和汗水。

“看似寻常最奇崛，成如容易却艰辛”。本书不仅仅是一部知识性的著作，更是一次对上海河湖治理文化的深度挖掘和传承。通过丰富的例证和深刻的解读，读者将更全面、更深入地理解上海河湖长制，为当代人更好地传承和弘扬河湖治理经验提供有益启示。因为时间紧、任务重，书中仍有很多不足和错漏之处，祈望各位同仁、专家和广大读者批评指正。

编者

2023年12月

图书在版编目（CIP）数据

每条河流要有“河长”了！：河湖长制卷 = Each of the Rivers Will Have a “River Chief”: A Blueprint for Managing Shanghai’s Waterways / 上海市水务局（上海市海洋局）编著. —北京：中国建筑工业出版社，2024.3
（新时代上海“人民城市”建设的探索与实践丛书）
ISBN 978-7-112-29660-6

Ⅰ. ①每… Ⅱ. ①上… Ⅲ. ①河道整治—责任制—研究—上海 Ⅳ. ①TV882.851

中国国家版本馆CIP数据核字（2024）第055372号

责任编辑：刘 丹 徐 冉
文字编辑：郑诗茵
责任校对：张惠雯

新时代上海“人民城市”建设的探索与实践丛书
每条河流要有“河长”了！ 河湖长制卷
Each of the Rivers Will Have a “River Chief”
A Blueprint for Managing Shanghai’s Waterways
上海市水务局（上海市海洋局） 编著
*
中国建筑工业出版社出版、发行（北京海淀三里河路9号）
各地新华书店、建筑书店经销
北京锋尚制版有限公司制版
北京雅昌艺术印刷有限公司印刷
*
开本：787毫米×960毫米 1/16 印张：21½ 字数：318千字
2024年5月第一版 2024年5月第一次印刷
定价：**149.00**元
ISBN 978-7-112-29660-6
（42669）